SCHÄFFER
POESCHEL

| Handelsblatt

Mittelstands-Bibliothek – Band 11

Reiner Deussen

Jahresabschluss und Lagebericht

2007
Schäffer-Poeschel Verlag Stuttgart

Handelsblatt Mittelstands-Bibliothek

Bibliografische Information der Deutschen Nationalbibliothek
Die Deutsche Nationalbibliothek verzeichnet diese Publikation
in der Deutschen Nationalbibliografie; detaillierte bibliografische
Daten sind im Internet über http://dnb.d-nb.de abrufbar.

Gedruckt auf chlorfrei gebleichtem, säurefreiem und alterungs-
beständigem Papier

Band 11: ISBN 978-3-7910-2721-0
Gesamtwerk: ISBN 978-3-7910-2710-4

© 2007 Schäffer-Poeschel Verlag für Wirtschaft · Steuern · Recht GmbH

www.schaeffer-poeschel.de
info@schaeffer-poeschel.de

Einbandgestaltung: Willy Löffelhardt
Satz: pws Print und Werbeservice Stuttgart GmbH
Druck und Bindung: Ebner & Spiegel GmbH, Ulm

Printed in Germany
November 2007

Schäffer-Poeschel Verlag Stuttgart
Ein Tochterunternehmen der Verlagsgruppe Handelsblatt

Vorwort

Der vor Ihnen liegende Titel »Jahresabschluss und Lagebericht« richtet sich in erster Linie an Entscheidungsträger und Interessierte, die sich in ihrer beruflichen Praxis auch mit dem Thema Jahresabschluss und Lagebericht befassen müssen. Zu diesem Kreis gehören primär Unternehmer, Geschäftsführer, Mitglieder von Aufsichtsgremien und Rechtsanwälte. Das Buch soll zugleich für alle Mitarbeiter des Rechnungswesens eine Unterstützung bieten, da von ihnen zunehmend erwartet wird, dass ein Jahresabschluss aus der Buchführung prüfungsbereit vorbereitet wird. Zielsetzung des Verlages war es, ein Buch anzubieten, welches den oben genannten Zielgruppen eine verständliche und nützliche Handreichung ist. Zielsetzung dieses Buches ist es dagegen nicht, das Wissen ausgewiesener Experten (Wirtschaftsprüfer, Steuerberater, Finanzvorstände von Aktiengesellschaften) anzureichern. Für diese Personengruppe steht in großem Umfang andere Fachliteratur zur Verfügung.

Der Bilanzersteller findet eine große Anzahl von Checklisten und Hinweisen, die die Erstellung eines prüfungssicheren Jahresabschlusses erleichtern sollen.

Der Vorgabe des Verlags folgend wurde auf Zitate von Gerichtsurteilen und Fachbeiträgen vollständig verzichtet. Nicht verzichtet werden konnte auf die Hinweise von Rechtsvorschriften. Demjenigen, der tiefer in die Materie einsteigen möchte, ist die Hinzuziehung eines aktuellen Handelsgesetzbuches (HGB) anzuraten.

Das vorliegende Buch wurde mit großer Sorgfalt erarbeitet. Sollte es Anlass zu Kritik geben oder Hinweise für Verbesserungen, würde ich mich freuen, wenn Sie die Hinweise an den Verlag oder an mich (dr.deussen@deussen.de) richten würden.

Hagen, im August 2007   Dr. Reiner Deussen

Der Autor

Dr. Reiner Deussen
Wirtschaftsprüfer, Steuerberater
E-Mail: Dr.Deussen@Deussen.de

Jahrgang 1958. Als Inhaber einer Wirtschaftsprüfungs- und Steuer-
beratungskanzlei in Hagen/Westfalen, die 1922 durch seinen Groß-
vater gegründet wurde, berät er mittelständische Unternehmen in
wirtschaftlichen und steuerlichen Angelegenheiten. Der Autor ist
von der Wirtschaftsprüferkammer als Prüfer für Qualitätskontrolle
zugelassen.
Der Autor ist zugleich Partner der DHE Revision PG, Hagen.

Inhaltsverzeichnis

Abkürzungsverzeichnis

Abs.	Absatz
Abschn.	Abschnitt
abzgl.	abzüglich
AfA	Absetzung für Abnutzung
AG	Aktiengesellschaft
AK	Anschaffungskosten
AK/HK	Anschaffungs- oder Herstellungskosten
AktG	Aktiengesetz
AN	Arbeitnehmer
AO	Abgabenordnung
Art.	Artikel
BFH	Bundesfinanzhof
BGB	Bürgerliches Gesetzbuch
BiRiLiG	Bilanzrichtliniengesetz vom 19.12.1985
DM	Deutsche Mark
EGHGB	Einführungsgesetz zum Handelsgesetzbuch
ESt	Einkommensteuer
EStG	Einkommensteuergesetz
EStR	Einkommensteuerrichtlinien
f., ff.	folgend, folgende
FörderGG	Fördergebietsgesetz
GbR	Gesellschaft bürgerlichen Rechts
GewSt	Gewerbesteuer
GewStG	Gewerbesteuergesetz
GewStR	Gewerbesteuerrichtlinie
ggf.	gegebenenfalls
GmbH	Gesellschaft mit beschränkter Haftung
GmbHG	Gesetz betreffend die GmbH
GmbH & Co. KG	Kommanditgesellschaft mit einer GmbH als Komplementär
GoB	Grundsätze ordnungsmä§iger Buchführung
grds.	grundsätzlich
GuV	Gewinn- und Verlustrechnung
HB	Handelsbilanz
HFA	Hauptfachausschuss des Instituts der Wirtschaftsprüfer in Deutschland e.V.

HGB	Handelsgesetzbuch
HK	Herstellungskosten
HS	Halbsatz
IDW	Institut der Wirtschaftsprüfer in Deutschland e.V.
IDW RS HFA	IDW Rechnungslegungsstandard (Fachausschuss Nummer), bis 1998 Fachgutachten bzw. Stellungnahme
IHK	Industrie- und Handelskammer
IKS	Internes Kontrollsystem
i. S. d.	im Sinne des
KapCoRiLiG	Gesetz zur Verbesserung der Offenlegung von Jahresabschlüssen und zur Änderung anderer handelsrechtlicher Bestimmungen (Kapitalgesellschaften und Co.-Richtlinie-Gesetz) vom 24.2.2000
KapG	Kapitalgesellschaft
Kfm./Kfr.	Kaufmann/Kauffrau
KG	Kommanditgesellschaft
KonTraG	Gesetz zur Kontrolle und Transparenz im Unternehmensbereich vom 27.4.1998
KSt	Körperschaftsteuer
KStG	Körperschaftsteuergesetz
KStR	Körperschaftsteuerrichtlinien
LSt	Lohnsteuer
LStR	Lohnsteuerrichtlinien
lt.	laut
OHG	offene Handelsgesellschaft
PublG	Gesetz über die Rechnungslegung von bestimmten Unternehmen (Publizitätsgesetz)
R	Richtlinie
RAP	Rechnungsabgrenzungsposten
StB	Steuerberater
StEntlG	Steuerentlastungsgesetz 1999/2000/2002 vom 24.3.1999
USt	Umsatzsteuer
UStG	Umsatzsteuergesetz
UStR	Umsatzsteuerrichtlinien
vEK	verwendbares Eigenkapital
vGA	verdeckte Gewinnausschüttung
VZ	Veranlagungszeitraum
WP	Wirtschaftsprüfer
zzgl.	zuzüglich

1 Einleitung

Der Jahresabschluss des Unternehmens ist durch das Bilanzrichtliniengesetz vom 19.12.1985 (BiRiLiG) und durch das Kapitalgesellschaften und Co.-Richtlinie-Gesetz vom 24.2.2000 (KapCoRiLiG) stärker in den Mittelpunkt gelangt. Der Jahresabschluss erfüllt lange nicht mehr allein steuerliche Anforderungen. Adressaten sind nicht mehr allein die Kreditinstitute und Gesellschafter, sondern nach dem Willen des Gesetzgebers auch eine breite, interessierte Öffentlichkeit.

Entwicklungen in der Rechnungslegung

Der Jahresabschluss muss hohe formelle Anforderungen erfüllen, wenn es sich bei der bilanzierenden Gesellschaft um eine GmbH, GmbH & Co. KG oder AG handelt. Es ist für diese Rechtsformen ein bestimmtes Gliederungsschema einzuhalten und ein Anhang zu erstellen, der ergänzende Informationen zur Rechnungslegung beinhaltet. Werden bestimmte Größenkriterien übertroffen, entsteht sogar eine gesetzliche Prüfungspflicht. In diesem Fall ist der Jahresabschluss darüber hinaus um einen Lagebericht zu ergänzen, der bestimmte Informationen enthalten muss. Mit dem Gesetz zur Einführung zur Sicherung der Qualität der Abschlussprüfung (Bilanzrechtreformgesetz – BilReG) vom 4.12.2004 und dem Gesetz zur Kontrolle von Unternehmensabschlüssen (BilKoG) vom 15.12.2004 haben die Rechnungslegungsvorschriften des HGB weitere Änderungen erfahren. Die jüngsten Änderungen beziehen sich auf die Einführung eines Online-Unternehmensregisters, durch dessen Einführung sich die Offenlegungspflichten für den Jahresabschluss ab dem Jahr 2007 ändern.

Die Anforderungen an den handelsrechtlichen Jahresabschluss sind nach der Rechtsform des Unternehmens abgestuft. Die geringsten Anforderungen haben der eingetragene Einzelkaufmann/die eingetragene Einzelkauffrau, die Offene Handelsgesellschaft und die Kommanditgesellschaft zu erfüllen. Die Vorschriften für diese Rechtsformen sind im Ersten Abschnitt des Dritten Buches des Handelsgesetzbuches (HGB) in den §§ 238 bis 263 kodifiziert.

Rechnungslegungsvorschriften für alle Kaufleute

Bei den Kapitalgesellschaften (AG, GmbH) und der Kapitalgesellschaft & Co. (GmbH & Co. KG, AG & Co. KG) sind neben den Vorschriften der §§ 238 bis 263 weitere Vorschriften im Zweiten Abschnitt des Dritten Buches (§§ 264 bis 335 HGB) festgelegt. Diese

Besondere Vorschriften

Drei Gruppen von Kapitalgesellschaften

ergänzenden Vorschriften sind jedoch nicht in vollem Umfang auf alle genannten Gesellschaften anzuwenden. Es wird eine Unterteilung in drei Gruppen von Kapitalgesellschaften bzw. Kapital & Co. vorgenommen, nämlich in kleine, mittelgroße und große Kapitalgesellschaften (das Gesetz spricht immer von Kapitalgesellschaften; die Vorschriften sind gemäß § 264a HGB entsprechend auf die Kapital & Co. anzuwenden).

Der Autor hat in der Darstellung der Rechnungslegungsvorschriften dieser gesetzlich geregelten Abstufung Rechnung getragen, um dem Einzelkaufmann ebenso wie dem Geschäftsführer einer GmbH oder AG die notwendige Unterstützung zur Vorbereitung oder zum Verständnis des Jahresabschlusses zu geben.

Es wird zunächst ein Überblick über die gesetzliche Systematik des Jahresabschlusses vermittelt (Kapitel 2). In Kapitel 3 wird der Prozess der Erstellung des Jahresabschlusses von der Abschluss-Vorbereitung bis zur Publizierung beschrieben. In Kapitel 4 werden die Vorschriften erörtert, die auf die Jahresabschlüsse aller Kaufleute (einschließlich der Gesellschaften) anzuwenden sind. Anschließend wird ein Überblick über die Vorschriften für die Kapitalgesellschaften (und die Kapital & Co.) gegeben (Kapitel 5). Die Kapitel 2 bis 5 bilden den allgemeinen Teil dieses Buches, der dem Leser den Einstieg in die Bilanzierungsvorschriften nach handelsrechtlichen Vorschriften (unter Berücksichtigung ggf. abweichender steuerrechtlicher Vorschriften) erleichtern soll. Die Kapitel 6 bis 9 beschäftigen sich dann mit dem Jahresabschluss der Kapitalgesellschaften und der Kapital & Co. im Detail. Es wird jeder denkbare Bilanzposten (Kapitel 6) bzw. GuV-Posten (Kapitel 7) beschrieben, die Inhalte des Anhangs ausführlich dargestellt (Kapitel 8) und die Aufstellung des Lageberichts erörtert (Kapitel 9). Dieser besondere Teil des Buches richtet sich an diejenigen, die einen Jahresabschluss nach dem KapCoRiLiG bzw. BiRiLiG aufstellen müssen. Aber auch diejenigen Bilanzierenden, die die besonderen Vorschriften nicht einhalten müssen, finden in dem besonderen Teil viele nützliche Informationen, die bei der Aufstellung des Jahresabschlusses hilfreich sein werden.

Ergänzt wird das Buch durch Formulare und Checklisten, die je nach Umfang innerhalb des Textes oder im Anlagenteil angeordnet sind. Die Checkliste zur Vorbereitung und Prüfung des Jahresabschlusses in Kapitel 10 Anlage X richtet sich an den erfahrenen Bilanzbuchhalter. Die Checkliste in Kapitel 10 Anlage XI ist in erster Linie als Hilfestellung für diejenigen gedacht, die die Vorbereitungen für die Aufstellung des Jahresabschlusses zu leisten haben, ohne dass sie hierbei auf langjährige Bilanzierungserfahrung zurückgreifen können.

2 Überblick über die gesetzliche Systematik des Jahresabschlusses

2.1 Maßgeblichkeit der Handelsbilanz für die Steuerbilanz

Zunächst mag man sich die Frage stellen, ob die Erstellung einer Handelsbilanz überhaupt erforderlich ist, wo man doch mit viel Mühen und Kosten bereits eine Steuerbilanz erstellt. Diese Fragestellung ist so sicherlich weit verbreitet, aber trotzdem so nicht zutreffend formuliert. Die Erstellung eines handelsrechtlichen Jahresabschlusses ist nämlich seit je her Pflicht. § 242 HGB schreibt vor, dass der Kaufmann zu Beginn seines Handelsgewerbes und für den Schluss eines jeden Geschäftsjahres einen das Verhältnis seines Vermögens und seiner Schulden darstellenden Abschluss aufzustellen hat (Eröffnungsbilanz; Bilanz). Weiterhin ist der Kaufmann verpflichtet, für den Schluss eines jeden Geschäftsjahres eine Gegenüberstellung der Aufwendungen und Erträge des Geschäftsjahres (Gewinn- und Verlustrechnung) aufzustellen. Die Bilanz und die Gewinn- und Verlustrechnung ergeben zusammen den Jahresabschluss.

Verknüpfung zum Steuerrecht

Damit ist noch nicht die Frage beantwortet, ob tatsächlich zwei Jahresabschlüsse, nämlich ein handelsrechtlicher und einen steuerrechtlicher, aufgestellt werden müssen und warum in der Praxis tatsächlich immer nur ein Jahresabschluss erstellt wird. Tatsache ist, dass für das Finanzamt ein Jahresabschluss erstellt werden muss, welcher die Grundlage für die Besteuerung darstellt.

Die Lösung hält § 5 Abs. 1 Satz 1 EStG bereit, welcher bestimmt, dass bei Gewerbetreibenden, die aufgrund gesetzlicher Vorschriften verpflichtet sind, Bücher zu führen und regelmäßig Abschlüsse zu machen, für den Schluss des Wirtschaftsjahres das Betriebsvermögen anzusetzen ist, dass nach den handelsrechtlichen Vorschriften auszuweisen ist. Steuerliche Wahlrechte bei der Gewinnermittlung sind in Übereinstimmung mit der handelsrechtlichen Jahresbilanz auszuüben.

Maßgeblichkeitsgrundsatz

Zunächst werden Sie merken, dass die Steuergesetze eine teilweise abweichende Terminologie verwenden und darüber hinaus (teilweise) diese steuerlichen Begriffe auch inhaltlich von den handelsrechtlichen Begriffen abweichen.

Das HGB (und die Juristen im Allgemeinen) sprechen nicht von Wirtschaftsgütern, sondern von Vermögensgegenständen und Schulden. Es soll an dieser Stelle keine Abhandlung darüber entstehen, welche Begriffsinhalte den Wörtern »Vermögensgegenstand« und »Wirtschaftsgut« beizumessen sind. Die Unterschiede sind fein und Sie als derjenige, der mit Jahresabschlüssen umzugehen hat, sollten sich nur merken, dass im Handelsrecht von Vermögensgegenständen (Aktivseite der Bilanz) und Schulden (Passivseite der Bilanz) gesprochen wird, während der Steuergesetzgeber allgemein über Wirtschaftsgüter spricht, welche sowohl Vermögensgegenstände als auch Schulden sein können.

Nun aber zurück zu unserer Ausgangsfrage: Warum muss der Unternehmer nur einen Jahresabschluss machen, wenn einerseits von einem handelsrechtlichen gesprochen wird und andererseits von einem steuerrechtlichen Jahresabschluss. Die Lösung liegt in dem weiter oben zitierten § 5 Abs. 1 Satz 1 EStG, welcher nämlich nichts anderes sagt, als das die Steuerbilanz grundsätzlich aus der Handelsbilanz abzuleiten ist, sofern die steuerlichen Gesetze nicht zwingend etwas anderes fordern. Man spricht hierbei zutreffend von dem Grundsatz der Maßgeblichkeit der Handelsbilanz für die Steuerbilanz (Maßgeblichkeitsgrundsatz). Dieser Maßgeblichkeitsgrundsatz dominiert das Steuerrecht schon länger, als der Autor denken kann. Es ist in der Vergangenheit immer wieder einmal diskutiert worden, ob es nicht sinnvoll wäre, für die steuerliche Bilanzierung von dem Maßgeblichkeitsgrundsatz abzugehen.

Oberstes Prinzip handelsrechtlicher Bilanzierung

Dies muss man unter folgendem Hintergrund beurteilen: Der handelsrechtliche Gesetzgeber schreibt dem Unternehmer vor, vorsichtig zu bewerten; dies bedeutet nichts anderes, als dass es der Unternehmer tunlichst zu unterlassen hat, sich reicher darzustellen, als er ist. Diese Überlegung entspringt dem Gläubigerschutzprinzip, welches in der Bundesrepublik Deutschland seit je her einen sehr hohen Stellenwert hat. Das Gläubigerschutzprinzip fordert also von dem Unternehmer, dass dieser sich im Zweifel etwas ärmer rechnen soll, bevor er Gefahr läuft, sich zu reich zu rechnen.

An dieser Stelle wird ihnen sofort die Diskussion über den Maßgeblichkeitsgrundsatz klar: Der Steuergesetzgeber hat aus fiskalischen Gründen kein Interesse daran, dass sich der Unternehmer im Zweifel ärmer rechnet, als er tatsächlich ist. Unter diesem Gesichtspunkt muss auch das Gesetzesvorhaben für die Steuerreform 1999/2000/2002 gesehen werden, mit welchem vorgesehen war, dass Verluste, die ein Unternehmen erwirtschaftet, erst dann steuerlich bilanziert werden dürfen, wenn sie realisiert sind.

Beispiel:

Ein Unternehmer erwirbt eine Maschine, mit welcher er ein neues Produkt herstellen will. Der Optimismus des Unternehmers wird nicht erfüllt; das Produkt lässt sich am Markt für einen angemessenen und wirtschaftlichen Preis nicht absetzen. Der Unternehmer kann daher die Kapazität der Maschine nicht auslasten und erleidet laufende Verluste.

Lösung:

Nach handelsrechtlichen Vorschriften muss der Unternehmer auf die Maschine eine Abschreibung vornehmen, da die Anschaffungskosten für die Maschine – gemessen am wirtschaftlichen Erfolg – zu hoch waren. Die Bundesregierung wollte mit der Aufgabe des Vorsichtsprinzips erreichen, dass diese Abschreibungen steuerlich nicht mehr vorgenommen werden dürften, was handelsrechtlich wiederum unvorstellbar war.

Der geneigte Leser möge an dieser Stelle erkennen, dass diese beabsichtigte steuerrechtliche Änderung die Aufgabe des Maßgeblichkeitsgrundsatzes der Handelsbilanz für die Steuerbilanz bedeutet hätte. Es wäre tatsächlich die Zeit gekommen, wo der Unternehmer zwei unterschiedliche Jahresabschlüsse aufstellen müsste. Den Angehörigen der wirtschaftsprüfenden und steuerberatenden Berufe ist jedoch diese verlockende Option durch die doch noch zur Vernunft gekommene Bundesregierung letztendlich wieder genommen worden. Nach wie vor gilt der Grundsatz, dass die Handelsbilanz maßgeblich ist für die Steuerbilanz. Der Grundsatz der Maßgeblichkeit der Handelsbilanz für die Steuerbilanz bezieht sich jedoch ausschließlich auf den handelsrechtlichen Jahresabschluss, welcher nach den Vorschriften der §§ 242 ff. HGB erstellt wurde. Nach diesen Vorschriften besteht kein Raum für die Anwendung der internationalen Rechnungslegungsvorschriften nach IAS/IFRS oder US-GAAP. Grundsätzlich hat jedes Unternehmen seinen Jahresabschluss nach den Vorschriften des HGB zu erstellen. Eine Aufstellung des Jahresabschlusses nach internationalen Rechnungslegungsstandards befreit nicht von der Pflicht zur Aufstellung des Jahresabschlusses nach dem HGB. Nur der Jahresabschluss nach den Vorschriften des HGB ist maßgeblich für die Besteuerung des Unternehmens, aber auch für das Gesellschaftsrecht (Grundlage für die Feststellung des Jahresabschlusses, die Beschlussfassung über Gewinnausschüttungen und die insolvenzrechtlichen Fragen der Überschuldung).

Etwas anderes gilt nur für den Konzernabschluss der Gesellschaft. Der Konzernabschluss ist nach den Vorschriften des IAS/

Keine Maßgeblichkeit von IAS oder US-GAAP-Bilanzen

IFRS aufzustellen und zu veröffentlichen, wenn es sich um ein Unternehmen handelt, welches einen öffentlich geregelten Kapitalmarkt in Anspruch nimmt. Andere Unternehmen dürfen den Konzernabschluss freiwillig nach den IAS/IFRS-Regeln aufstellen. Da der Konzernabschluss keine Grundlage für das Steuerrecht und das Gesellschaftsrecht bildet, hat sich der Gesetzgeber leichter getan, die internationalen Rechnungslegungsgrundsätze in das deutsche Bilanzierungsrecht einfließen zu lassen.

Mögliche Divergenz von Handels- und Steuerbilanz

Diese Maßgeblichkeit bedeutet aber nicht, dass es nicht Unterschiede in der handelsrechtlichen und in der steuerlichen Bilanzierung gibt. Hier bieten sich bei Abweichungen verschiedene Möglichkeiten an.

Manche steuerrechtliche Vorschrift ist enger als die handelsrechtliche, mit der Folge, dass bestimmte Ausweis- und Bewertungswahlrechte in der Handelsbilanz dazu führen, dass sie in der Steuerbilanz zwingend sind. Wenn man die steuerrechtlichen Vorschriften an dieser Stelle berücksichtigt, führt dies noch nicht zu einem Auseinanderfallen von Handelsbilanz und Steuerbilanz. Gleichwohl ist es denkbar, dass Handels- und Steuerbilanz zwingend auseinanderfallen.

> **Beispiel:**
> *§ 249 Abs. 1 HGB schreibt vor, dass Rückstellungen für ungewisse Verbindlichkeiten zu bilden sind. Ein klassischer Fall einer ungewissen Verbindlichkeit ist die Pensionszusage, die im handelsrechtlichen Jahresabschluss auf jeden Fall zu einer entsprechenden Passivierung führen muss. Steuerlich kann eine Pensionszusage, wenn sie einem Gesellschaftergeschäftsführer gewährt wird, sowohl bei der Personengesellschaft als auch bei der Kapitalgesellschaft unzulässig sein. Dies ändert nichts an dem Passivierungszwang in der Handelsbilanz. Dies führt auch nicht dazu, dass der Steuerpflichtige für steuerliche Zwecke eine zusätzliche Bilanz aufstellen muss. Vielmehr ist in einem solchen Fall eine steuerliche Anpassungsrechnung (Herleitung des steuerlichen Ergebnisses) außerhalb des Jahresabschlusses durchzuführen.*

Maßgeblichkeit der Handelsbilanz beachten

Der Praktiker ist häufig geneigt, eine Differenzierung zwischen handelsrechtlichen und steuerrechtlichen Vorschriften zu unterlassen. Dies kann jedoch bei der Beurteilung steuerrechtlicher Sachverhalte zu ungewünschten Ergebnissen führen. Lässt man sich nämlich bei der Beurteilung eines bestimmten Sachverhaltes zunächst strikt von den handelsrechtlichen Vorschriften leiten und prüft erst im zweiten Schritt, ob nach steuerrechtlichen Vorschriften eine andere Beurteilung vorzunehmen ist, kommt man nicht selten zu überraschenden (für den Steuerpflichtigen positiven) Ergebnissen.

2.2 Allgemeine Vorschriften

2.2.1 Aufstellungsgrundsätze

Der Jahresabschluss, welcher grundsätzlich aus der Bilanz und der Gewinn- und Verlustrechnung besteht (bei der Kapitalgesellschaft gehört auch der Anhang zum Jahresabschluss dazu), ist nach den Grundsätzen ordnungsmäßiger Buchführung aufzustellen (§ 243 Abs. 1 HGB). Bei den Grundsätzen ordnungsmäßiger Buchführung soll es sich um ungeschriebene »Gesetze« handeln, welche das widerspiegeln, was guter kaufmännischer Brauch ist. Der Gesetzgeber bezieht sich auf die Grundsätze ordnungsmäßiger Buchführung und Bilanzierung (GoB), um nicht zu viele gesetzliche Vorschriften für die Erstellung des Jahresabschlusses machen zu müssen, was im Übrigen einer kontinuierlichen Fortentwicklung der Rechnungslegungsgrundsätze im Wege stehen würde.

Grundsätzliche Pflichten zur Rechnungslegung

Die Realität sieht aber, wie sie schon vermuten mögen, anders aus. Über die Grundsätze ordnungsmäßiger Buchführung sind schon viele Bücher geschrieben worden. Dies geht soweit, dass Leffson ein Buch geschrieben hat, in welchem er die (ungeschriebenen) GoB schriftlich niedergelegt hat. Dieses Buch ist von beeindruckendem Umfang und wird dem Einsteiger in die Materie der handelsrechtlichen und steuerrechtlichen Bilanzierung nicht viel weiterhelfen.

Grundsätze ordnungsmäßiger Buchführung

Weiterhin wird seit Jahrzehnten darüber diskutiert, wie die Grundsätze ordnungsmäßiger Buchführung herzuleiten sind. Die Herleitung kann in der Weise erfolgen, dass man zu GoB das erklärt, was der Kaufmann macht. Andererseits kann man den Inhalt der GoB auch dadurch bestimmen, in dem man unterstellt, was der Kaufmann machen würde, wenn er ordentlich wäre. Die Diskussion ist akademischer natur und realitätsfern. GoB werden heute nicht mehr aus dem Kaufmannsbrauch hergeleitet; sie werden vielmehr durch den Gesetzgeber, die Finanzgerichte und – mit gebührlichem Abstand – durch das Institut der Wirtschaftsprüfer faktisch kodifiziert. Bei dem, was durch den Gesetzgeber und die Finanzgerichte festgelegt wird, liegt nicht selten eine fiskalische Denkweise zu Grunde, was im Ergebnis gegenläufig zu dem ist, was der ehrenwerte Kaufmann für richtig hält.

Mit dem Bilanzrichtliniengesetz 1985 wurden viele Regelungen, die bis dahin als ungeschriebene GoB galten, gesetzlich im HGB festgeschrieben. Schon daraus ergab sich eine deutliche Eingrenzung des Gestaltungsspielraums hinsichtlich der Auslegung von Grundsätzen ordnungsmäßiger Buchführung und Bilanzierung. Die Finanzgerichte beziehen sich zwar auch auf die GoB, beschäftigen sich aber viel lieber damit, den Gestaltungsspielraum, den die GoB einräumen, durch detaillierte Rechtsprechung soweit wie möglich auszuschließen.

Kodifizierung im HGB

Ziele der GoB

Die GoB verfolgen final die Ziele »Bilanzwahrheit« und »Bilanzklarheit«. Aus diesen Zielen sind alle Buchführungs- und Bilanzierungsregeln abzuleiten.

Die Buchhaltung muss richtig und willkürfrei geführt werden. Sie ist klar und übersichtlich zu gestalten, so, dass ein sachverständiger Dritter sich in angemessener Zeit ein Bild von den Geschäftsvorfällen des Unternehmens machen kann. Der Buchhaltungsstoff muss vollständig und zeitnah erfasst werden. Das Verfahren muss stetig sein, d.h., die Darstellung des Buchungsstoffs darf nicht grundlos gewechselt werden. Alle Geschäftsvorfälle müssen durch Beleg nachweisbar sein.

Einzelheiten zum Jahresabschluss

Das HGB hält im § 243 Abs. 2 HGB weiterhin als Aufstellungsgrundsatz fest, dass der Jahresabschluss klar und übersichtlich sein muss. Weiterhin muss der Jahresabschluss innerhalb einer dem ordnungsmäßigen Geschäftsgang entsprechenden Zeit aufgestellt werden. Die Grundsätze der Klarheit und der Übersichtlichkeit sowie der zeitnahen Aufstellung sind heute nur noch für die Einzelkaufleute und die Personengesellschaften, bei denen es mindestens eine natürliche Person gibt, die mit ihrem ganzen Vermögen haftet, von Bedeutung. Für alle anderen Unternehmen, also für die GmbH, AG, die GmbH & Co. KG und die Genossenschaften gelten nämlich nicht nur die allgemeinen Vorschriften für alle Kaufleute, sondern auch die ergänzenden Vorschriften nach den § 264 ff. HGB.

Generalnorm des Jahresabschlusses von Kapitalgesellschaften

Nach diesen speziellen Vorschriften für Kapitalgesellschaften und die Kapitalgesellschaft & Co. (Kapital & Co.) werden strengere Anforderungen an den Jahresabschluss gestellt. Die Klarheit und Übersichtlichkeit, welche in § 243 Abs. 2 HGB bei den allgemeinen Vorschriften gefordert wird, wird bei den Spezialvorschriften (§ 264 Abs. 2 HGB) dahin konkretisiert, dass der Jahresabschluss unter Beachtung der Grundsätze ordnungsmäßiger Buchführung ein den tatsächlichen Verhältnissen entsprechendes Bild der Vermögens-, Finanz- und Ertragslage der Gesellschaft zu vermitteln hat. Führen besondere Umstände dazu, dass der Jahresabschluss ein den tatsächlichen Verhältnissen entsprechendes Bild nicht vermittelt, so sind im Anhang zusätzliche Angaben zu machen.

Man könnte nunmehr fragen, ob ein Jahresabschluss einer Personengesellschaft, der nicht nach den besonderen Vorschriften für Kapitalgesellschaften und Kapital & Co. zu erstellen ist, nicht ein den tatsächlichen Verhältnissen entsprechendes Bild der Gesellschaft wiedergeben muss. In der Tat: Es sind Jahresabschlüsse denkbar, die formell und materiell richtig sind, aber trotzdem die tatsächliche Lage des Unternehmens nicht richtig wiederspiegeln, also nicht ein den tatsächlichen Verhältnissen entsprechendes Bild der Gesellschaft wiedergeben. Das ist aber nur dann möglich, wenn dieses

Unternehmen nicht die besonderen Vorschriften der §§ 264 ff. HGB zu beachten hat.

Auch die Formulierung im allgemeinen Teil, dass der Jahresabschluss innerhalb einer dem ordnungsgemäßen Geschäftsgang entsprechenden Zeit aufzustellen ist, ist im Prinzip unbrauchbar, weshalb der Gesetzgeber für die Kapitalgesellschaft und Kapital & Co. eine Aufstellungsfrist nach § 264 Abs. 1 Satz 2 HGB von grundsätzlich drei Monaten vorschreibt. Was für andere Unternehmen, die nur die allgemeinen Vorschriften zu berücksichtigen haben, eine angemessene Zeit ist, bleibt dahingestellt. Da die Kreditinstitute heute verpflichtet sind, innerhalb von neun Monaten nach Abschluss des Geschäftsjahres des Kreditnehmers dessen Jahresabschluss zur Kreditakte zu nehmen, können wir davon ausgehen, dass ein Unternehmen, welches Kredite von einem Kreditinstitut in Anspruch nimmt, nach spätestens neun Monaten den Jahresabschluss erstellt haben muss.

Der Jahresabschluss ist in deutscher Sprache aufzustellen. Er muss in Euro lauten. Nicht vergessen werden sollte, dass der Jahresabschluss vom Kaufmann unter Angabe des Datums zu unterzeichnen ist. Sind mehrere haftende Gesellschafter vorhanden, so müssen alle diese haftenden Gesellschafter unterschreiben. Diese Vorschrift wird auch auf Kapitalgesellschaften angewendet, mit der Maßgabe, dass hier alle Geschäftsführer bzw. Vorstände zu unterzeichnen haben.

Weitere Aufstellungsgrundsätze

2.2.2 Allgemeine Ansatzvorschriften

In den allgemeinen Ansatzvorschriften (§§ 246–251 HGB) und – wie sich später noch zeigen wird – auch in den allgemeinen Bewertungsvorschriften, sind wesentliche Bestandteile der Grundsätze ordnungsmäßiger Buchführung durch Gesetz festgelegt worden, was noch einmal deutlich macht, dass die ungeschriebenen GoB an Bedeutung verloren haben. Die allgemeinen Ansatzvorschriften schreiben vor, dass der Jahresabschluss vollständig sein muss; das heißt, sämtliche Vermögensgegenstände, Schulden, Rechnungsabgrenzungsposten, Aufwendungen und Erträge müssen enthalten sein. Neben dem Vollständigkeitsgrundsatz hat auch das Verrechnungsverbot eine gewichtige Bedeutung. Das Verrechnungsverbot schreibt vor, dass Posten der Aktivseite nicht mit Posten der Passivseite saldiert werden dürfen. Dasselbe gilt für die Verrechnung von Aufwendungen und Erträgen.

Aktivierungsverbote

Beispiel:
Der Unternehmer hat auf einem Bankkonto ein Guthaben von 100.000 €. Auf einem anderen Bankkonto hat er eine Verbindlichkeit in Höhe von 50.000 €. Grundsätzlich dürfen die beiden Bankkonten nicht saldiert

werden, sondern müssen, was das Guthaben betrifft, auf der Aktivseite, was die Schulden betrifft, auf der Passivseite ausgewiesen werden. Gleichwohl sind hiervon Abweichungen denkbar, nämlich dann, wenn die rechtlichen Voraussetzungen für eine Aufrechnung nach den Vorschriften des BGB gegeben sind. Diese Voraussetzungen sind gegeben, wenn der Kaufmann Forderungen an einen Dritten hat, gleichzeitig eine Verbindlichkeit gegenüber diesem Dritten besteht, und wenn Forderungen und Verbindlichkeit fällig sind. Es kann also keine Verbindlichkeit, die fällig ist, mit einer Forderung verrechnet werden, deren Fälligkeit erst später eintritt.

Aktivierungs-
verbote

In § 248 spricht das HGB ausdrückliche Bilanzierungsverbote an. Danach dürfen Aufwendungen für die Gründung des Unternehmens und für die Beschaffung des Eigenkapitals in der Bilanz nicht aktiviert werden. Immaterielle Vermögensgegenstände des Anlagevermögens dürfen nur dann aktiviert werden, wenn sie entgeltlich erworben wurden. Aufwendungen für den Abschluss von Versicherungsverträgen dürfen nicht aktiviert werden. Des Weiteren gibt es Ansatzvorschriften bezüglich der Rückstellungen, der Rechnungsabgrenzungsposten und der Haftungsverhältnisse.

2.2.3   Allgemeine Bewertungsvorschriften

Bilanzierung
der Höhe nach

Die allgemeinen Bewertungsvorschriften, welche in den §§ 252 bis 256 HGB kodifiziert sind, haben für Unternehmen aller Rechtsformen erhebliche Bedeutung. Die nachfolgend formulierten Grundsätze sind für das Verständnis des Jahresabschlusses wesentlich. Ohne sich diese Grundsätze verinnerlicht zu haben, wird man nicht in der Lage sein, einen Jahresabschluss zutreffend zu erstellen oder zu verstehen.

Bewertungs-
grundsätze

Die allgemeinen Bewertungsgrundsätze umfassen
- den Grundsatz der materiellen Bilanzkontinuität,
- den Grundsatz der Unternehmensfortführung,
- den Grundsatz der Einzelbewertung,
- den Grundsatz der vorsichtigen Bewertung,
- das Realisationsprinzip,
- den Grundsatz der periodengerechten Abgrenzung von Aufwendungen und Erträgen,
- den Grundsatz der Bewertungskontinuität.

2.2.4   Anschaffungs- und Herstellungskostenprinzip

Umfang der
Anschaffungs-
kosten

Vermögensgegenstände sind höchstens mit den Anschaffungs- oder Herstellungskosten, vermindert, um Abschreibungen anzusetzen (§ 253 Abs. 1 Satz 1 HGB). Es gilt also das Anschaffungskosten- bzw.

das Herstellungskostenprinzip. Ein Vermögensgegenstand darf nicht mit einem höheren Wert angesetzt werden, als tatsächlich für seine Anschaffung oder Herstellung aufgewendet wurde.

Bei Vermögensgegenständen des Anlagevermögens, deren Nutzung zeitlich begrenzt ist, sind die Anschaffungs- oder Herstellungskosten um planmäßige Abschreibungen zu vermindern. Diese Vorschrift besagt nichts anderes, als dass auf die Vermögensgegenstände des Anlagevermögens regelmäßige Abschreibungen vorzunehmen sind, um die Anschaffungskosten auf die betriebsgewöhnliche Nutzungsdauer zu verteilen. Dies kann durch gleichmäßige (lineare) Abschreibung erfolgen. Zulässig ist aber auch die degressive Abschreibung, bei welcher der Abschreibungsaufwand in den ersten Jahren höher ist als in den späteren Jahren. Denkbar ist auch eine nutzungsbezogene Abschreibung (z. B. nach Maschinenstunden). Wichtig ist, dass das gewählte Abschreibungsverfahren nicht im Widerspruch zur Realität steht. Ein solcher Widerspruch wäre beispielsweise dann gegeben, wenn man eine progressive Abschreibung wählen würde, bei welcher in den ersten Jahren eine geringere Abschreibung, in den späteren Jahren eine höhere Abschreibung zum Tragen käme. Ein solches Abschreibungsverfahren widerspräche der Lebenserfahrung, wonach der Wertverlust in den ersten Jahren eher höher ist als in den späteren Jahren.

Arten der Abschreibung

Bei Gegenständen des Umlaufvermögens sind solche planmäßigen Abschreibungen nicht vorzunehmen. Solche Gegenstände sind nicht dazu bestimmt, dem Betrieb dauerhaft zu dienen und entziehen sich bereits aus diesem Grunde dem Prinzip einer Planmäßigkeit der Abschreibung. Hier zählt allein die Stichtagsbezogenheit, wonach zum Bilanzstichtag nach den Grundsätzen des strengen Niederstwertprinzips der Wert anzusetzen ist, der für die Anschaffung aufgewandt wurde bzw. der niedrigere Markt- oder Börsenwert zum Stichtag. Verbindlichkeiten sind zu ihrem Rückzahlungsbetrag und Rückstellungen sind nur in Höhe des Betrages anzusetzen, der nach vernünftiger kaufmännischer Beurteilung notwendig ist.

2.2.5 Aufbewahrungspflichten

Die Aufbewahrungspflichten sind im Handelsrecht und im Steuerrecht abweichend geregelt. Das HGB schreibt in § 257 Abs. 1 und Abs. 4 HGB vor, dass die Handelsbücher, Inventare, Eröffnungsbilanzen, Jahresabschlüsse, Lageberichte und alle Unterlagen, die zum Verständnis der Dokumente erforderlich sind, zehn Jahre aufzubewahren sind. Die Aufbewahrungsfrist beginnt mit dem Schluss des Kalenderjahres, in dem die letzte Eintragung in das Handelsbuch gemacht, das Inventar aufgestellt, der Jahresabschluss festgestellt, der Handelsbrief empfangen oder abgesendet oder der Buchungsbe-

Aufbewahrungsfristen

leg erstellt wurde. Das bedeutet, dass die Aufbewahrungspflicht für diese Unterlagen in der Regel nicht zehn, sondern elf Jahre beträgt.

Beispiel:

Der Jahresabschluss zum 31.12.1995 wurde im Jahr 1996 aufgestellt und durch die Gesellschafterversammlung am 1.7.1996 festgestellt. Der Unternehmer möchte den Jahresabschluss mit Beginn des Jahres 2006 vernichten.

Lösung:

Die Frist beginnt mit Ablauf des Kalenderjahres, in dem der Jahresabschluss festgestellt wurde, also mit Ablauf des Jahres 1996. Damit endet die Aufbewahrungsfrist mit Ablauf des Jahres 2006. Der Unternehmer darf den Jahresabschluss für das Jahr 1995 also nicht zu Beginn des Jahres 2006, sondern erst nach Ablauf des Jahres 2006 vernichten.

Hemmung der Fristen

Wird der Jahresabschluss später geändert, beginnt die Aufbewahrungsfrist erneut zu laufen. Die anderen Unterlagen (Handelsbriefe) sind sechs Jahre aufzubewahren. Steuerlich ist in § 147 Abs. 3 AO grundsätzlich Entsprechendes geregelt. Die gesendeten und empfangenen Handelsbriefe sind hiernach jedoch auch zehn Jahre aufzubewahren. Zu beachten ist aber, dass die Unterlagen nicht vernichtet werden dürfen, soweit sie für ein noch nicht abgeschlossenes Besteuerungsverfahren erheblich sind. Eine E-Mail, die sich auf ein Handelsgeschäft bezieht, ist als Handelsbrief zu werten und unterliegt der Aufbewahrungspflicht.

2.2.6 Zusammenfassung

Für Kaufleute und Unternehmen, die im Handelsregister eingetragen sind, besteht die Pflicht, jährlich einen Jahresabschluss zu erstellen. Grundsätzlich ist es nicht erforderlich, neben dem handelsrechtlichen Jahresabschluss auch noch eine Steuerbilanz zu erstellen. Das Steuerrecht knüpft vielmehr an den handelsrechtlichen Jahresabschluss an und erklärt diesen für maßgeblich. Die steuerrechtlichen Vorschriften schränken bestimmte handelsrechtliche Bilanzierungs- und Bewertungswahlrechte ein oder schreiben in Einzelfällen zwingend eine andere Behandlung vor. In solchen Fällen wird aber keine abweichende Bilanz aufgestellt, sondern im Rahmen der Ermittlung des steuerlichen Ergebnisses eine Hinzurechnung oder Kürzung einzelner Werte vorgenommen.

Der Jahresabschluss muss den GoB entsprechen, klar und übersichtlich sein und in angemessener Zeit nach dem Abschlussstichtag aufgestellt werden.

Bei der Aufstellung des Jahresabschlusses müssen die Bewertungsgrundsätze eingehalten werden. Bei der Bewertung gilt insbesondere der Grundsatz des Anschaffungs- und Herstellungskostenprinzips. Danach sind Vermögensgegenstände mit ihren Anschaffungsbzw. Herstellungskosten zu bewerten und zu aktivieren. Bei Gegenständen des Anlagevermögens sind die Anschaffungs- bzw. Herstellungskosten um planmäßige Abschreibungen zu vermindern. Die Jahresabschlüsse, die Buchhaltungsunterlagen und die anderen Geschäftsunterlagen sind in der Regel zehn Jahre aufzubewahren. Für bestimmte Unterlagen beträgt die Aufbewahrungspflicht sechs Jahre.

2.3 Besondere Vorschriften

2.3.1 Bilanzrichtliniengesetz (BiRiLiG) vom 19.12.1985

Über die oben beschriebenen allgemeinen Vorschriften (§ 238 bis § 263 HGB) hinaus sind in den §§ 264 bis 289 HGB weiterführende Vorschriften kodifiziert worden, die nur für Kapitalgesellschaften anzuwenden sind. Gleichzeitig wurden die teilweise im GmbH-Gesetz und im Aktiengesetz vorhandenen Vorschriften aus diesen Gesetzen herausgenommen, so dass man heute sagen kann, dass seit Einführung des Bilanzrichtliniengesetzes alle wesentlichen Vorschriften im HGB kodifiziert sind und nur noch wenige, rechtsformspezifische Vorschriften im GmbH-Gesetz und im Aktiengesetz festgehalten sind.

Auch wenn durch das Bilanzrichtliniengesetz die Bilanzierungsvorschriften nunmehr in deutlich umfangreicherer Weise gesetzlich kodifiziert wurden, fehlt im HGB der Verweis auf die Grundsätze der ordnungsmäßigen Buchführung und Bilanzierung nicht. Im § 243 HGB heißt es, dass der Jahresabschluss nach den Grundsätzen ordnungsmäßiger Buchführung aufzustellen ist und klar und übersichtlich zu sein hat. Die Grundsätze ordnungsmäßiger Buchführung und Bilanzierung (GoB) wurden gesetzlich zur Generalnorm bestimmt.

Für die Kapitalgesellschaften, für welche in § 264 ff. HGB weiterführende verpflichtende Vorschriften geschaffen wurden, wurde aus den angelsächsischen Bilanzierungsvorschriften der sogenannte »true and fair view« übernommen. Der Jahresabschluss für Kapitalgesellschaften hat gemäß § 264 Abs. 2 HGB unter Beachtung der Grundsätze ordnungsmäßiger Buchführung ein den tatsächlichen Verhältnissen entsprechendes Bild der Vermögens-, Finanz- und Ertragslage der Kapitalgesellschaft zu vermitteln. Diese Vorschrift hat eine andere Qualität als die Generalnorm über die GoB. Hiernach hat bei der Kapitalgesellschaft der Abschluss nicht nur den

True and fair view-Prinzip

GoB zu entsprechen, sondern er muss darüber hinaus dem externen Jahresabschlussleser ein den tatsächlichen Verhältnissen entsprechendes Bild der Gesellschaft vermitteln. Da dies allein aus der Bilanz und der Gewinn- und Verlustrechnung nicht zu ersehen ist, hat der Gesetzgeber die Kapitalgesellschaften verpflichtet, neben der Bilanz und der Gewinn- und Verlustrechnung einen Anhang zu erstellen (§§ 284, 285 HGB), in dem die gesetzlich formulierten Pflichtangaben zum Jahresabschluss zu machen sind. Wichtig ist an dieser Stelle der Hinweis, dass im Anhang nur die gesetzlich geforderten Angaben gemacht werden dürfen, nicht jedoch Informationen aufgenommen werden können, die gesetzlich nicht vorgesehen sind. Solche weiterführenden Informationen dürfen lediglich im Lagebericht (§ 289 HGB) vorgenommen werden. Ein solcher Lagebericht ist ursprünglich von jeder Kapitalgesellschaft aufzustellen. Im Lagebericht musste zumindest über den Verlauf des abgeschlossenen Geschäftsjahres berichtet werden. Weiterhin sollten Angaben über die zu erwartende Geschäftsentwicklung und die Forschung und Entwicklung getätigt werden. Die Aufstellung eines Lageberichtes für kleine Kapitalgesellschaften wurde später durch eine Befreiungsvorschrift aufgehoben.

Verhältnis Anhang zu Lagebericht

Publizitätspflicht

Die Einführung dieser verschärften Rechnungslegungsvorschriften durch das Bilanzrichtliniengesetz bewegte die Gemüter nicht so stark, wie die neu eingeführten Vorschriften über die Offenlegung des Jahresabschlusses (§ 325 ff. HGB). Die Offenlegung der Jahresabschlüsse hatte für Kapitalgesellschaften erstmals für das Geschäftsjahr 1986 zu erfolgen. Für die Gesellschaft mit beschränkter Haftung stellte dies eine einschneidende Neuerung dar, da diese Gesellschaften bis dahin ihre Jahresabschlüsse nicht für jedermann offen zu legen hatten. Nach den Offenlegungsvorschriften hatten die kleine und mittelgroße GmbH den Jahresabschluss im Handelsregister offen zu legen. Große Kapitalgesellschaften mussten und müssen ihren Jahresabschluss im Bundesanzeiger veröffentlichen. Da die Sanktionsvorschriften für den Fall der unterlassenen Offenlegungsverpflichtung nicht sehr streng ausgerichtet waren, unterblieb die Offenlegung der Jahresabschlüsse in den meisten Fällen. Neu war für die GmbH bei Einführung des Bilanzrichtliniengesetzes weiterhin die Tatsache, dass die mittelgroße und große Kapitalgesellschaft prüfungspflichtig wurde. Diese Prüfungspflicht bedeutete, dass eine GmbH, die nach § 267 Abs. 2 bzw. Abs. 3 HGB als mittelgroße oder große Kapitalgesellschaft einzuordnen war, sich durch einen Wirtschaftsprüfer (bei mittelgroßen Kapitalgesellschaften ist auch ein vereidigter Buchprüfer zulässig) prüfen lassen musste. Dies bedeutete für die betroffenen Unternehmen grundsätzlich eine zusätzliche finanzielle Belastung, da die Prüfung des Jah-

Arten der Publizität

resabschlusses voraussetzt, dass ein Jahresabschluss zur Prüfung vorgelegt wird. Dem Wirtschaftsprüfer und dem vereidigten Buchprüfer ist es jedenfalls verwehrt, einen Jahresabschluss zu prüfen, an dessen Erstellung er mitgewirkt hat. Dies bedeutet, dass seit 1986 die prüfungspflichtige GmbH einen Jahresabschluss mit Anhang und Lagebericht zu erstellen hat und diesen dem Abschlussprüfer zur Prüfung vorlegt. Dies schließt natürlich nicht aus, dass dieser Jahresabschluss möglicherweise den einen oder anderen Fehler beinhaltet, der im Rahmen der Abschlussprüfung auf Veranlassung des Abschlussprüfers behoben wird. Ob das Procedere der Vorlage eines vollständigen Jahresabschlusses zur Prüfung in der Praxis bei den prüfungspflichtigen GmbHs in den früheren Jahren tatsächlich so eingehalten wurde, vermag bei aller gebotenen Zurückhaltung nicht garantiert zu werden. Hinsichtlich der strengen Abgrenzung von Aufstellung und Prüfung und hinsichtlich der Offenlegung der Jahresabschlüsse kann eine gewisse Weitherzigkeit der beteiligten Akteure nicht von vornherein ausgeschlossen werden.

2.3.2 Kapitalgesellschaften und Co.-Richtlinie-Gesetz (KapCoRiLiG) vom 24.2.2000

Seit Verabschiedung des Bilanzrichtliniengesetzes gab es erheblichen Streit der Bundesregierung mit der Europäischen Gemeinschaft, da das Bilanzrichtliniengesetz die GmbH & Co. KG nicht berücksichtigt hat. Die Intention der 4. EG-Richtlinie (die Grundlage für das Bilanzrichtliniengesetz war) war, dass Unternehmen, bei denen es keinen persönlich haftenden Gesellschafter gab, ihren Jahresabschluss nach verschärften Vorschriften aufzustellen, ab einer bestimmten Größenordnung zu prüfen und danach offen zu legen hatten. Dieser Tatsache konnte sich die Bundesrepublik Deutschland nicht länger entziehen und hat die Rechnungslegungsvorschriften für Kapitalgesellschaften durch das KapCoRiLiG auf die Kapital & Co. (also im Wesentlichen die GmbH & Co. KG) erweitert.

Änderungen durch das KapCoRiLiG

Das Gesetz ist erstmalig auf die Jahresabschlüsse der Kapital & Co. anzuwenden, deren Geschäftsjahr nach dem 31.12.1999 begonnen hat, also bei nicht abweichendem Wirtschaftsjahr ist erstmalig der Jahresabschluss für das Jahr 2000 nach den neuen Vorschriften aufzustellen und, soweit es sich um eine mittelgroße oder große Gesellschaft handelt, zu prüfen.

Die Größenkriterien im § 267 HGB, welche die Einordnung in eine kleine, mittelgroße oder große Gesellschaft vornehmen, sind in Kapitel 5.2 dargestellt.

2.3.3   Gesetz über die Kontrolle und Transparenz im Unternehmensbereich (KonTraG) vom 27.4.1998

Entstehung des KonTraG

Durch die unrühmlichen Unternehmensinsolvenzen bekannter deutscher Großunternehmen sah sich der Gesetzgeber gefordert, die Kontrollmechanismen zu verschärfen und die Transparenz über die Unternehmensvorgänge und das Rechnungswesen zu erhöhen. Das KonTraG ist sicherlich hierbei nur ein erstes gesetzgeberisches Vorhaben, welches in die Praxis umgesetzt wurde. Wesentlich ist hierbei, festzuhalten, dass ein Umdenken im Umgang mit Bilanzierungs- und Prüfungsvorschriften einher gehen muss. Entsprechende weitere Gesetze, die diesen Prozess fördern werden, wird es mit Sicherheit geben.

Auswirkungen des KonTraG

Durch das KonTraG haben sich die Prüfungsvorschriften, welche durch den Abschlussprüfer einzuhalten sind, deutlich verschärft. Dies hat in der Praxis dazu geführt, dass der Wirtschaftsprüfer den Jahresabschluss der prüfungspflichtigen Gesellschaft nicht mehr allein auf das reine Zahlenwerk zu prüfen hat, sondern darüber hinaus im Prüfungsbericht darüber zu berichten hat, ob Gesetzesverstöße festgestellt wurden oder ob es verlustbringende Geschäfte gegeben hat, die für das Unternehmen wesentlich waren. Hierbei hat der Abschlussprüfer in seinem Prüfungsbericht vorweg zu der Berichterstattung der Geschäftsleitung zur Lage der Gesellschaft (also zum Lagebericht) Stellung zu nehmen.

Eine Aufnahme der Erläuterung der Bilanz und der Gewinn- und Verlustrechnung in den Prüfungsbericht wird vom Institut der Wirtschaftsprüfer als nicht wünschenswert betrachtet. Erläuterungen zu einzelnen Posten des Jahresabschlusses sollen nur dann erfolgen, wenn dies zur Beurteilung wesentlich ist und im Anhang keine entsprechende Erläuterung erfolgte. Der Prüfungsbericht soll sich darauf beschränken, über die vorgenommenen Prüfungshandlungen und die Ergebnisse dieser Prüfungshandlungen zu berichten, um den Berichtsempfängern einen Überblick darüber zu geben, wie die Lage der Gesellschaft tatsächlich ist. Der Erläuterungsteil über die Bilanz und Gewinn- und Verlustrechnung soll hier nach Möglichkeit allenfalls in die Anlagen aufgenommen werden.

Peer Review

Die Wirtschaftsprüfer und die vereidigten Buchprüfer müssen sich selbst prüfen lassen (Peer Review). Die Prüfung hat durch andere, unabhängige Wirtschaftsprüfer zu erfolgen und muss im Dreijahresturnus durchgeführt werden. Gegenstand der Prüfung ist, ob der Wirtschaftsprüfer bzw. der vereidigte Buchprüfer seine Praxis ordnungsmäßig führt, ein entsprechendes Qualitätsmanagementsystem eingeführt hat und aufrecht erhält, und ob er die Prüfungsaufträge unter Einhaltung der gesetzlichen Vorschriften durchgeführt hat. Ein Wirtschaftsprüfer, der sich dieser Prüfung nicht spätestens bis zum Jahr 2005 erstmalig unterzogen hat, darf danach keine Jahresabschlussprüfungen mehr nach § 316 ff. HGB fortführen.

Da bei dieser Prüfung der Wirtschaftsprüfer (Peer Review) auch die Dokumentation der Prüfungsdurchführung einzelner Aufträge zu überprüfen ist, hat der Wirtschaftsprüfer seine Prüfungsunterlagen so zu dokumentieren, dass er nachweisen kann, dass er einen vollständigen Jahresabschluss zur Prüfung vorgelegt bekommen hat. Dies führte dazu, dass die Unternehmen ihren Jahresabschluss vollständig (einschließlich Anhang und Lagebericht) zu erstellen haben, soweit dies im Einzelfall in der Vergangenheit noch nicht geschehen sein sollte. Für die Kapitalgesellschaft & Co. hieß dies auf jeden Fall, dass sie den Jahresabschluss erstmalig ohne Mitwirkung des Wirtschaftsprüfers nach den neuen Vorschriften aufzustellen hat – oder wenn der Jahresabschluss durch einen Berater aufgestellt wird, dass dieser Berater dann nicht der Abschlussprüfer sein kann.

Prüfungsunterlagen

2.3.4 Gesetz zu Transparenz und Kontrolle (TransPuG) vom 19.7.2002

Durch das »Gesetz zur weiteren Reform des Aktien-Bilanzrechts, zu Transparenz und Publizität (TransPuG)« vom 19.7.2002 wurden weitere Normen geschaffen, die Einfluss auf die Stellung des Jahresabschlusses haben. Danach ist der Vorstand einer Aktiengesellschaft verpflichtet, im Anhang einen Hinweis auf die sogenannte Entsprechungserklärung zum Corporate Governance-Kodex gemäß § 161 AktG zu geben (§ 285 Nr. 16 HGB). Die Vorschriften der Verpflichtung zur Aufstellung eines Konzernabschlusses wurden auf Konzernunternehmen, die einen organisierten Markt im Sinne des § 2 Abs. 5 WpHG in Anspruch nehmen, erweitert. Darüber hinaus sind alle Konzernunternehmen, die verpflichtet sind, einen Konzernabschluss zu erstellen, diesen um einen Eigenkapitalspiegel zu erweitern.

Corporate Governance-Kodex

2.3.5 Bilanzrechtreformgesetz (BilReG)

Aufgrund verschiedener EG- Verordnungen und EU-Kommissionsempfehlungen sowie des sogenannten Zehn-Punkte-Maßnahmenkatalogs der Bundesregierung zur Stärkung der Unternehmensintegrität und des Anlegerschutzes vom 25.2.2003 waren Gesetzesänderungen auf den Gebieten des Bilanzrechts und des Rechts der Abschlussprüfer erforderlich, denen der Gesetzgeber mit dem Bilanzrechtreformgesetz Rechnung getragen hat. Ziel war es, im Hinblick auf die aktuellen internationalen Entwicklungen im Bereich der Kapitalmärkte und der internationalen Rechnungslegungsstandards das Vertrauen in die Aussagekraft von Unternehmensab-schlüssen und die Unabhängigkeit und Objektivität sowie das Testat des Abschlussprüfers zu stärken und entsprechende Vorgaben des europäischen Bilanzrechts in nationales Recht umzusetzen.

Mit dem BilReG wurde § 319 HGB (Auswahl des Abschlussprüfers und Ausschlussgründe) neugefasst und § 319a HGB (besondere Aus-schlussgründe bei Unternehmen von öffentlichem Interesse) neu in das Gesetz aufgenommen. Des Weiteren wurden die Schwellenwerte zur Umschreibung der Größenklassen der Kapitalgesellschaften ge-mäß § 267 HGB angehoben. Im Rahmen der Vorschriften zur Erstel-lung des Konzernabschlusses wurde entsprechend der IAS-Ver-ordnung der EU die Anwendung der IAS-Bilanzregeln verbindlich geregelt.

2.3.6   Bilanzkontrollgesetz (BilKoG)

Mit der Umsetzung des BilKoG wurde das sogenannte Enforcement-Verfahren in das deutsche Bilanzrecht eingeführt. Die Enforcement-stelle soll Verstößen gegen Rechnungslegungsvorschriften bei Jah-res- oder Konzernabschlüssen nachgehen. Die Prüfungsstelle wird tätig bei vorliegen von Anhaltspunkten für Rechnungslegungsver-stöße, im Rahmen von verdachtslosen Stichprobenprüfungen oder auf Verlangen der Bundesanstalt für Finanzdienstleistungsaufsicht (BaFin). Die Enforcementstelle wurde bei dem hierfür gegründeten Trägerverein mit dem Namen »Deutsche Prüfstelle für Rechnungs-legung (DPR)« eingerichtet.

2.3.7   Elektronisches Handels- und Unternehmensregister (EHUG)

Neue Offen-
legungsregeln

Durch das am 10.11.2006 im Bundesanzeiger veröffentlichte Ge-setz über elektronische Handelsregister und Genossenschaftsregis-ter sowie das Unternehmensregister (EHUG), welches am 1.1.2007 wirksam wurde, ergeben sich für die Unternehmen neue Offenle-gungsvorschriften. Die Einreichung, Speicherung, Veröffentlichung und der Abruf von Unternehmensdaten erfolgt grundsätzlich nur noch elektronisch. Die Kapitalgesellschaften im Sinne des Zweiten Abschnitts des Dritten Buches des HGB (AG, KgaA, GmbH, GmbH & Co. KG) müssen ihren Jahresabschluss beim Betreiber des elektro-nischen Bundesanzeigers einreichen und im elektronischen Bundes-anzeiger bekannt machen. Eine entsprechende Verpflichtung besteht auch für den Konzernabschluss. Die bisherige Unterscheidung des Mediums der Offenlegung (große Kapitalgesellschaften mussten den Jahresabschluss im Bundesanzeiger veröffentlichen, kleine und mit-telgroße Kapitalgesellschaften mussten den Jahresabschluss beim zuständigen Amtsgericht hinterlegen) entfällt. Die Vorschriften über die Erleichterungen für kleine und mittelgroße Kapitalgesellschaften den Umfang der Offenlegung betreffend (§ 328 HGB) werden von den Änderungen nicht berührt.

2.3.8 Zusammenfassung

Die Vorschriften zum Jahresabschluss der KapG und Kapital & Co. haben in den letzten 20 Jahren erhebliche Veränderungen erfahren. Das gilt sowohl für die Bilanzierungsvorschriften als auch für die Offenlegungsvorschriften.

2.4 Übersicht über den Anwendungsbereich der Vorschriften

Nachfolgend werden die Anwendungsvorschriften systematisch zusammengestellt:

Anwendungsvorschriften

	eKfm./ eKfr. oHG/KG	Kapitalgesellschaft Kapital & Co.		
		Kleine	Mittel- große	Große
Vorschriften für alle Kaufleute (§§ 238 bis 263 HGB)	ja	ja	ja	ja
Ergänzende Vorschriften für Kapitalgesellschaften für die Bilanz (§§ 264 bis 274 HGB)	nein	ja	ja	ja
Ergänzende Vorschriften für Kapitalgesellschaften für die GuV (§§ 264 bis 274 HGB)	nein	ja	ja	ja
Ergänzende Vorschriften für Kapitalgesellschaften für den Anhang (§§ 284 bis 288 HGB)	nein	teilweise	teilweise	ja
Ergänzende Vorschriften für Kapitalgesellschaften für den Lagebericht (§ 289 HGB)	nein	nein	ja	ja

	eKfm./ eKfr. oHG/KG	Kapitalgesellschaft Kapital & Co.		
Ergänzende Vorschriften für Kapitalgesellschaften für die Prüfung des Jahresabschlusses (§§ 316 bis 324 HGB)	nein	nein	ja	ja
Ergänzende Vorschriften für Kapitalgesellschaften für die Offenlegung des Jahresabschlusses (§§ 325 bis 329 HGB)	nein	Bilanz und Anhang teilweise; keine GuV; kein Lagebericht	Bilanz, GuV und Anhang teilweise; Lagebericht vollständig	ja

3 Der Jahresabschluss von der Vorbereitung bis zur Offenlegung

3.1 Vorbereitungsarbeiten

Nach Abschluss des Geschäftsjahres ist zunächst die monatliche Buchhaltung wie gewohnt abzuschließen. Anschließend sind die Vorbereitungsarbeiten für den Jahresabschluss durchzuführen. Dies bedeutet, dass zeitliche Abgrenzungen für die einzelnen Geschäftsvorfälle vorzunehmen sind. Wichtig hierbei ist, dass diese Abgrenzungsbuchungen entsprechend dokumentiert werden, damit der Abschlussprüfer sich später von der Ordnungsmäßigkeit überzeugen kann. Hierzu ist es empfehlenswert, einen sogenannten Abschlussordner anzulegen, in welchem nach einem klarem Gliederungssystem (z. B. nach Bilanzpositionen bzw. GuV-Positionen) die zur Erklärung erforderlichen Unterlagen zusammengestellt werden. Dies erleichtert die spätere Prüfung des Jahresabschlusses.

Vorbereitung des Jahresabschlusses

Achten Sie bitte auf eine systematische Dokumentation, da diese die Nachprüfung durch den Abschlussprüfer erleichtert und damit erheblichen Einfluss auf die Prüfungskosten hat.

Tipp

Nachfolgende Checkliste, die keinen Anspruch auf Vollständigkeit erhebt, soll ein Anhaltspunkt für die erforderlichen Abschlussbuchungen sein.

Checkliste

✔ Sind die Abschreibungen errechnet und verbucht und hat eine Abstimmung der Buchhaltungskonten mit dem Anlagenverzeichnis stattgefunden?

✔ Sind Anlagenabgänge erfasst und zwischen Buchhaltung und Anlagenverzeichnis abgestimmt?

✔ Sind die Inventurbestände belegt und verbucht?

✔ Wurden die Debitoren-Personenkonten auf Unstimmigkeiten und einen evtl. unterbliebenen Ausgleich der einzelnen Forderungs- und Zahlungsbeträge untersucht?

✔ Müssen Wertberichtigungen vorgenommen werden?

✔ Hat eine Abstimmung der Darlehensforderungen und Zinsen sowie die Abgrenzung der Zinsen, die Abstimmung der Bankkonten, insbesondere die Verbuchung der Kontoführungsgebühren und Zinsen, soweit diese erst im neuen Geschäftsjahr belastet wurden, stattgefunden?

✔ Hat eine Abstimmung der Besitz- und Schuldwechsel mit der Buchhaltung stattgefunden?

✔ Hat eine Abstimmung der sonstigen Forderungen stattgefunden?

✔ Wurden aktive Rechnungsabgrenzungen gebildet bzw. gebucht und abgestimmt?

✔ Ist eine Buchung der Rückstellungen (Zuführung, Verbrauch, Auflösung) erfolgt?

✔ Wurden die Darlehensverbindlichkeiten einschließlich Zinsen und Gebühren abgestimmt?

✔ Sind die Zinsen und Gebühren auf den Bankkreditkonten, soweit sie im neuen Jahr erst belastet wurden, in das abgeschlossene Jahr gebucht worden?

✔ Hat eine Abstimmung der sonstigen Verbindlichkeiten stattgefunden?

✔ Wurden die passiven Rechnungsabgrenzungsposten gebucht?

3.2   Erstellung des Jahresabschlusses

Erstellung des zu prüfenden Jahresabschlusses

Aus den Jahresendsalden der Buchhaltung wird dann der Jahresabschluss erstellt, indem die Endzahlen der einzelnen Konten den entsprechenden Bilanz- bzw. GuV-Positionen zugeordnet werden. Die Erstellungsarbeiten gehen jedoch, sofern die Vorschriften nach § 264 ff. HGB anzuwenden sind (also für die Kapitalgesellschaften und die Kapitalgesellschaft & Co.), noch weiter. Bei diesen Rechtsformen ist das Gliederungsschema einzuhalten und darauf zu achten, dass die Vorjahreszahlen im Jahresabschluss angegeben sowie ein Anhang und sofern es sich nicht um eine kleine Kapitalgesellschaft handelt, ein Lagebericht erstellt werden.

Der Jahresabschluss ist innerhalb angemessener Frist aufzustellen. Hierbei ist zu bedenken, dass nach dem Kreditwesen-Gesetz Jahresabschlüsse nach neun Monaten bei den Kreditinstituten zur Kreditakte einzureichen sind. Weiterhin ist zu berücksichtigen, dass die Kapitalgesellschaften und die Kapitalgesellschaft & Co. nach § 264 Abs. 1 Satz 2 HGB den Jahresabschluss innerhalb der ersten drei Monate nach Geschäftsjahresende aufzustellen haben. Für kleine Kapitalgesellschaften (§ 264 Abs. 1 Satz 3 HGB) kann die Aufstellung des Jahresabschlusses bis zu sechs Monaten dauern, wenn dies einem ordnungsmäßigen Geschäftsgang entspricht.

3.3 Prüfung des Jahresabschlusses

Der so erstellte Jahresabschluss ist dem Abschlussprüfer (sofern eine prüfungspflichtige Gesellschaft vorliegt) zur Prüfung vorzulegen. Der Abschlussprüfer hat seine Prüfung nach den Grundsätzen des risikoorientierten Prüfungsansatzes durchzuführen. Er muss die inhärenten Risiken analysieren und das rechnungswesenrelevante interne Kontrollsystem prüfen. Aus diesen Feststellungen ergibt sich das Fehlerrisiko, welches Grundlage für die Prüfungsstrategie und den Prüfungsumfang bildet. Der Abschlussprüfer hat seinen Prüfungsbericht zu erstellen und der Geschäftsleitung vorzulegen. Bei börsennotierten Aktiengesellschaften ist der Prüfungsbericht dem Aufsichtsrat vorzulegen.

Prüfungsplanung und Prüfungsdurchführung

Für den Unternehmer ist es wichtig, darauf zu achten, dass er rechtzeitig überprüft, ob sein Unternehmen prüfungspflichtig ist. Dann nämlich muss die Gesellschafterversammlung den Jahresabschlussprüfer wählen. Erst wenn die Wahl des Abschlussprüfers durch die Gesellschafterversammlung erfolgt ist, kann der Geschäftsführer den Abschlussprüfer beauftragen. Der Abschlussprüfer ist verpflichtet festzustellen, ob seine Bestellung ordnungsgemäß erfolgt ist.

Wahl des Abschlussprüfers

> Achten Sie darauf, dass der Abschlussprüfer rechtzeitig vor Ablauf des Geschäftsjahres gewählt und beauftragt wird, da dieser grundsätzlich an der Bestandsaufnahme beobachtend mitwirken muss. Hat der Abschlussprüfer an der Bestandsaufnahme nicht mitgewirkt, muss er den Bestätigungsvermerk einschränken, wenn das Vorratsvermögen zur Beurteilung des Jahresabschlusses nicht von untergeordneter Bedeutung ist.

Tipp

3.4 Feststellung des Jahresabschlusses

Der Jahresabschluss ist in seiner geprüften Form durch die Gesellschafterversammlung festzustellen. Hierbei ist es jedoch nicht ausgeschlossen, dass die Gesellschafter den Jahresabschluss in abgeänderter Form feststellen. Dies hätte zur Folge, dass eine Nachtragsprüfung, die sich jedoch nur auf die vorgenommenen Änderungen bezieht, durch den Abschlussprüfer zu erfolgen hat.

Rechtsverbindlichkeit durch Feststellung

3.5   Publizierung des Jahresabschlusses

Die Offenlegung des Jahresabschlusses ist für Kapitalgesellschaften und Kapital & Co. neu geregelt worden. Jahresabschlüsse für Geschäftsjahre, die nach dem 31.12.2005 begonnen haben, sind binnen eines Jahres nach Abschluss des Geschäftsjahres beim elektronischen Bundesanzeiger einzureichen (siehe Kapitel 2.3.7).

3.6   Zusammenfassung

Vor Erstellung des Jahresabschlusses muss zunächst die Buchhaltung abgeschlossen werden. Die erforderlichen Abgrenzungsbuchungen sind dabei durchzuführen. Ist das Buchhaltungswerk vollständig erfasst, kann der Jahresabschluss erstellt werden. Bei der Erstellung des Jahresabschlusses müssen Kapitalgesellschaften und die Kapital & Co. verschärfte Vorschriften beachten. Sofern eine Prüfungspflicht besteht, haben die Geschäftsführer den Jahresabschluss dem gewählten Abschlussprüfer zur Prüfung vorzulegen. Anschließend ist der Jahresabschluss von der Gesellschafterversammlung festzustellen. Nach Feststellung ist der Jahresabschluss offen zu legen, wenn es sich um eine Kapitalgesellschaft oder eine Kapital & Co. handelt.

4   Der Jahresabschluss (Einzelabschluss) des Unternehmens nach den allgemeinen Vorschriften

4.1   System von Ansatz, Bewertung und Ausweis im Jahresabschluss

Bei Erstellung des Jahresabschlusses ist für die einzelnen Geschäftsvorfälle zu entscheiden, ob ein Ansatz in der Bilanz oder in der Gewinn- und Verlustrechnung zu erfolgen hat (Bilanzierung dem Grunde nach), wie der Geschäftsvorfall zu bewerten ist (Bilanzierung der Höhe nach) und unter welcher Position der Sachverhalt auszuweisen ist. Bei der Frage des Ansatzes geht es darum, ob ein Sachverhalt in der Bilanz oder Gewinn- und Verlustrechnung anzusetzen ist. Die steuerrechtliche Rechtsprechung hat hierzu folgende Grundsätze entwickelt, nach denen das Vorliegen eines aktivierungspflichtigen Wirtschaftsgutes anzunehmen ist:

System der Bilanzierung

- aktivierungsfähige bzw. aktivierungspflichtige Wirtschaftsgüter müssen durch eine Geldleistung (Ausgabe) erworben worden sein,
- Wirtschaftsgüter müssen nach der Verkehrsanschauung einen über die Dauer der Abrechnungsperiode wesentlich hinausgehenden Wert für das Unternehmen besitzen,
- Wirtschaftsgüter müssen nach allgemeiner Verkehrsanschauung einer besonderen Bewertung zugänglich sein,
- Wirtschaftsgüter können auch solche Erwerbungen sein, die zivilrechtlich weder körperliche Sachen noch Rechte sind (z.B. ein derivativer Firmenwert),
- Wirtschaftsgüter brauchen keine selbständig veräußerbaren Gegenstände zu sein, d.h. sie brauchen keine selbständige Verkehrsfähigkeit zu besitzen,
- Wirtschaftsgüter müssen sich im Gesamtwert des Betriebes auswirken.

Abgrenzung Wirtschaftsgut und Vermögensgegenstand

Für die Begriffsbestimmung des handelsrechtlichen Vermögensgegenstands gilt Entsprechendes. Liegt ein Vermögensgegenstand nicht vor, ist zu prüfen, ob eine Schuld oder eine Bilanzierungshilfe vorliegt. Kommt eine Aktivierung oder Passivierung grundsätzlich nicht in Betracht, ist der Ansatz in der Gewinn- und Verlustrechnung zu prüfen. Denkbar sind aber auch Vorgänge, bei denen ein Ansatz nicht in Betracht kommt, z. B. bei Bildung eines selbst geschaffenen Firmenwerts oder bei schwebenden Geschäften, wenn bei diesen ein Verlust nicht zu erwarten ist.

4.2   Allgemeine Ansatzvorschriften

4.2.1   Vollständigkeitsgebot

Zentrale Ansatzvorschrift

Der Jahresabschluss hat sämtliche Vermögensgegenstände, Schulden, Rechnungsabgrenzungsposten, Aufwendungen und Erträge zu enthalten, soweit gesetzlich nichts anderes bestimmt ist (§ 246 Abs. 1 Satz 1 HGB). Vermögensgegenstände, die unter Eigentumsvorbehalt erworben oder an Dritte zu Sicherheitszwecken verpfändet oder übertragen worden sind, sind in die Bilanz des Sicherungsgebers aufzunehmen. Bei den Eigentumsvorbehalten und den Sicherungsübereignungen ist der Sicherungsgeber grundsätzlich der wirtschaftliche Eigentümer. Das wirtschaftliche Eigentum wird deshalb angenommen, weil dem Sicherungsgeber der Besitz nicht streitig gemacht werden kann, sofern die dem Sicherungsgeschäft zugrunde liegenden Verbindlichkeiten vertragsgemäß erfüllt werden.

4.2.2   Inhalt der Bilanz

Mindestgliederung der Bilanz

Die Vorschriften über die Gliederung der Bilanz sind für die Unternehmen, die nicht die Vorschriften für Kapitalgesellschaften anzuwenden haben, mäßig ausgestaltet. In § 247 Abs. 1 HGB wird lediglich verlangt, dass in der Bilanz Anlagevermögen und Umlaufvermögen, Eigenkapital, Schulden und Rechnungsabgrenzungsposten gesondert auszuweisen und hinreichend zu untergliedern sind. Vermögensgegenstände, die dazu bestimmt sind, dem Unternehmen dauerhaft zu dienen, sind beim Anlagevermögen auszuweisen.

Passivposten, die für Zwecke der Steuern vom Einkommen und Ertrag zulässig sind, dürfen in der Bilanz gebildet werden. Sie sind als **Sonderposten mit Rücklageanteil** auszuweisen und nach Maßgabe des Steuerrechts aufzulösen. Einer Rückstellung bedarf es insoweit nicht (§ 247 Abs. 3 Satz 3 HGB).

4.2.3 Verrechnungsverbot

Einzelne Posten der Aktivseite dürfen nicht mit solchen der Passivseite verrechnet werden. Aufwendungen dürfen nicht mit Erträgen saldiert werden. Dieser Grundsatz des Saldierungsverbotes hat in den Vorschriften der Jahresabschlusserstellung zentrale Bedeutung. Saldierungen sind nur unter sehr restriktiven, engen Voraussetzungen zulässig. Eine solche Voraussetzung liegt dann vor, wenn die zivilrechtlichen Voraussetzungen für eine Aufrechnung gegeben sind.

Keine Postenzusammenfassung

Beispiel:
Das Unternehmen hat eine Verbindlichkeit in Höhe von 1.000 € gegenüber einem Lieferanten. Diese Verbindlichkeit ist am 15.1. des Folgejahres fällig. Gleichzeitig hat das Unternehmen gegen denselben Lieferanten eine Forderung aus Lieferungen und Leistungen in Höhe von 2.000 €, deren Zahlung bis zum 5. Januar des Folgejahres vorzunehmen ist.

Lösung:
Die Voraussetzungen für die Aufrechnung nach § 387 BGB liegen vor. Da der andere Lieferant früher zu zahlen hat als Unternehmer U, kann Unternehmer U seine Verbindlichkeit in Höhe von 1.000 € mit den bestehenden Forderungen gegenüber dem Lieferanten L verrechnen, weil kein Verstoß gegen den Fristigkeitengrundsatz des § 186 ff. BGB gegeben ist. Unternehmer U kann daher die Positionen entgegen der Vorschriften des § 246 Abs. 2 HGB (Saldierungsverbot) aufrechnen, was bedeutet, dass die Verbindlichkeit in der Bilanz entfällt und die Forderung gegen L in Höhe von 1.000 € ausgewiesen wird.

4.2.4 Bilanzierungsverbote

In § 248 HGB sind drei Sachverhalte katalogisiert, für die ein Bilanzierungsverbot gilt. Danach sind unter anderem Aufwendungen für die Gründung des Unternehmens und für die Beschaffung des Eigenkapitals nicht als Aktivposten bilanzierbar.

Katalog der Aktivierungsverbote

Beispiel:
B hat nach reiflicher Überlegung eine GmbH gegründet, welche ein Eigenkapital von 25.000 € hat. Der Gründungsaufwand, welcher durch verschiedene Berater und durch den Notar verursacht wurde, war nicht unerheblich und betrug 7.000 €. Darüber hinaus musste B, der zwar über gute Ideen, weniger jedoch über ausreichend Geld verfügt, für die Beschaffung von Eigenkapital von anderen Anlegern noch gewisse nützliche Zahlungen an die Vermittler leisten, die die Eigenkapitalgeber zu akquirieren hatten. Da das Rumpfgeschäftsjahr entgegen aller Erwartungen wenig erfreulich verlief und mit einem Verlust von 30.000 €

abschloss, liegt bereits am Ende des ersten Jahres eine bilanzielle Über-schuldung vor. Um diese Überschuldung abzuwenden, erwägt B, die Gründungskosten und die Kosten der Eigenkapitalbeschaffung zu akti-vieren, um die bilanzielle Überschuldung zu vermeiden. B begründet die Aktivierung damit, dass Aufwendungen für die Ingangsetzung des Geschäftsbetriebs nach § 269 HGB vorlägen.

Lösung:

§ 269 HGB lässt es zu, Aufwendungen für die Ingangsetzung des Ge-schäftsbetriebs oder dessen Erweiterung als Bilanzierungshilfe zu aktivieren. Diese Vorschrift scheint zunächst im Widerspruch zu dem Bilanzierungsverbot des § 248 Abs. 1 HGB zu stehen. Dem ist aber nicht so. § 269 HGB lässt unter bestimmten Voraussetzungen die Aktivierung von Ingangsetzungskosten des Geschäftsbetriebs zu. Die Kosten für die Ingangsetzung des Geschäftsbetriebs sind aber andere Aufwendungen als die Kosten der Beschaffung des Eigenkapitals und der Gründung des Unternehmens. Die Ingangsetzungskosten sind Kosten, die nach Grün-dung des Unternehmens anfallen und die Aufwendungen darstellen, die erforderlich sind, um das Geschäft in Gang zu bringen.
B kann die Gründungskosten und die Kosten für die Eigenkapital-beschaffung demnach nicht aktivieren.

Gemäß § 248 Abs. 2 HGB dürfen weiterhin immaterielle Vermögens-gegenstände des Anlagevermögens, die nicht entgeltlich erworben wurden, nicht aktiviert werden. Bei immateriellen Vermögensge-genständen handelt es sich um Konzessionen, gewerbliche Schutz-rechte, Lizenzen und andere Rechte. Diese dürfen nur dann aktiviert werden, wenn das Unternehmen diese Rechte von Dritten entgeltlich erworben hat. Der Gesetzgeber will so vermeiden, dass Luftposten in das Vermögensinventar aufgenommen werden, die das Unternehmen reicher darstellen würden, als es tatsächlich ist.

Abgrenzungs-schwierigkeiten

Dies führt in der Praxis häufig zu Abgrenzungsschwierigkeiten, wie folgende Beispiele belegen sollen:

Beispiel 1:

Unternehmer U gibt an ein Softwareunternehmen den Auftrag, ein EDV-Programm zur Lagerverwaltung zu entwerfen. Hierzu wird gemeinsam mit dem Softwareunternehmen ein Lastenheft erstellt, nach welchem das Softwareunternehmen die Software programmiert und die Rechte an die-ser Software an das Unternehmen U verkauft.

Lösung:
In diesem Fall liegt der entgeltliche Erwerb eines immateriellen Vermögensgegenstandes vor, mit der Folge, dass dieser immaterielle Vermögensgegenstand zu aktivieren ist.

Beispiel 2:
Unternehmer U erstellt wiederum mit dem Softwareunternehmen ein Lastenheft. Die Software wird von dem Unternehmer U unter Mitwirkung des Softwareunternehmens programmiert, wobei das Softwareunternehmen sowohl Berater als auch Programmierer einsetzt. Naturgemäß schuldet das Softwareunternehmen nicht die Ablieferung eines fertigen Programms.

Lösung:
In diesem Fall ist davon auszugehen, dass das Unternehmen U die Software selbst erstellt hat. Es liegt demnach kein entgeltlicher Erwerb von einem Dritten vor, auch wenn an Dritte Honorare für die Mitwirkung an der Erstellung gezahlt wurden. Die Software ist nicht aktivierungsfähig.

Weiterhin dürfen nach § 248 Abs. 3 HGB Aufwendungen für den Abschluss von Versicherungsverträgen nicht aktiviert werden. Diese Vorschrift wurde erst 1994 in das HGB aufgenommen. Bis dahin waren Aufwendungen für den Abschluss von Versicherungsverträgen als Rechnungsabgrenzungsposten (§ 250 Abs. 1 Satz 1 HGB) zu aktivieren, soweit diese Zahlungen Aufwand für eine bestimmte Zeit nach diesem Tag darstellten.

4.2.5   Sonderposten mit Rücklageanteil

Passivposten, die für Zwecke der Steuern vom Einkommen und Ertrag zulässig sind, dürfen als Sonderposten mit Rücklageanteil in die Bilanz aufgenommen werden. Dieses Ansatzwahlrecht besteht unabhängig davon, ob die Passivierung steuerlich davon abhängig gemacht wird, dass eine Passivierung auch in der Handelsbilanz erfolgt (etwas anderes gilt für Kapitalgesellschaften und Kapital & Co.; siehe Kapitel 6.2.3.4.5). Es liegt hier also ein Fall der sogenannten umgekehrten Maßgeblichkeit vor. Während grundsätzlich die Handelsbilanz maßgeblich ist für die Steuerbilanz, macht das Handelsrecht hinsichtlich des Sonderpostens mit Rücklageanteil eine Passivierung davon abhängig, dass diese nach steuerrechtlichen Vorschriften zulässig ist. Als Sonderposten mit Rücklageanteil kommen hauptsächlich die steuerfreien Rücklagen und die steuerrechtlichen (Sonder-) Abschreibungen in Betracht.

Mischposten aus Eigen- und Fremdkapital

Umgekehrte Maßgeblichkeit

Zu den steuerlichen Rücklagen gehören:

- die Rücklage für Ersatzbeschaffung gemäß R 35 EStR 1998,
- die Euro-Umrechnungsrücklage gemäß § 6d EStG,
- die Rücklage zur Übertragung von stillen Reserven nach § 6b EStG,
- die Ansparabschreibung gemäß § 7g Abs. 3 EStG.

Bildung stiller Reserven

Durch das Steuerentlastungsgesetz 1999/2000/2002 wurden die Möglichkeiten zur Bildung stiller Reserven stark eingeschränkt. War es bisher möglich, einmal vorgenommene Teilwertabschreibungen beizubehalten, auch wenn der Grund für die Abwertung entfallen war, so muss nunmehr eine Wertaufholung vorgenommen werden. Für unverzinsliche Verbindlichkeiten besteht steuerlich eine Abzinsungsverpflichtung (handelsrechtlich unzulässig). Bei der Bildung von Rückstellungen gibt es in Teilbereichen steuerlich erhebliche Einschränkungen.

Übergangsrücklage

Die neuen Steuervorschriften führen zu einer Gewinnerhöhung. Um diese Gewinnerhöhung nicht innerhalb eines Jahres auftreten zu lassen, hat der Gesetzgeber für einen Übergangszeitraum von vier bis neun Jahren (je nach Sachverhalt) die Bildung einer Übergangsrücklage zugelassen. Handelsrechtlich ist diese Rücklage unter dem Sonderposten mit Rücklageanteil auszuweisen.

Sonderabschreibungen

Ein weiterer Anwendungsbereich des Sonderpostens mit Rücklageanteil ist die Sonderabschreibung. Steuerlich können Sonderabschreibungen auf bestimmte Wirtschaftsgüter vorgenommen werden, die zur Bildung stiller Reserven führen, da die Abschreibungen über das übliche Maß hinausgehen. Diese Abschreibungen können auch im handelsrechtlichen Jahresabschluss vorgenommen werden. Sie führen aber nicht selten dazu, dass die ausgewiesenen Buchwerte des Anlagevermögens im Vergleich zu den tatsächlichen Verhältnissen sehr gering sind. Das hat insbesondere dann einen optisch negativen Effekt, wenn dieses Anlagevermögen nicht unerheblich durch Kredite finanziert ist. Bei Analyse der Bilanz an Hand der horizontalen Bilanzstrukturregeln würde sich schnell ein negatives Bild ergeben, da die Kredite in Relation zu den Buchwerten des Anlagevermögens sehr hoch ausgewiesen würden.

In der Praxis stellt man daher die Sonderabschreibungen in den Sonderposten mit Rücklageanteil ein. Das Anlagevermögen wird folglich mit »normalen« Werten ausgewiesen. Es liegt im Ergebnis eine Bilanzverlängerung vor.

4.2.6 Rückstellungen

Rückstellungen sind nach § 249 Abs. 1 Satz 1 HGB für ungewisse Verbindlichkeiten und für drohende Verluste aus schwebenden Geschäften zu bilden.

Beispiel für ungewisse Verbindlichkeiten:

Das Unternehmen U hat für das abgeschlossene Geschäftsjahr 00 einen Gewerbesteueraufwand in Höhe von 100.000 € ermittelt. Die laufenden Vorauszahlungen für das abgeschlossene Geschäftsjahr betrugen 80.000 €, so dass damit zu rechnen ist, dass das Finanzamt eine Nachzahlung von 20.000 € festsetzen wird. Da diese Verbindlichkeit der Höhe nach zwar nicht ungewiss, aber hinsichtlich des Zeitpunkts des Eintritts der Zahlungsverpflichtung ungewiss ist, ist hierfür eine Rückstellung in Höhe von 20.000 € zu bilden.

Unterstellen wir einmal, dass der Bescheid über die Gewerbesteuernachzahlung im Jahr 01 noch nicht ergangen ist, so müsste diese Rückstellung in unveränderter Höhe auch zum 31.12.01 bestehen bleiben.

Unterstellen wir alternativ, dass am 15.12.01 der Gewerbesteuerbescheid ergeht, fällt die Ungewissheit hinsichtlich der Fälligkeit und gegebenenfalls der Höhe mit Zugang des Steuerbescheides weg, da der Unternehmer U weiß, dass er bis zum 15.1.02 die Gewerbesteuer-Abschlusszahlung zu leisten hat. Infolgedessen wäre diese Rückstellung als Verbrauch auszubuchen und als sonstige Verbindlichkeit einzustellen.

Ungewisse Verbindlichkeiten liegen demnach immer dann vor, wenn die Höhe oder der Zeitpunkt der Fälligkeit der Zahlung ungewiss ist. In diesen Fällen liegt also eine unsichere Schuld vor, für die eine Rückstellung zu bilden ist. Drohende Verluste aus schwebenden Geschäften liegen dann vor, wenn feststeht, dass das Unternehmen bei einem bestimmten Geschäft, bei welchem noch keiner der Vertragspartner seine Leistungspflicht erbracht hat, ein Verlust erleiden wird. Dieser zu erwartende Verlust ist sachgerecht zu schätzen und in der geschätzten Höhe als drohender Verlust aus schwebendem Geschäft unter den Rückstellungen auszuweisen. Das bedeutet, dass entsprechend in dieser Höhe ein sonstiger betrieblicher Aufwand gebucht wird. Obwohl das Geschäft erst im Folgejahr abgewickelt wird, wird demnach der Aufwand in Höhe des zu erwartenden Verlustes im aktuellen Geschäftsjahr antizipiert.

Ärgerlich für den Unternehmer ist die Tatsache, dass die Passivierung von drohenden Verlusten aus schwebenden Geschäften aus rein fiskalischen Überlegungen gemäß § 5 Abs. 4a EStG steuerlich nicht mehr zulässig ist. Grundsätzlich ist die Handelsbilanz für die Steuerbilanz maßgeblich, soweit das Steuerrecht nicht zwingend ein Abweichen von den handelsrechtlichen Vorschriften vorsieht. Dies

Charakteristika von Rückstellungen

Steuerlich unzulässige Rückstellungen

bedeutet aber nicht, dass auf die Passivierung einer Rückstellung für drohende Verluste aus schwebenden Geschäften verzichtet werden dürfte, da die Passivierung gemäß § 249 Abs. 1 Satz 1 HGB zwingend vorzunehmen ist. Steuerlich hat somit in Höhe der Bildung der Drohverlustrückstellung eine Hinzurechnung zum steuerlichen Ergebnis zu erfolgen. Hierbei muss sorgfältig darauf geachtet werden, dass im Jahr des Verbrauchs bzw. der Auflösung der handelsrechtlich gebildeten Drohverlustrückstellung das steuerliche Ergebnis um den Auflösungs- bzw. Verbrauchsbetrag gekürzt wird.

Ein weiterer Rückstellungskomplex des § 249 Abs. 1 Satz 2 Nr. 1 HGB ist die Rückstellung für Instandhaltung und für Abraumbeseitigung. Rückstellungen für Instandhaltung sind solche Aufwendungen, die im abgelaufenen Geschäftsjahr hätten vorgenommen werden müssen, die jedoch auf einen späteren Zeitpunkt nach dem Abschlussstichtag verschoben wurden. Werden diese Instandhaltungsaufwendungen innerhalb der ersten drei Monate des Folgejahres getätigt, so sind sie nach § 249 Abs. 1 Satz 2 Nr. 1 1. HS HGB als Rückstellung für unterlassene Instandhaltung zu passivieren. Werden diese Aufwendungen erst nach Ablauf von drei Monaten, aber vor Ablauf eines Jahres getätigt, so hat der Unternehmer ein Wahlrecht. Er darf diese Instandhaltungsaufwendungen passivieren, er muss es aber nicht. Instandhaltungsaufwendungen, die planmäßig nicht im Folgegeschäftsjahr getätigt werden sollen, unterliegen dem Rückstellungsverbot.

Steuerlich gilt der Grundsatz, dass handelsrechtliche Passivierungswahlrechte zu einem Passivierungsverbot führen. Hieraus lässt sich leicht die Schlussfolgerung ziehen, dass Rückstellungen für unterlassene Instandhaltungen nur dann steuerlich anzuerkennen sind, wenn diese Aufwendungen innerhalb der ersten drei Monate des Folgegeschäftsjahres tatsächlich anfallen. Hinsichtlich des Passivierungswahlrechtes von Instandhaltungsrückstellungen, die in einem Zeitraum von vier bis zwölf Monaten nach Abschlussstichtag durchgeführt werden sollen, besteht folglich ein steuerliches Passivierungsverbot.

Rückstellungen als Mittel der Bilanzpolitik

Sie können erkennen, dass es sich bei der Position der Instandhaltungsrückstellungen um eine Manövriermasse handelt, mit der der Unternehmer bilanzierungstaktisch auf das Ergebnis des Geschäftsjahres Einfluss nehmen kann. Möchte der Unternehmer das Jahresergebnis verbessern, so wird er, so es denn eben begründbar ist, einen Instandhaltungsaufwand planmäßig erst für den vierten Monat nach Stichtag vorsehen und dann gesetzeskonform auf die Passivierung einer Instandhaltungsrückstellung verzichten. Andererseits kann der Unternehmer, der sein Jahresergebnis auch steuerlich reduzieren will, nachzuholende Instandhaltungen planmäßig auf das erste

Quartal nach dem Bilanzstichtag vorziehen, um auch steuerlich zu einer ergebnismindernden Rückstellung zu gelangen.

Rückstellungen für Abraumbeseitigung müssen gebildet werden, wenn die Abraumbeseitigung innerhalb des Folgegeschäftsjahres erfolgen soll. Da der Jahresabschluss regelmäßig innerhalb der ersten drei Monate aufzustellen ist, wird es hinsichtlich einer Passivierungspflicht darauf ankommen, was der Unternehmer hinsichtlich der Abraumbeseitigung geplant hat. Ob die Planung letztendlich eingehalten wird, steht dabei zunächst einmal auf einem anderen Blatt. Zu berücksichtigen ist aber, dass sich die Abraumbeseitigung terminlich aus anderen Sachverhalten zwingend ergeben kann (z. B. aus behördlichen Auflagen).

Handelsrechtlich dürfen Rückstellungen gem. § 249 Abs. 2 HGB weiterhin gebildet werden, wenn sie ihrer Eigenart nach genau umschriebene, dem Geschäftsjahr oder einem früheren Geschäftsjahr zuzuordnende Aufwendungen darstellen, die am Abschlussstichtag wahrscheinlich oder sicher, aber hinsichtlich ihrer Höhe oder des Zeitpunktes ihres Eintritts unbestimmt sind.

Beispiel:

Urlaubsrückstellungen, Prozesskostenrückstellungen, Rückstellungen für Jahresabschluss und Steuern, Rückstellungen für Berufsgenossenschaft usw.

Für alle anderen Fälle dürfen Rückstellungen nicht gebildet werden. Der guten Ordnung halber sieht § 249 Abs. 3 Satz 2 HGB weiterhin vor, dass Rückstellungen nur dann aufgelöst werden dürfen, soweit der Grund für die Bildung entfallen ist. Ist er nicht entfallen, liegt zum Zeitpunkt des Eintritts der Verpflichtung, für die die Rückstellung gebildet wurde, ein Verbrauch vor.

Verbrauch und Auflösung

Beispiel:

Unternehmer U hat im Jahresabschluss des Geschäftsjahres 00 eine Rückstellung wegen einer Schadensersatzforderung eines Dritten in Höhe von 10.000 € gebildet. Tatsächlich wird Unternehmer U im Jahr 01 mit 6.000 € in Anspruch genommen.

Lösung:

In Höhe von 6.000 € wird die Rückstellung verbraucht (Buchung: Rückstellung an Bank), so dass eine Rückstellung von 4.000 € verbleibt. Da insoweit der Grund für die Rückstellung entfällt, ist der Restbetrag von 4.000 € gewinnerhöhend aufzulösen (Rückstellung an sonstige betriebliche Erträge).

Besondere Beachtung gilt der Vorschrift des § 249 Abs. 1 Satz 2 Nr. 2 HGB. Demnach sind Rückstellungen zu bilden für Gewährleistungen, die ohne rechtliche Verpflichtungen erbracht werden. Hierzu muss man berücksichtigen, dass Rückstellungen für Gewährleistungen, die aufgrund gesetzlicher oder vertraglicher Regelungen zu erbringen sind, eine ungewisse Verbindlichkeit darstellen und daher als Rückstellung zu passivieren sind. Der Gesetzgeber stellt aber klar, dass auch Rückstellungen für Gewährleistungen zu bilden sind, die ohne rechtliche Verpflichtung erbracht werden (also die sogenannten Kulanzfälle). Auch für diese Aufwendungen ist eine Rückstellung zwingend vorzunehmen.

4.2.7   Rechnungsabgrenzung

Auseinanderfallen von Ausgabe und Aufwand

Bei den Rechnungsabgrenzungsposten handelt es sich um Bilanzierungshilfen im weiteren Sinne. Die Rechnungsabgrenzungsposten sind in § 250 HGB definiert. Auf der Aktivseite ist ein Rechnungsabgrenzungsposten zu bilden für Ausgaben, die vor dem Abschlussstichtag getätigt wurden, soweit sie Aufwand für eine bestimmte Zeit nach diesem Tag darstellen.

Beispiel:
Unternehmer A nimmt ein Darlehen auf, für welches ein Disagio in Höhe von 10.000 € vereinbart wird. Dieses Disagio wird bei Darlehensaufnahme vom Auszahlungsbetrag abgezogen. Die Ausgabe liegt also im Geschäftsjahr 00. Das Darlehen hat eine feste Laufzeit von fünf Jahren. Dies bedeutet, dass hinsichtlich der vier Folgejahre ein Rechnungsabgrenzungsposten in Höhe von 4/5 des Disagios zu bilden ist. Er nimmt das Darlehen am 1.1.00 auf. Der Rechnungsabgrenzungsposten ist am Abschlussstichtag zum 31.12.00 mit 8.000 € auszuweisen.

Als aktiver Rechnungsabgrenzungsposten dürfen weiterhin die als Aufwand berücksichtigten Zölle und Verbrauchssteuern ausgewiesen werden, soweit sie auf am Abschlussstichtag auszuweisende Vermögensgegenstände des Vorratsvermögens entfallen.

Beispiel:
Ein Zigarettenhersteller hat die Tabaksteuer mit Erwerb der Steuerbanderolen als Aufwand gebucht und bezahlt. Aus diesem Banderolenbestand befinden sich am Bilanzstichtag noch Zigaretten im Vorratsvermögen, d. h. insoweit ist ein Aufwand für die Tabaksteuer noch nicht entstanden. Die gezahlte Tabaksteuer kann daher als aktiver Rechnungsabgrenzungsposten erfasst werden.

Weiterhin dürfen als Rechnungsabgrenzungsposten die als Aufwand berücksichtigte Umsatzsteuer auf am Abschlussstichtag auszuweisende oder von den Vorräten offen abgesetzte Anzahlungen erfasst werden. Auf der Passivseite sind als Rechnungsabgrenzungsposten Einnahmen auszuweisen, die vor dem Abschlussstichtag erfolgten, soweit sie einen Ertrag für eine bestimmte Zeit nach diesem Tag darstellen.

Beispiel:

Unternehmer U erhält einen Messekostenzuschuss von einem großen Lieferanten. Die Zahlung geht am 20.12.00 ein. Die Messe findet im April 01 statt.

Da die Gegenleistung des Unternehmers U erst in 01 erbracht wird, liegt zwar im Jahr 00 eine Einzahlung vor, die aber erst im Jahr 01 ein Ertrag werden darf. Es ist daher für diesen Geschäftsvorfall ein passiver Rechnungsabgrenzungsposten zu bilden.

Auseinanderfallen von Einnahme und Ertrag

4.2.8 Haftungsverhältnisse

Gemäß § 251 HGB sind unter der Bilanz auf der Passivseite außerhalb der Hauptspalte folgende Haftungsverhältnisse in einer Summe anzugeben:

Nicht passivierte Schulden

- Verbindlichkeiten aus der Begebung und Übertragung von Wechseln,
- Verbindlichkeiten aus Bürgschaften,
- Verbindlichkeiten aus Wechsel- und Scheckbürgschaften und
- Verbindlichkeiten aus Gewährleistungsverträgen.

Dies gilt nicht, soweit die entsprechenden Beträge als Rückstellung oder Verbindlichkeit passiviert sind.

Beispiel:

Unternehmer U hat für seinen Kunden B gegenüber dessen Bank eine Bürgschaft übernommen, damit B einen Kredit zur Zahlung seiner Verbindlichkeiten an Unternehmer U von der Bank erhält. B muss den Kredit im Jahr 01 an die Bank zurückzahlen. Im Jahr 00 treten keine Probleme auf. Der B zahlt pünktlich die Zinsen an die Bank, so dass für Unternehmer U als Bürgen keine Not bestanden hat. Ein Passivierungsbedarf bestand im Jahresabschluss zum 31.12.00 bei U nicht. Gleichwohl ist U verpflichtet, unter den Haftungsverhältnissen den Bürgschaftsbetrag zahlenmäßig darzustellen.

Im Jahr 01 erfüllt B seine Verpflichtung gegenüber der finanzierenden Bank nicht. Daraufhin wendet sich die Bank an Unternehmer U. Nunmehr muss U diese Verpflichtung aus der Bürgschaft als Rückstellung in die Bilanz 01 einstellen, sofern nicht sicher ist, dass U die Zahlung leisten muss. Dies ist dann nicht sicher, wenn U gegen die Inanspruchnahme aus der Bürgschaft Einreden geltend macht. Falls solche Einreden nicht möglich sind und U auf jeden Fall für die Bürgschaft gerade stehen muss, ist selbstverständlich eine Verbindlichkeit zu passivieren, da Höhe und Zeitpunkt der Zahlung für den Unternehmer U gewiss sind. Wenn eine entsprechende Passivierung vorgenommen worden ist, entfällt ein Ausweis unter den Haftungsverhältnissen.

Katalog der Haftungsverhältnisse

In das **Wechselobligo** sind alle Abschnitte einzubeziehen, aus denen das bilanzierende Unternehmen als Aussteller oder Indossant haftet. Hierbei ist regelmäßig von der Wechselsumme auszugehen. Nebenkosten werden in der Regel nicht in die auszuweisende Summe einbezogen. Ohne Bedeutung für den Ausweis ist die Frage der Bonität des Akzeptanten. Entscheidend ist allein, dass ein wechselrechtliches Obligo besteht. Droht jedoch eine Inanspruchnahme, so ist eine entsprechende Rückstellung zu bilden. Soweit Rückstellungen gebildet werden, vermindert sich der Ausweis unter den Haftungsverhältnissen.

Zu den **Bürgschaftsverbindlichkeiten** gehören alle Arten von Bürgschaften, also auch die Ausfallbürgschaften, Rückbürgschaften und die Kreditaufträge (§ 778 BGB).

Verbindlichkeiten aus Gewährleistungsverträgen liegen vor, wenn ein Unternehmen bürgschaftsähnliche Verpflichtungen eingegangen ist. Hierzu gehören Verpflichtungen aus Freistellungserklärungen, jede Art von Gewährleistungen für Dritte, Patronatserklärungen. Branchenübliche Gewährleistungsrisiken werden nicht ausgewiesen.

Haftungsverhältnisse aus der Bestellung von Sicherheiten für fremde Verbindlichkeiten liegen vor, wenn das Unternehmen Sicherheiten für Verbindlichkeiten Dritter zur Verfügung stellt. Hier kommen insbesondere Grundpfandrechte oder Sicherungsübereignungen beweglicher Sachen in Betracht. Die Haftungsverhältnisse sind auch dann auszuweisen, wenn ihnen gleichwertige Rückgriffsforderungen gegenüberstehen. Es ist dann jedoch zulässig, diese Rückgriffsforderungen unter der Bilanz auf der Aktivseite außerhalb der Hauptspalte zu vermerken.

4.2.9   Zusammenfassung

Der Jahresabschluss muss vollständig sein, d. h. dass alle Vermögensgegenstände und Schulden zu berücksichtigen sind. Die Bilanz ist ausreichend aufzugliedern und muss zumindest in Anlagevermögen, Umlaufvermögen, Eigenkapital, Fremdkapital und Rechnungsabgrenzungsposten untergliedert sein. Es besteht ein Saldierungsverbot; d. h. es dürfen grundsätzlich keine Vermögensgegenstände mit Schulden verrechnet werden. Die Kosten der Gründung eines Unternehmens, die Eigenkapitalbeschaffung und die Aufwendungen für selbstgeschaffene, immaterielle Vermögensgegenstände dürfen nicht aktiviert werden. Unter bestimmten Voraussetzungen dürfen Bewertungen nach rein steuerlichen Vorschriften vorgenommen werden. Für diese Beträge darf dann ein Sonderposten mit Rücklageanteil gebildet werden. Für Verpflichtungen, deren Höhe und/oder deren Fälligkeit am Bilanzstichtag noch nicht feststand, sind Rückstellungen zu bilden. Führen Auszahlungen erst zu einem Aufwand nach dem Abschlussstichtag, ist ein aktiver Rechnungsabgrenzungsposten zu bilden. Wurden Einnahmen getätigt, die erst in einem späteren Geschäftsjahr zu Erträgen führen, ist ein passiver Rechnungsabgrenzungsposten zu bilden. Unter der Bilanz sind die Haftungsverhältnisse in einem Betrag auszuweisen.

4.3 Allgemeine Bewertungsgrundsätze

4.3.1 Grundsatz der Bilanzkontinuität

Die Wertansätze in der Eröffnungsbilanz des Geschäftsjahres müssen mit denen der Schlussbilanz des vorhergehenden Geschäftsjahres übereinstimmen (materielle Bilanzkontinuität). *Identität der Bilanzwerte*

Diese materielle Bilanzkontinuität fordert, dass die Vermögensgegenstände und Schulden in der Eröffnungsbilanz nicht anders bewertet werden, als in der Schlussbilanz des vorhergegangenen Geschäftsjahres. Dieser Grundsatz versteht sich als selbstverständlich, wenn man bedenkt, dass andernfalls Gewinne oder Verluste in der logischen Sekunde zwischen altem und neuem Geschäftsjahr spurlos verschwinden würden.

4.3.2 Grundsatz der Unternehmensfortführung (Going-Concern)

Bei der Bewertung ist von der Fortführung der Unternehmenstätigkeit auszugehen, soweit dem nicht tatsächliche und rechtliche Gegebenheiten entgegenstehen (Going-Concern-Prinzip). Das Going-Concern-Prinzip besagt, dass grundsätzlich die normalen Bewertungsansätze für ein lebendes Unternehmen anzuwenden sind. Hiervon ist aber dann abzuweichen, wenn am Bilanzstichtag feststeht, dass das Unternehmen liquidiert wird oder wenn das Unternehmen konkursreif ist. Dann nämlich, wenn das Unternehmen nicht fortgeführt wird, stellen sich die Werte des Vermögens unter Zerschlagungsgesichtspunkten dar. Dabei kann es sich um wesentlich andere (höhere oder niedrigere) Werte handeln. *Going-Concern*

4.3.3   Der Grundsatz der Einzelbewertung

Sammelbewertung

Die Vermögensgegenstände und Schulden sind zum Abschlussstichtag einzeln zu bewerten. Der Einzelbewertungsgrundsatz besagt nichts anderes, als dass grundsätzlich jeder Vermögensgegenstand und jede Schuld einzeln zu bewerten ist. Hiervon gibt es jedoch Ausnahmen, die in § 256 HGB und in § 240 Abs. 3 und 4 HGB kodifiziert sind. Demnach ist es für Gegenstände des Sachanlagevermögens sowie für die Roh-, Hilfs- und Betriebsstoffe zulässig, einen angemessenen Festwert zu bilden, wenn diese Gegenstände regelmäßig ersetzt werden und ihr Gesamtwert für das Unternehmen von nachrangiger Bedeutung ist. Weiterhin ist es danach zulässig, für Gegenstände des Vorratsvermögens sowie für andere gleichartige oder annähernd gleichwertige Gegenstände des beweglichen Anlagevermögens einen Gruppenwert zu bilden. Diese Vorschrift ist von erheblicher praktischer Bedeutung.

4.3.4   Imparitätsprinzip

Ausprägungen
des Gläubiger-
schutzprinzips

Das Imparitätsprinzip besagt, dass vorsichtig zu bewerten ist. Aufwendungen, die in einem späteren Geschäftsjahr drohen, sind unter bestimmten Bedingungen zu antizipieren und durch Rückstellungen zu berücksichtigen. Der Aufwand wird vorgezogen. Im Gegensatz dazu sollen Erträge, die in einem Folgegeschäftsjahr entstehen, auch wenn sie als sicher gelten, erst im Rechnungswesen berücksichtigt werden, wenn sie tatsächlich realisiert sind.

4.3.4.1   Vorsichtsprinzip

Es ist vorsichtig zu bewerten, namentlich sind alle vorhersehbaren Risiken und Verluste, die bis zum Abschlussstichtag entstanden sind, zu berücksichtigen, selbst wenn diese erst zwischen dem Abschlussstichtag und dem Tag der Aufstellung des Jahresabschlusses bekannt geworden sind.

Das Vorsichtsprinzip entspricht dem zentralen Gedanken des Gläubigerschutzprinzips. Kein Unternehmer soll sich reicher machen, als er ist. Dem gegenüber steht hinsichtlich der Erträge das sogenannte Realisationsprinzip.

4.3.4.2   Realisationsprinzip

Gewinne dürfen nur berücksichtigt werden, wenn sie am Abschlussstichtag realisiert sind. Diese Vorschrift verbietet es, Gewinne im Jahresabschluss auszuweisen, die noch nicht realisiert sind. Das gilt auch und insbesondere für Gewinne, die als sicher gelten. Die Realisation eines Gewinns tritt in der Regel mit Erfüllung des Geschäfts seitens des Kaufmannes ein, also dann, wenn das Produkt ausgeliefert bzw. übergeben wird. Dann nämlich ist der Umsatz realisiert und die Grundlagen für die Erteilung der Rechnung gegeben. Als Realisationszeitpunkt kann man in der Praxis in der Regel auf den Zeitpunkt abstellen, in welchem die Abschlussrechnung erteilt werden kann.

4.3.5 Grundsatz der periodengerechten Abgrenzung von Aufwand und Ertrag

Aufwendungen und Erträge des Geschäftsjahres sind unabhängig von den Zeitpunkten der entsprechenden Zahlungen im Jahresabschluss zu berücksichtigen.

Dieser Grundsatz sagt nichts anderes, als dass eine »kameralistische Buchhaltung« den Jahresabschlussgrundsätzen nicht entspricht. Es ist darauf abzustellen, ob innerhalb eines Geschäftsjahres ein Aufwand oder ein Ertrag zuzuordnen ist, unabhängig davon, ob auch die Zahlung in dem Geschäftsjahr erfolgt.

Dies wird deutlich, wenn man sich die Verfahrensweise bei denjenigen, die eine Überschussrechnung zu steuerlichen Zwecken durchführen, vor Augen führt. Bei den steuerlichen Überschussrechnern (z. B. Ärzten, Immobilieneigentümern) fällt der Aufwand steuerlich grundsätzlich in das Jahr, in welchem die Zahlung erfolgt ist. Dasselbe gilt für den Ertrag, bei dem auf den Zeitpunkt der tatsächlichen Vereinnahmung abgestellt wird. Es gilt das sogenannte Zuflussprinzip. Dieses Zuflussprinzip hat im Jahresabschluss bewertungstechnisch keine Bedeutung. Ein Gewinn gilt in dem Jahr als realisiert, in dem er wirtschaftlich entstanden ist (Zeitpunkt des Erbringens der wirtschaftlichen Leistung) und nicht in dem Zeitpunkt, in welchem die Zahlung erfolgt ist.

Einnahme-Überschuss-Rechnung

4.3.6 Grundsatz der Bewertungskontinuität

Die auf den vorhergehenden Jahresabschluss angewandten Bewertungsmethoden sollen beibehalten werden. Die Vorschrift besagt, dass in einem Jahresabschluss die Bewertungsgrundsätze so angewandt werden, wie sie auch im Vorjahr angewandt wurden. Wie weit diese Vorschrift zur Bewertungskontinuität reicht, ist nicht abschließend geklärt. Die Tendenz geht aber in der Literatur dahin, dass sich die Bewertungskontinuität nicht nur auf den einzelnen Vermögensgegenstand oder die einzelne Schuld bezieht, sondern auf die gesamten Bilanzierungsgrundsätze. Wenn es bei einem Unternehmen üblich ist, alle Maschinen, die neu angeschafft werden, nicht linear, sondern degressiv abzuschreiben, so soll der Unternehmer im Folgejahr von diesem Grundsatz nicht abweichen. Solche Abweichungen wären dahingehend vorstellbar, dass er auf einzelne neu angeschaffte Maschinen die lineare Abschreibungsmethode anwendet und damit seine bisherigen Bewertungsgrundsätze durchbricht. Selbstständ-

Beibehaltung von Bewertungsmethoden

lich ist eine solche Änderung der Bewertungsmethode zulässig, denn es handelt sich hierbei um eine Sollvorschrift, nicht jedoch um eine zwingende Vorschrift. Gleichwohl wird man berücksichtigten müssen, dass eine solche Durchbrechung der Bewertungsstetigkeit den sicheren Einblick durch Verfälschung der tatsächlichen Verhältnisse gefährden kann. Dieser Gedanke wird dadurch deutlich, wenn der Unternehmer, der stets degressiv abgeschrieben hat, auf die Vermögensgegenstände, die schon einige Jahre im Unternehmen sind, nur noch relativ geringe Abschreibungsbeträge geltend machen kann. Wenn dann für die Neuzugänge die lineare Abschreibung angewendet wird, wird der jährliche Abschreibungsaufwand geringer als bei Beibehaltung der degressiven Methode.

4.3.7   Durchbrechung der Bewertungsgrundsätze

Dauerhafte Änderung der Bewertung zulässig

Die vorgenannten Grundsätze dürfen, so schreibt § 252 Abs. 2 HGB vor, nur in begründeten Ausnahmefällen durchbrochen werden. Solche begründeten Ausnahmefälle liegen dann vor, wenn sich der Kaufmann entschließt, seine Bewertungsgrundsätze dauerhaft zu ändern. Das ist grundsätzlich zulässig.

4.3.8   Zusammenfassung

Die allgemeinen Bewertungsgrundsätze fordern, dass die Eröffnungsbilanzwerte mit den Schlussbilanzwerten des Vorjahres übereinstimmen (Bilanzkontinuität), dass jeder Vermögensgegenstand und jede Schuld einzeln bewertet wird und dass Vermögensgegenstände mit Zerschlagungswerten anzusetzen sind, wenn der Fortbestand des Unternehmens nicht mehr zu erwarten ist. Es ist vorsichtig zu bewerten, drohende Verpflichtungen sind rechtzeitig zu passivieren, Erträge dürfen hingegen erst erfasst werden, wenn sie realisiert sind. Aufwendungen und Erträge sind periodengerecht abzugrenzen. Die angewandten Bewertungsgrundsätze sind auch im Folgeabschluss beizubehalten. Von den vorgenannten Grundsätzen darf nur in begründeten Ausnahmefällen abgewichen werden.

4.4   Besondere Bewertungsvorschriften

4.4.1   Wertansätze der Vermögensgegenstände und Schulden

4.4.1.1   Wertansätze für das Anlagevermögen

Wertmaßstab für das Anlagevermögen

Vermögensgegenstände des Anlagevermögens sind höchstens mit ihren Anschaffungs- oder Herstellungskosten, vermindert um Abschreibungen, anzusetzen. Abschreibungen sind vorzunehmen, wenn die Nutzung der Vermögensgegenstände zeitlich begrenzt ist.

Die Abschreibungen sind grundsätzlich planmäßig vorzunehmen. Der Plan muss die Anschaffungs- oder Herstellungskosten auf die Geschäftsjahre verteilen, in denen der Vermögensgegenstand voraussichtlich genutzt werden kann. Bei der Bestimmung der Nutzungsdauer sind Restbuchwerte grundsätzlich nicht zu berücksichtigen.

Beispiel:

Unternehmer U erwirbt eine Maschine für 100.000 €. Die voraussichtliche Nutzungsdauer der Maschine beträgt zehn Jahre. Da die Maschine dazu bestimmt ist, dem Betrieb dauerhaft zu dienen, ist sie in das Anlagevermögen aufzunehmen und über die betriebsgewöhnliche Nutzungsdauer abzuschreiben. Im Jahr der Anschaffung ist der Vermögensgegenstand pro rata temporis abzuschreiben. Bei einer Nutzungsdauer von zehn Jahren kann U jährlich eine lineare Abschreibung von 10.000 € vornehmen.

Stattdessen kann er aber bei einer Anschaffung vor dem 1.1.2008 auch die degressive Abschreibung nach § 7 Abs. 2 EStG vornehmen, da diese steuerrechtlich kodifizierte Abschreibung den Grundsätzen ordnungsmäßiger Buchführung entspricht und daher auch im handelsrechtlichen Abschluss Anwendung finden kann. Die degressive Abschreibung ist beschränkt auf 30 % der Anschaffungs- oder Herstellungskosten im Jahr, höchstens jedoch das Zweifache des Betrages, welcher sich aus der linearen Abschreibung ergäbe. Die degressive Abschreibung wird in der Weise vorgenommen, dass die zuvor ermittelten 30 % von den Anschaffungskosten als Abschreibung gekürzt werden. Im Folgejahr wird nicht von den Anschaffungskosten ausgegangen, sondern von den sogenannten fortgeschriebenen Anschaffungskosten (also dem Buchwert). Im Folgejahr bedeutet dies die Abschreibung von 30 % auf den Restwert von 70.000 €, also 21.000 €.

Degressive Abschreibung nur noch bis Ende 2007

Die Kunst besteht darin, den richtigen Übergang von der degressiven zur linearen Abschreibung zu finden. Dieser Übergang ist dann vorzunehmen, wenn die degressive Abschreibungsrate kleiner wird als die lineare Abschreibungsrate. Dies soll am folgenden Beispiel erläutert werden.

Wechsel von degressiver zu linearer Abschreibung

Beispiel:

Unternehmer U erwirbt am 2.1.2007 eine Maschine für 100.000 €. Die betriebsgewöhnliche Nutzungsdauer beträgt 10 Jahre. Daraus ergibt sich folgender Abschreibungsverlauf für die lineare und für die degressive Abschreibung:

Jahr	Lineare Abschreibung (in €)		Degressive Abschreibung (in €)	
	Abschreibung	Buchwert	Abschreibung	Buchwert
1.1.2007		100.000		100.000
2008	10.000	90.000	30.000	70.000
2009	10.000	80.000	21.000	49.000
2010	10.000	70.000	14.700	34.300
2011	10.000	60.000	10.290	24.010
2012	10.000	50.000	7.203	16.807
2013	10.000	40.000	5.042	11.765
2014	10.000	30.000	3.530	8.235
2015	10.000	20.000	2.745	5.490
2016	10.000	10.000	2.745	2.745
2017	9.999	1	2.744	1

Lösung:

Bei Anwendung der degressiven Abschreibung empfiehlt es sich, auf die lineare Abschreibung überzugehen, wenn die jährliche Abschreibungsrate niedriger wird als die Rate, die bei linearer Verteilung des Restbuchwertes auf die Restnutzungsdauer ergibt. Dies ist im obigen Beispiel im Jahr 2015 der Fall. Im Jahr 2015 beträgt die Restnutzungsdauer noch drei Jahre. Die lineare Abschreibung würde dann 2.745 € betragen (8.235 € : 3 Jahre = 2.745 €).

Außerplanmäßige Abschreibungen

Ohne Rücksicht darauf, ob ihre Nutzung zeitlich begrenzt ist, können handelsrechtlich außerplanmäßige Abschreibungen vorgenommen werden, um die Vermögensgegenstände mit dem niedrigeren Wert anzusetzen, der ihnen am Abschlussstichtag beizulegen ist. Diese außerplanmäßige Abschreibung ist vorzunehmen, wenn die Wertminderung voraussichtlich dauerhaft sein wird.

Eingetragene Kaufleute, offene Handelsgesellschaften und Kommanditgesellschaften (nicht GmbH & Co. KG) können einen auf diese Art abgewerteten Vermögensgegenstand dauerhaft mit dem niedrigeren Wert ansetzen, auch dann, wenn der Grund für die Wertminderung später weggefallen ist. Das gilt jedoch nicht für die Kapitalgesellschaften und die Kapital & Co., für die die ergänzenden

Vorschriften des zweiten Abschnitts des Dritten Buchs des HGB (Jahresabschluss) anzuwenden sind. § 280 Abs. 1 Satz 1 HGB sieht nämlich das sogenannte Wertaufholungsgebot vor, wonach eine Zuschreibung bis zur Höhe des Wertes, der bei planmäßiger Abschreibung zu Buche stehen würde, erforderlich ist, wenn und soweit der Grund für die frühere außerplanmäßige Abschreibung entfallen ist. **Wertaufholung**

Nach § 280 Abs. 2 HGB kann von einer Zuschreibung jedoch abgesehen werden, wenn der niedrigere Wertansatz bei der steuerrechtlichen Gewinnermittlung beibehalten werden kann und wenn Voraussetzung für die Beibehaltung ist, dass der niedrigere Wertansatz auch in der Handelsbilanz beibehalten wird. Diese Einschränkung des Wertaufholungsgebotes aufgrund steuerlicher Vorschriften hat ihre Bedeutung jedoch zwischenzeitlich verloren, weil auch steuerrechtlich die Zuschreibung bei Wegfall des Grundes für die Wertminderung weggefallen ist.

Soweit der eingetragene Kaufmann, die OHG und die KG eine unnötige Abweichung der Handelsbilanz von der Steuerbilanz vermeiden wollen, werden diese Rechtsformen das Wertaufholungsgebot des § 280 Abs. 1 Satz 1 HGB in der Praxis zukünftig ebenso anwenden wie die Kapitalgesellschaften und die Kapital & Co.

4.4.1.2   Wertansätze für das Umlaufvermögen

Vermögensgegenstände des Umlaufvermögens sind ebenfalls mit den Anschaffungs- oder Herstellungskosten zu aktivieren. Abschreibungen sind vorzunehmen, um diese mit dem niedrigeren Wert anzusetzen, welcher sich aus einem Börsen- oder Marktpreis am Abschlussstichtag ergibt. Ist ein Börsen- oder Marktpreis nicht festzustellen und übersteigen die Anschaffungs- oder Herstellungskosten den Wert, der den Vermögensgegenständen am Abschlussstichtag beizulegen ist, so ist auf diesen Wert abzuschreiben. Entfällt zu einem späteren Zeitpunkt der Grund für die außerplanmäßige Abschreibung, so ist eine Zuschreibung nach dem Wertaufholungsgebot des § 280 Abs. 1 Satz 1 HGB für Kapitalgesellschaften und Kapital & Co. erforderlich. Eingetragene Kaufleute, OHG und KG können den niedrigeren Wert beibehalten, wobei zu beachten ist, dass die Wertaufholung steuerlich vorgeschrieben ist. Insoweit ist zu erwarten, dass die eingetragenen Kaufleute, OHG und KG zukünftig die Wertaufholung vornehmen werden, um kein Auseinanderfallen der Handels- von der Steuerbilanz zu provozieren. **Wertmaßstäbe für das Umlaufvermögen**

Börsen-/Marktpreis

Beizulegender Wert

Die eingetragenen Kaufleute, die OHG und die KG können darüber hinaus Abschreibungen auf Vermögensgegenstände des Umlaufvermögens vornehmen, soweit diese nach vernünftiger kaufmännischer Beurteilung notwendig sind, um zu verhindern, dass in der nächsten Zukunft der Wertansatz dieser Vermögensgegenstände auf- **Niedrigerer Zukunftswert** grund von Wertschwankungen geändert werden muss. Diese Form der Abschreibung ist den Kapitalgesellschaften und der Kapital & Co. durch § 279 Abs. 1 Satz 1 HGB untersagt. Weiterhin ist diese Vorschrift steuerrechtlich nicht anerkannt. Diese Abschreibungsvorschrift (§ 253 Abs. 3 Satz 3 HGB) ist in der Praxis kleiner und mittelständischer Unternehmen nicht sehr verbreitet.

Wert nach vernünftiger kaufmännischer Beurteilung

§ 253 Abs. 4 HGB lässt weiterhin Abschreibungen im Rahmen vernünftiger kaufmännischer Beurteilung zu. Diese Vorschrift gilt jedoch nicht für die Kapitalgesellschaften und die Kapital & Co. Weiterhin ist zu beachten, dass diese Form der Abwertung steuerrechtlich nicht anerkannt wird.

4.4.1.3   Wertansätze für Verpflichtungen

Rückzahlungsbetrag und Barwert

Verbindlichkeiten sind mit ihrem Rückzahlungsbetrag anzusetzen. Rentenverpflichtungen, für die eine Gegenleistung nicht mehr zu erwarten ist, sind mit ihrem Barwert anzusetzen. Rückstellungen sind nur in Höhe des Betrages anzusetzen, der nach vernünftiger kaufmännischer Beurteilung notwendig ist. Dabei dürfen die Rückstellungen nur dann abgezinst werden, soweit die ihnen zugrunde liegenden Verbindlichkeiten einen Zinsanteil enthalten.

Beispiel für die Bewertung einer Verbindlichkeit mit dem Rückzahlungsbetrag:
Unternehmer U nimmt einen Kredit in Höhe von 100.000 US $ auf. Am Bilanzstichtag ist dieser Kredit auf die Bilanzierungswährung umzurechnen. Am Bilanzstichtag ergibt sich hieraus ein Umrechnungskurs in Höhe von 110.000 €.

Lösung:
Die Verbindlichkeit muss mit 110.000 € passiviert werden. Etwaige Schwankungen zwischen den Stichtagen sind aufwands- bzw. ertragsmäßig zu verbuchen.

Beispiel für eine abzuzinsende Rückstellung:
Der klassische Fall hierfür ist die Pensionsrückstellung, welche regelmäßig einen Zinsanteil beinhaltet.

4.4.2 Anschaffungs- und Herstellungskosten
4.4.2.1 Anschaffungskosten

Anschaffungskosten sind Aufwendungen, die geleistet werden, um einen Vermögensgegenstand zu erwerben und ihn in einen betriebsbereiten Zustand zu versetzen, soweit sie dem Vermögensgegenstand einzeln zugeordnet werden können. Zu den Anschaffungskosten gehören auch die Nebenkosten sowie die nachträglichen Anschaffungskosten. Anschaffungspreisminderungen sind abzusetzen. Die Anschaffungskosten sind in § 255 Abs. 1 HGB definiert. Die Definition der Anschaffungskosten gilt sowohl für Gegenstände des Anlagevermögens als auch für Gegenstände des Umlaufvermögens.

Anschaffungskosten

Anschaffungsnebenkosten

Anschaffungskostenminderungen

Beispiel:

Unternehmer U erwirbt eine Maschine zu einem vertraglichen Preis von 100.000 €. Der Kaufvertrag sieht vor, dass U bei Zahlung der Maschine innerhalb von 14 Tagen Skonto in Höhe von 3 % ziehen kann.

Die Lieferung erfolgt ab Werk. Deshalb beauftragt U einen Spediteur, welcher die Maschine vom Werk des Herstellers zum Unternehmen des U transportiert. Hierfür berechnet er 5.000 €. Die Maschine wird von zwei Mitarbeitern des U installiert und betriebsbereit gemacht. Die Personalkosten hierfür betragen ebenfalls 5.000 €.

Lösung:

Kaufpreis	*100.000 €*
Transportkosten	*5.000 €*
Montagekosten	*5.000 €*
Anschaffungskosten	*110.000 €*

Sofern U bei der Bezahlung Skonto zieht, vermindert der Skontobetrag die Anschaffungskosten. Dann würden die Anschaffungskosten 107.000 € betragen.

Praktische Probleme ergeben sich in den Fällen, wo Gegenstände angeschafft wurden, deren Bezahlung jedoch erst nach dem Bilanzstichtag erfolgt. Dann ist nämlich am Bilanzstichtag ungewiss, ob Anschaffungskostenminderungen in Form von Skonto anfallen werden. Zum Stichtag kann eine Anschaffungskostenminderung jedenfalls nicht berücksichtigt werden, da diese ertragsmäßig erst im Folgejahr anfällt. Sie wäre daher erst buchhaltungstechnisch im Folgejahr zu vollziehen, indem im Anlagenspiegel ein entsprechender Abgang gebucht würde. Da dieses Procedere sehr aufwendig ist, ist es in der Praxis bisweilen zu beobachten, dass diese nachträgliche Anschaffungskostenminderung, welche sich durch den Skontoabzug ergibt, unterbleibt.

Zahlung nach Stichtag

Nicht direkt zuordnungsfähige Kosten dürfen nicht zu den Anschaffungskosten gerechnet werden. Zu dieser Gruppe zählen z.B. die Lohngemeinkosten, welche in dem vorgenannten Beispiel für die Montage der Maschine in Form von Zuschlägen auf die Lohneinzelkosten gerechnet werden könnten. Da sich diese Kosten nicht direkt ergeben, sondern durch kalkulatorische Zuschlagssätze ermittelt werden, sind sie von der Aktivierung zu den Anschaffungskosten ausgeschlossen.

4.4.2.2   Herstellungskosten

Pflichtbestandteile der Herstellungskosten

Die Herstellungskosten sind in § 255 Abs. 2 HGB geregelt. Herstellungskosten sind Aufwendungen, die durch den Verbrauch von Gütern und die Inanspruchnahme von Diensten für die Herstellung eines Vermögensgegenstandes, seine Erweiterung oder für eine über seinen ursprünglichen Zustand hinausgehende wesentliche Verbesserung entstehen. Dazu gehören die Materialkosten, die Fertigungskosten und die Sonderkosten der Fertigung (Einzelkosten). Bei der Berechnung der Herstellungskosten dürfen handelsrechtlich auch angemessene Teile der notwendigen Materialgemeinkosten, der notwendigen Fertigungsgemeinkosten und des Wertverzehrs des Anlagevermögens, soweit er durch die Fertigung veranlasst ist, eingerechnet werden (Material- und Fertigungsgemeinkosten). Dieses handelsrechtliche Wahlrecht stellt im Steuerrecht eine Aktivierungsverpflichtung dar. Dies lässt sich aus dem Grundsatz herleiten, dass handelsrechtliche Aktivierungswahlrechte steuerrechtlich aktivierungspflichtig sind.

Obergrenze der Herstellungskosten

Die Kosten der allgemeinen Verwaltung sowie die Aufwendungen für soziale Einrichtungen des Betriebs, für freiwillige soziale Leistungen und für betriebliche Altersversorgung brauchen nicht eingerechnet zu werden. Diese Formulierung besagt im Umkehrschluss, dass die Aktivierung dieser Kostenbestandteile nicht ausgeschlossen ist. Diese Kosten brauchen übrigens steuerlich ebenfalls nicht aktiviert zu werden.

Vertriebskosten dürfen weder handelsrechtlich noch steuerlich aktiviert werden.

Zinsen für Fremdkapital

Zinsen für Fremdkapital gehören nicht zu den Herstellungskosten. Gleichwohl lässt § 255 Abs. 3 HGB die Aktivierung von Zinsen zu den Herstellungskosten zu, wenn die Zinsen im direkten Zusammenhang mit der Herstellung des Vermögensgegenstandes stehen. Diese Vorschrift gilt handelsrechtlich wie steuerrechtlich.

Die Möglichkeit, Verwaltungskosten und Zinsen zu den Herstellungskosten zu aktivieren, hat in der Praxis im Bereich des Anlagenbaus eine gewisse Bedeutung. Dies hängt damit zusammen, dass ein Unternehmen, welches im Anlagenbau tätig ist, relativ wenig

Aufträge mit einem jeweils recht hohen Auftragsvolumen hat. Wenn die Bauzeit für eine Anlage sich über mehrere Jahre erstreckt, hat das Unternehmen grundsätzlich erst dann einen Umsatz, wenn die Anlage abgeliefert und abgenommen ist. Dies kann im Extremfall bedeuten, dass ein solches Unternehmen in einem Jahr keinen Umsatz hat, im Folgejahr dann aber den vollen Wert durch Umsatz realisiert. Ein solcher Anlagenbauer hat das Bestreben, möglichst viele Aufwendungen zu den Herstellungskosten des Gegenstands (im Vorratsvermögen) zu aktivieren, um den Verlust, der in einem solchen Jahr durch die nicht aktivierungsfähigen Aufwendungen entsteht, gering zu halten. Die Aktivierung von Verwaltungskosten und Zinsaufwendungen ist daher z.B. auch in der Wohnungsbauwirtschaft (Bauträgerunternehmer) häufig anzutreffen.

Herstellungskosten	Handelsbilanz	Steuerbilanz
Materialeinzelkosten	Muss	Muss
Fertigungseinzelkosten	Muss	Muss
Sonderkosten der Fertigung	Muss	Muss
= Mindestansatz in der Handelsbilanz		
Materialgemeinkosten	Wahlrecht	Muss
Fertigungsgemeinkosten	Wahlrecht	Muss
= Mindestansatz in der Steuerbilanz		
Verwaltungsgemeinkosten	Dürfen angesetzt werden	Dürfen angesetzt werden
Vertriebskosten	Ansatzverbot	Ansatzverbot

Herstellungskosten in der Handels- und Steuerbilanz

4.4.3 Zusammenfassung

Die Vermögensgegenstände sind mit den Anschaffungs- oder Herstellungskosten anzusetzen. Bei Gegenständen des Anlagevermögens, deren Nutzungsdauer begrenzt ist, muss eine planmäßige Abschreibung vorgenommen werden. Bei dauerhafter Wertminderung ist der Anlagengegenstand auf den niedrigeren beizulegenden Wert abzuschreiben. Auf Gegenstände des Umlaufvermögens ist eine planmäßige Abschreibung nicht vorzunehmen. Nach dem strengen Niederstwertprinzip muss auf den niedrigeren beizulegenden Wert abgeschrieben werden, wenn am Stichtag der Markt- oder Börsenwert niedriger ist.

Zu den Anschaffungskosten zählen alle Kosten, die mit der Anschaffung des Vermögensgegenstands zusammenhängen und die einzeln zugeordnet werden können. Zu den Herstellungskosten zählen zumindest die Einzelkosten für das Material und für die Fertigung sowie die Sondereinzelkosten der Fertigung. Die Material- und Fertigungsgemeinkosten dürfen angemessen berücksichtigt werden (steuerlich müssen diese Kosten berücksichtigt werden). Die Kosten der allgemeinen Verwaltung dürfen handelsrechtlich und steuerrechtlich berücksichtigt werden (Wahlrecht). Vertriebskosten dürfen bei der Bewertung nicht angesetzt werden. Der Zinsaufwand gehört nicht zu den Herstellungskosten. Er darf handelsrechtlich und steuerrechtlich bei der Bewertung berücksichtigt werden, wenn der Zinsaufwand nachweislich in kausalem Zusammenhang mit der Herstellung des Vermögensgegenstands steht.

5   Jahresabschluss und Lagebericht der Kapitalgesellschaften

5.1   Betroffene Unternehmen

Die Vorschriften über die Rechnungslegung der Kapitalgesellschaften und der Kapitalgesellschaft & Co. (GmbH & Co. KG) sind im zweiten Abschnitt des Dritten Buchs des HGB (§§ 264 ff.) geregelt. Sie gelten für die Kapitalgesellschaften und diejenigen Personengesellschaften, bei denen keine natürliche Person unbeschränkt für die Schulden der Gesellschaft haftet (die sogenannte Kapital & Co., also i.d.R. eine GmbH & Co. KG). Für diesen Kreis von Unternehmen gelten neben den allgemeinen Bilanzierungsvorschriften des HGB (Erster Abschnitt des Dritten Buches des HGB), welche für alle eingetragenen Kaufleute und im Handelsregister eingetragene Unternehmen gilt, die Vorschriften des Zweiten Abschnitts des Dritten Buches des HGB. In Kapitel 5 dieses Buches geht es nunmehr um diese ergänzenden Vorschriften für die Kapitalgesellschaften und die Kapital & Co.

5.2   Größenkriterien nach § 267 HGB

Das Gesetz differenziert bei den Kapitalgesellschaften und der Kapital & Co. zwischen drei Größenklassen, nämlich den kleinen Gesellschaften, den mittelgroßen Gesellschaften und den großen Gesellschaften. Die Klassifizierung richtet sich nach den Umsatzerlösen, der Bilanzsumme und der Anzahl der Beschäftigten im Unternehmen. Zwei der drei Größenkriterien müssen in zwei aufeinander folgenden Jahren zutreffen, wobei es sich um unterschiedliche Kriterien handeln kann. Bei erstmaliger Anwendung für die Kapital & Co. sind die Einstufungskriterien nur für ein Jahr anzuwenden. Zum Vergleich werden die alten Werte, die bis zur Einführung des KapCoRiLiG galten, angegeben:

Größenklassen

Gesellschaft	Bilanzsumme (in €)	Umsatzerlöse (in €)	Anzahl Beschäftigte
kleine	≤ 4.015.000	≤ 8.030.000	≤ 50
mittelgroße	> 4.015.000	> 8.030.000	> 50
	≤ 16.060.000	≤ 32.120.000	≤ 250
große	> 16.060.000	> 32.120.000	> 250

Bei der Bilanzsumme ist der Betrag maßgeblich, welcher sich nach Abzug eines auf der Aktivseite ausgewiesenen Fehlbetrags ergibt. Bei den Arbeitnehmern ist der Jahresdurchschnitt zu ermitteln, und zwar durch Feststellung der Beschäftigtenzahlen zum 31. März, 30. Juni, 30. September und 31. Dezember. Im Ausland tätige Beschäftigte sind zu berücksichtigen. Auszubildende bleiben außer Ansatz. Vgl. Kapitel 10 Anlagen IV und V.

5.3 Bestandteile des Jahresabschlusses

Zusammensetzung des Jahresabschlusses

Der Jahresabschluss für Kapitalgesellschaften und Kapital & Co. setzt sich zusammen aus der Bilanz, der Gewinn- und Verlustrechnung und dem Anhang. Darüber hinaus haben mittelgroße und große Gesellschaften einen Lagebericht zu erstellen.

5.4 Pflicht zur Aufstellung des Jahresabschlusses

Erstellungspflichten

Die Pflicht zur Aufstellung des Jahresabschlusses ergibt sich zunächst aus § 242 HGB, wonach jeder Kaufmann zum Abschluss eines Geschäftsjahres einen Jahresabschluss aufzustellen hat. Für die Kapitalgesellschaften und die Kapital & Co. gilt grundsätzlich eine Aufstellungsfrist von drei Monaten nach Abschluss des Geschäftsjahres. Kleine Gesellschaften dürfen den Jahresabschluss auch innerhalb eines Zeitraums von sechs Monaten aufstellen, wenn dies einem ordnungsgemäßen Geschäftsgang entspricht. Ein ordnungsgemäßer Geschäftsgang liegt sicherlich dann nicht vor, wenn sich das Unternehmen in einer Krise befindet.

5.5 Allgemeine Grundsätze für den Jahresabschluss

5.5.1 Formelle Bilanzkontinuität

§ 265 Abs. 1 HGB schreibt vor, dass die Form der Darstellung der aufeinander folgenden Bilanzen und Gewinn- und Verlustrechnungen grundsätzlich beizubehalten ist. Dies gilt insbesondere für die Gliederung des Jahresabschlusses. Ein Abweichen ist nur in begründeten Ausnahmefällen zulässig. Wird von der Form der Darstellung in einem Jahr abgewichen, so ist dies im Anhang anzugeben und zu begründen. Bei der Aufstellung des Jahresabschlusses gibt es eine Reihe von Darstellungswahlrechten. So können verschiedene vom Gesetz geforderte Davon-Merkmale anstatt in der Bilanz und in der Gewinn- und Verlustrechnung alternativ im Anhang erfolgen. Man wird sich jedoch zu einer Form der Darstellung entscheiden müssen, die man dann auch in den Folgejahren beibehält. Hierdurch soll erreicht werden, dass eine Analyse mehrerer aufeinander folgender Jahresabschlüsse eines Unternehmens nicht unnötig erschwert wird.

Gliederungsgrundsätze

5.5.2 Vorjahresvergleich

In § 265 Abs. 2 HGB wird vorgeschrieben, dass sowohl in der Bilanz als auch in der Gewinn- und Verlustrechnung zu jedem Posten der entsprechende Betrag des vorhergehenden Geschäftsjahres anzugeben ist. Das gilt selbstverständlich auch für die vorgeschriebenen Davon-Vermerke. Bemerkenswert ist, dass die Angaben von Vorjahreszahlen für die Pflichtangaben, die im Anhang zu machen sind, gesetzlich nicht kodifiziert sind. Wird von dem Wahlrecht Gebrauch gemacht, eine Angabe, die in der Bilanz oder in der Gewinn- und Verlustrechnung zu machen ist, im Anhang darzustellen, ist dies trotzdem nicht nur für das Abschlussjahr, sondern auch für das Vorjahr erforderlich.

Vorjahreszahlen

5.5.3 Mitzugehörigkeit zu anderen Posten

In der Bilanz ist es möglich, dass bestimmte Sachverhalte zu verschiedenen Bilanzposten zugeordnet werden können. In einem solchen Fall ist ein entsprechender Mitzugehörigkeitsvermerk unter dem jeweiligen Bilanzposten oder im Anhang vorzunehmen.

Zugehörigkeit zu mehreren Posten

> **Beispiel:**
> *Bei einem Unternehmen bestehen Verbindlichkeiten aus Lieferungen und Leistungen gegenüber einem verbundenen Unternehmen.*

Lösung:
Diese Verbindlichkeiten sind, obwohl es sich um Verbindlichkeiten aus Lieferungen und Leistungen handelt, welche grundsätzlich auf der Passivseite unter »C4. Verbindlichkeiten aus Lieferungen und Leistungen« auszuweisen wären, unter »C6. Verbindlichkeiten gegenüber verbundenen Unternehmen« auszuweisen. Unter diesem Posten ist dann ein Davon-Vermerk aufzunehmen, der darauf hinweist, welcher Betrag zu den Verbindlichkeiten aus Lieferungen und Leistungen gehört.
> *Verbindlichkeiten gegenüber verbundenen Unternehmen 1.000.000 €*
> *– davon Verbindlichkeiten aus Lieferungen und Leistungen 550.000 €.*

Diese Zusatzangabe ist erforderlich, um dem externen Bilanzleser die Möglichkeit zu geben, die tatsächlich bestehenden Verbindlichkeiten aus Lieferungen und Leistungen ermitteln zu können.

5.5.4 Weitere Untergliederung

Detailliertere Aufstellung

Eine weitere Untergliederung der Posten ist grundsätzlich zulässig. Dabei ist jedoch die vorgeschriebene Gliederung zu beachten. Eine solche weitere Untergliederung wird verschiedentlich in der Gewinn- und Verlustrechnung bei den sonstigen betrieblichen Aufwendungen vorgenommen, indem die sonstigen betrieblichen Aufwendungen untergliedert werden in Betriebsaufwendungen, Verwaltungsaufwendungen und Vertriebsaufwendungen. Eine solche Untergliederung muss sich jedoch an dem gesetzlichen Gliederungsschema orientieren. Im Fall der Untergliederung der sonstigen betrieblichen Aufwendungen hat dies also zwingend in der Gewinn- und Verlustrechnung unter dem Posten »8. Sonstige betriebliche Aufwendungen« zu erfolgen.

5.5.5 Neue Posten

Weitere Posten

Neue Posten in der Bilanz oder in der Gewinn- und Verlustrechnung dürfen grundsätzlich nicht gebildet werden. Hier besteht nur die Ausnahme, dass solche Posten dann zu bilden sind, wenn ihr Inhalt nicht von einem vorgeschriebenen Posten gedeckt wird. In der Praxis ist die Bildung eines neuen Postens daher sehr selten.

> **Beispiel:**
> *Ein kommunales Unternehmen in der Rechtsform der GmbH erhält jährlich einen Betriebskostenzuschuss zur Deckung der laufenden Kosten und Aufrechterhaltung der Liquidität. Dieser Betriebskostenzuschuss ist durch die Satzung der Gesellschaft festgeschrieben.*

Lösung:

Das gesetzliche Gliederungsschema sieht in der Gewinn- und Verlustrechnung einen Posten für Betriebskostenzuschüsse nicht vor. Ein solcher Betriebskostenzuschuss lässt sich sicherlich nicht unter den Umsatzerlösen darstellen. Denkbar wäre ein Ausweis unter den sonstigen betrieblichen Erträgen. Dann würde das Wesen dieses Sachverhalts jedoch nicht deutlich. Denkbar wäre daher die Einfügung eines neuen Postens hinter den sonstigen betrieblichen Erträgen oder, wenn der Betriebskostenzuschuss den Charakter einer Verlustübernahme hat, durch Einfügung eines besonderen Postens vor dem Jahresergebnis. In der ersten Alternative würde der Posten mit »Erträge aus Betriebskostenzuschuss« zu definieren sein. In der letztgenannten Alternative würde der Posten den Titel »Betriebskostenzuschuss« haben.

5.5.6 Änderung der Postenbezeichnung

Die Bezeichnung der mit arabischen Zahlen versehenen Posten der Bilanz und der Gewinn- und Verlustrechnung ist zu ändern, wenn dies wegen Besonderheiten der Gesellschaft zur Aufstellung eines klaren und übersichtlichen Jahresabschlusses erforderlich ist. Eine Kürzung der Postenbezeichnung ist jedoch nicht erforderlich, wenn ein Unternehmen z. B. nur Waren, aber keine fertigen Erzeugnisse hat.

Bezeichnungsänderung

5.5.7 Zusammenfassung von Posten

Die mit arabischen Zahlen versehenen Posten der Bilanz und der Gewinn- und Verlustrechnung können zusammengefasst ausgewiesen werden, wenn sie einen Betrag enthalten, der für die Vermittlung eines den tatsächlichen Verhältnissen entsprechenden Bildes der Gesellschaft nicht erheblich ist.

Beispiel:

Ein Unternehmen weist im Umlaufvermögen unter III. »Wertpapiere 1. Anteile aus verbundenen Unternehmen« einen Betrag in Höhe von 1.000.000 € aus. Darüber hinaus werden im Umlaufvermögen unter III. 3. »Sonstige Wertpapiere« 750 € ausgewiesen.

Lösung:

Es wird nicht zu beanstanden sein, dass die Posten zusammengefasst und mit dem Titel Anteile an verbundenen Unternehmen und sonstige Wertpapiere ausgewiesen werden, da die sonstigen Wertpapiere unbedeutend sind. Die Klarheit der Darstellung würde hierdurch verbessert, was jedoch voraussetzt, dass im Anhang die Zusammensetzung erläutert wird.

Diese Vorschrift hat in der Praxis verschiedentlich dazu geführt, dass die gesamte Bilanz nur mit den Großbuchstaben und den römischen Ziffern dargestellt wird, während die Posten mit den arabischen Ziffern komplett im Anhang dargestellt werden. Eine solche Darstellung wird als zulässig angesehen. Ob hierdurch tatsächlich die Übersichtlichkeit gefördert wird, mag dahingestellt sein.

5.5.8   Leerposten

Wird unter einem Posten der Bilanz oder der Gewinn- und Verlustrechnung kein Betrag ausgewiesen, so braucht dieser Posten nicht dargestellt zu werden, wenn auch für das Vorjahr kein Betrag auszuweisen ist.

5.6   Bilanz

5.6.1   Gliederung der Bilanz

Bilanzgliederung   Die Bilanz ist in Kontoform aufzustellen. Dabei haben die mittelgroßen und großen Gesellschaften die Gliederungsvorschriften des § 266 Abs. 2 und 3 HGB zwingend zu berücksichtigen. Diese Gliederung sieht wie folgt aus:

Bilanz

Aktivseite

A. Anlagevermögen

   I. Immaterielle Vermögensgegenstände

      1. Konzessionen, gewerbliche Schutzrechte und ähnliche Rechte und Werte sowie Lizenzen an solchen Rechten und Werten

      2. Geschäfts- oder Firmenwert

      3. geleistete Anzahlungen

   II. Sachanlagen

      1. Grundstücke, grundstücksgleiche Rechte und Bauten einschließlich der Bauten auf fremden Grundstücken

      2. technische Anlagen und Maschinen

3. andere Anlagen, Betriebs- und Geschäftsausstattung
4. geleistete Anzahlungen und Anlagen im Bau

III. Finanzanlagen
1. Anteile an verbundenen Unternehmen
2. Ausleihungen an verbundene Unternehmen
3. Beteiligungen
4. Ausleihungen an Unternehmen, mit denen ein Beteiligungsverhältnis besteht
5. Wertpapiere des Anlagevermögens
6. sonstige Ausleihungen

B. Umlaufvermögen
I. Vorräte
1. Roh-, Hilfs- und Betriebsstoffe
2. unfertige Erzeugnisse, unfertige Leistungen
3. fertige Erzeugnisse und Waren
4. geleistete Anzahlungen

II. Forderungen und sonstige Vermögensgegenstände
1. Forderungen aus Lieferungen und Leistungen
2. Forderungen gegen verbundene Unternehmen
3. Forderungen gegen Unternehmen, mit denen ein Beteiligungsverhältnis besteht
4. sonstige Vermögensgegenstände

III. Wertpapiere
1. Anteile an verbundenen Unternehmen
2. eigene Anteile
3. sonstige Wertpapiere

IV. Kassenbestand, Bundesbankguthaben, Guthaben bei Kreditinstituten und Schecks

C. Rechnungsabgrenzungsposten

Passivseite

A. Eigenkapital
   I. Gezeichnetes Kapital/Kapitalanteile

   II. Kapitalrücklage

   III. Gewinnrücklagen/Rücklagen
      1. gesetzliche Rücklage
      2. Rücklage für eigene Anteile
      3. satzungsmäßige Rücklagen
      4. andere Gewinnrücklagen

   IV. Gewinnvortrag/Verlustvortrag

   V. Jahresüberschuss/Jahresfehlbetrag

B. Rückstellungen
      1. Rückstellungen für Pensionen und ähnliche
         Verpflichtungen
      2. Steuerrückstellungen
      3. sonstige Rückstellungen

C. Verbindlichkeiten
      1. Anleihen, davon konvertibel
      2. Verbindlichkeiten gegenüber Kreditinstituten
      3. erhaltene Anzahlungen auf Bestellungen
      4. Verbindlichkeiten aus Lieferungen und Leistungen
      5. Verbindlichkeiten aus der Annahme gezogener
         Wechsel und der Ausstellung eigener Wechsel
      6. Verbindlichkeiten gegenüber verbundenen
         Unternehmen
      7. Verbindlichkeiten gegenüber Unternehmen, mit denen
         ein Beteiligungsverhältnis besteht
      8. sonstige Verbindlichkeiten,
         davon aus Steuern
         davon im Rahmen der sozialen Sicherheit

D. Rechnungsabgrenzungsposten

5.6.1.1 Gliederung des Anlagenspiegels

In der Bilanz oder im Anhang ist die Entwicklung des Anlagevermögens darzustellen. Dabei sind ausgehend von den gesamten Anschaffungs- und Herstellungskosten, die Zugänge, Abgänge, Umbuchungen und Zuschreibungen des Geschäftsjahres sowie die Abschreibungen in ihrer gesamten Höhe gesondert aufzuführen.

Bruttoanlagenspiegel

Der Gesetzgeber verlangt also einen sogenannten Bruttoanlagenspiegel, in welchem die ursprünglichen Anschaffungskosten der aktivierten Vermögensgegenstände des Anlagevermögens in voller Höhe dargestellt werden. Das Anlagengitter hat folgendes Aussehen:

Posten	AK/HK	Zugänge	Abgänge	Umbuchung	Abschreibungen			Zuschreibung	Stand 31.12...
					kumuliert	Jahr	Gesamt		

Auf Grund der großen Anzahl von Spalten erfolgt die Darstellung in der Regel nicht in der Bilanz, sondern im Anhang.

Beispiel für die Entwicklung des Anlagenspiegels:

Ein Unternehmen wurde im Januar 01 gegründet. Es hat im ersten Geschäftsjahr technische Anlagen und Maschinen im Wert von 100.000 € erworben. Die Nutzungsdauer beträgt 10 Jahre. Die Abschreibung für das erste Jahr erfolgt in voller Höhe. Der Anlagenspiegel hat folgendes Aussehen (in €):

Posten	AK/HK	Zugänge	Abgänge	Umbuchung	Abschreibungen			Zuschreibung	Stand 31.12.01
					kumuliert	Jahr	Gesamt		
Technische Anlagen und Maschinen	0	100.000	0	0	0	10.000	10.000	0	90.000

Im Geschäftsjahr 02 wird eine weitere Maschine zum Preis von 100.000 € erworben.

Posten	AK/HK	Zugänge	Abgänge	Umbuchung	Abschreibungen			Zuschreibung	Stand 31.12.02
					kumuliert	Jahr	Gesamt		
Technische Anlagen und Maschinen	100.000	100.000	0	0	10.000	20.000	30.000	0	170.000

Im Geschäftsjahr 03 muss auf eine Maschine eine außerordentliche Abschreibung von 50.000 € vorgenommen werden. Darüber hinaus fällt die planmäßige Abschreibung von insgesamt 20.000 € an.

Posten	AK/HK	Zugänge	Abgänge	Um-buchung	Abschreibungen			Zuschrei-bung	Stand 31.12.03
					kumuliert	Jahr	Gesamt		
Technische Anlagen und Maschinen	200.000	0	0	0	30.000	70.000	100.000	0	100.000

Im Geschäftsjahr 04 fällt der Grund für die außerordentliche Abschreibung teilweise weg. Es ist neben der planmäßigen Abschreibung für die erste Maschine (10.000 €) bei der zweiten Maschine eine Zuschreibung von 40.000 € vorzunehmen.

Posten	AK/HK	Zugänge	Abgänge	Um-buchung	Abschreibungen			Zuschrei-bung	Stand 31.12.04
					kumuliert	Jahr	Gesamt		
Technische Anlagen und Maschinen	200.000	0	0	0	100.000	10.000	110.000	40.000	130.000

Im Geschäftsjahr 05 erfolgen keine Investitionen.

Posten	AK/HK	Zugänge	Abgänge	Um-buchung	Abschreibungen			Zuschrei-bung	Stand 31.12.05
					kumuliert	Jahr	Gesamt		
Technische Anlagen und Maschinen	200.000	0	0	0	70.000	20.000	90.000	0	110.000

Am 2.1.06 wird eine Maschine (AK = 100.000 €; Buchwert 50.000 €) verkauft. Die andere Maschine wird planmäßig weiter mit 10.000 € abgeschrieben.

Posten	AK/HK	Zugänge	Abgänge	Um-buchung	Abschreibungen			Zuschrei-bung	Stand 31.12.06
					kumuliert	Jahr	Gesamt		
Technische Anlagen und Maschinen	200.000	0	100.000	0	40.000	10.000	50.000	0	50.000

Im Geschäftsjahr 07 wird mit dem Bau einer neuen Anlage begonnen.
Es werden Anzahlungen in Höhe von 50.000 € geleistet.

Posten	AK/HK	Zugänge	Abgänge	Um-buchung	Abschreibungen			Zuschrei-bung	Stand 31.12.07
					kumuliert	Jahr	Gesamt		
Technische Anlagen und Maschinen	100.000	0	0	0	50.000	10.000	60.000	0	40.000
Geleistete Anzahlungen	0	50.000	0	0	0	0	0	0	50.000
Summe AV	100.000	50.000	0	0	50.000	10.000	60.000	0	90.000

Im Geschäftsjahr 08 wird die Anlage fertig gestellt und in Betrieb genom-
men. Die Anschaffungskosten belaufen sich auf insgesamt 100.000 €.
Die Jahresabschreibung beträgt 10.000 €.

Posten	AK/HK	Zugänge	Abgänge	Um-buchung	Abschreibungen			Zuschrei-bung	Stand 31.12.07
					kumuliert	Jahr	Gesamt		
Technische Anlagen und Maschinen	100.000	0	0	+ 100.000	60.000	20.000	80.000	0	120.000
Geleistete Anzahlungen	50.000	50.000	0	./. 100.000	0	0	0	0	0
Summe AV	150.000	50.000	0	0	60.000	20.000	80.000	0	120.000

5.6.1.2 Vorschriften zur Darstellung der Restlaufzeiten bei den Forderungen und Verbindlichkeiten

Die in der Bilanz ausgewiesenen Forderungen müssen mit einem Davon-Vermerk versehen werden, der Auskunft darüber gibt, welcher Betrag eine Restlaufzeit von mehr als einem Jahr hat. Dieser Ausweis hat gesondert zu jedem Posten, der unter Aktiva B. II. 1.–4. ausgewiesen wird, zu erfolgen. Eine entsprechende Verpflichtung besteht bei den Verbindlichkeiten für jeden in der Bilanz ausgewiesenen Posten. Dort ist durch einen Davon-Vermerk jeweils der Betrag anzugeben, der eine Restlaufzeit bis zu einem Jahr hat. Hier kann die Angabe zusätzlich im Anhang erfolgen. Unter Berücksichtigung der Verpflichtung gemäß § 285 Nr. 1a HGB, wonach im Anhang der Gesamtbetrag der Verbindlichkeiten mit einer Restlaufzeit von mehr als fünf Jahren für jeden Verbindlichkeitsposten anzugeben ist, empfiehlt es sich, alle Laufzeitangaben für die Verbindlichkeiten im Anhang in Form eines sogenannten Verbindlichkeitenspiegels vorzunehmen. Der Verbindlichkeitsspiegel hat folgenden Aufbau (in €):

		Gesamt	davon Restlaufzeit		
			bis zu 1 Jahr	mehr als 1 Jahr bis 5 Jahre	über 5 Jahre
1.	Anleihen	500.000	100.000	0	400.000
2.	Verbindlichkeiten gegenüber Kreditinstituten	1.550.000	550.000	900.000	100.000
3.	......				
	Summen	2.050.000	650.000	900.000	500.000

5.6.2 Größenabhängige Erleichterungen

Kleine Kapital-gesellschaften, Kapital & Co.

Kleine Kapitalgesellschaften brauchen nur eine verkürzte Bilanz aufzustellen, in die nur die in der Gliederung mit Buchstaben und römischen Zahlen bezeichneten Posten gesondert und in der vorgeschriebenen Reihenfolge aufgenommen werden. Die Bilanz der kleinen Gesellschaft hat daher folgendes Aussehen:

Bilanz

Aktivseite

A. Anlagevermögen
 I. Immaterielle Vermögensgegenstände
 II. Sachanlagen
 III. Finanzanlagen

B. Umlaufvermögen
 I. Vorräte
 II. Forderungen und sonstige Vermögensgegenstände
 III. Wertpapiere
 IV. Kassenbestand, Bundesbankguthaben, Guthaben bei Kreditinstituten und Schecks

C. Rechnungsabgrenzungsposten

Passivseite

A. Eigenkapital
  I. Gezeichnetes Kapital/Kapitalanteile
  II. Kapitalrücklage
  III. Gewinnrücklagen/Rücklagen
  IV. Gewinnvortrag/Verlustvortrag
  V. Jahresüberschuss/Jahresfehlbetrag

B. Rückstellungen

C. Verbindlichkeiten
  davon aus Steuern
  davon im Rahmen der sozialen Sicherheit

D. Rechnungsabgrenzungsposten

Da diese Bilanz für die kleine Gesellschaft einen doch relativ eingeschränkten Aussagewert hat, wird in der Praxis häufig auch für die kleine Gesellschaft das vollständige Gliederungsschema angewandt. Es spricht nichts dagegen, dass die offen zu legende Bilanz dann auf das reduzierte Schema umgestellt wird. Auf diese Weise hat der Unternehmer die Möglichkeit, für sich selbst den erforderlichen Einblick zu wahren, nach außen jedoch den Einblick auf das gesetzliche Minimum zu reduzieren.

Offenlegung

5.7   Gewinn- und Verlustrechnung

5.7.1   Gliederung der Gewinn- und Verlustrechnung nach dem Gesamtkostenverfahren

Die Gewinn- und Verlustrechnung (GuV) ist in Staffelform aufzustellen. Die bisweilen noch vorzufindende Gewinn- und Verlustrechnung in Kontoform ist für Gesellschaften, die ihren Abschluss nach den besonderen Vorschriften des zweiten Abschnitts des Dritten Buches des HGB aufzustellen haben (GmbH & Co. KG, GmbH, AG, Genossenschaft) nicht mehr zulässig. Die Kontoform für die Gewinn- und Verlustrechnung dürfte aber auch für andere Unternehmen nicht mehr als zeitgemäß gelten und wird bei einem Kreditgeber sicherlich nicht den besten Eindruck hinterlassen.

Form der Gewinn und Verlustrechnung

Gesamtkosten-
verfahren

Die grundlegende Struktur der Gewinn- und Verlustrechnung nach dem Gesamtkostenverfahren lässt sich verkürzt wie folgt darstellen:

Umsatzerlöse

+/./. Bestandsveränderung der Erzeugnisse

+ andere aktivierte Eigenleistungen

+ sonstige betriebliche Erträge

Gesamtleistung

./. Materialaufwand

Rohergebnis

./. Personalaufwand

./. Abschreibungen

./. sonstige betriebliche Aufwendungen

Betriebsergebnis (1)

Erträge aus Beteiligungen

+   Erträge aus anderen Wertpapieren und
    Ausleihungen des Anlagevermögens

+   sonstige Zinsen und ähnliche Erträge

./. Abschreibungen auf Finanzanlagen und Wertpapiere
    des Umlaufvermögens

./. Zinsen und ähnliche Aufwendungen

Finanzergebnis (2)

Ergebnis der gewöhnlichen
Geschäftstätigkeit (1) + (2) = **(3)**

Außerordentliche Erträge

./. Außerordentliche Aufwendungen

Außerordentliches Ergebnis (4)

./. Steuern **(5)**

Jahresüberschuss/Jahresfehlbetrag

(3) + (4) ./. (5)

Dieser Grundaufbau leidet im gesetzlichen Schema darunter, dass die Gesamtleistung, das Rohergebnis, das Betriebsergebnis und das Finanzergebnis nicht als Zwischenergebnisposten vorgesehen sind und der Leser daher diese Summen selbst ermitteln muss, wenn diese Zwischensummen nicht bei der Erstellung eingefügt werden, was nicht gesetzlich gefordert wird und auch nicht gängige Praxis ist. Der Gesetzesaufbau fordert nur den Ausweis des Ergebnisses der gewöhnlichen Geschäftstätigkeit und des außerordentlichen Ergebnisses.

Das Gliederungsschema nach dem Gesamtkostenverfahren stellt sich daher nach den gesetzlichen Vorschriften wie folgt dar:

Gliederungsschema nach gesetzlichen Vorschriften

1. Umsatzerlöse
2. Erhöhung oder Verminderung des Bestands an fertigen und unfertigen Erzeugnissen
3. andere aktivierte Eigenleistungen
4. sonstige betriebliche Erträge
5. Materialaufwand:
   a) Aufwendungen für Roh-, Hilfs- und Betriebsstoffe und für bezogene Waren
   b) Aufwendungen für bezogene Leistungen
6. Personalaufwand:
   a) Löhne und Gehälter
   b) soziale Abgaben und Aufwendungen für Altersversorgung und für Unterstützung,
   davon für Altersversorgung
7. Abschreibungen:
   a) auf immaterielle Vermögensgegenstände des Anlagevermögens und Sachanlagen sowie auf aktivierte Aufwendungen für die Ingangsetzung und Erweiterung des Geschäftsbetriebs
   b) auf Vermögensgegenstände des Umlaufvermögens, soweit diese die in der Kapitalgesellschaft üblichen Abschreibungen überschreiten
8. sonstige betriebliche Aufwendungen
9. Erträge aus Beteiligungen,
   davon aus verbundenen Unternehmen
10. Erträge aus anderen Wertpapieren und Ausleihungen des Finanzanlagevermögens,
    davon aus verbundenen Unternehmen
11. sonstige Zinsen und ähnliche Erträge,
    davon aus verbundenen Unternehmen

12. Abschreibungen auf Finanzanlagen und auf Wertpapiere des Umlaufvermögens
13. Zinsen und ähnliche Aufwendungen,
    davon an verbundene Unternehmen
14. Ergebnis der gewöhnlichen Geschäftstätigkeit
15. außerordentliche Erträge
16. außerordentliche Aufwendungen
17. außerordentliches Ergebnis
18. Steuern vom Einkommen und vom Ertrag
19. sonstige Steuern
20. Jahresüberschuss/Jahresfehlbetrag

5.7.2 Gliederung der Gewinn- und Verlustrechnung nach dem Umsatzkostenverfahren

Weitere Form der Gewinn- und Verlustrechnung

Im internationalen Bereich, insbesondere in den angelsächsischen Ländern, wird die Gewinn- und Verlustrechnung nach dem Umsatzkostenverfahren dargestellt. Die Anwendung des Umsatzkostenverfahrens wird durch das Gesetz ebenfalls zugelassen, um eine Benachteiligung von international tätigen Unternehmen zu vermeiden. Bei mittelständischen Unternehmen hat sich diese Gliederung jedoch noch nicht etabliert, obwohl dem Aufbau der Gewinn- und Verlustrechnung nach dem Umsatzkostenverfahren ein gewisser Charme nicht abgestritten werden kann. Der Arbeitsaufwand zur Vorbereitung der Gewinn- und Verlustrechnung ist jedoch eindeutig größer als bei Anwendung des Gesamtkostenverfahrens, bei welchem sich die Gewinn- und Verlustrechnung aus der reinen Zuordnung der einzelnen Kostenartenkonten auf die Posten der Gewinn- und Verlustrechnung ergibt.

Umsatzkostenverfahren

Beim Umsatzkostenverfahren werden nur die Aufwendungen und Erträge gezeigt, die mit den Produkten in Zusammenhang stehen, die verkauft wurden, die also »zu Umsatz« geführt haben. Die Herstellungskosten, die auf Produkte entfallen, die nicht verkauft wurden (die also den Erzeugnisbestand erhöht haben), gehören nicht in die Gewinn- und Verlustrechnung, sondern müssen direkt in den Vorratsbestand gebucht werden.

Das Umsatzkostenverfahren führt nicht zu einem anderen Jahresergebnis. Es zeigt die Zahlen jedoch in einer anderen Form. Hinzu kommt, das der Materialaufwand des Unternehmens nicht in voller Höhe gezeigt wird und der Personalaufwand nicht erkennbar ist. Aus diesem Grunde hat der Gesetzgeber für den Fall der Anwendung des Umsatzkostenverfahrens vorgesehen, dass der Personalaufwand und der Materialaufwand im Anhang angegeben werden müssen (§ 285 Nr. 8 HGB).

Die Gliederung des Umsatzkostenverfahrens sieht wie folgt aus:

Gliederung
des Umsatzkosten-
verfahrens

1. Umsatzerlöse
2. Herstellungskosten der zur Erzielung der Umsatzerlöse erbrachten Leistungen
3. Bruttoergebnis vom Umsatz
4. Vertriebskosten
5. allgemeine Verwaltungskosten
6. sonstige betriebliche Erträge
7. sonstige betriebliche Aufwendungen
8. Erträge aus Beteiligungen,
   davon aus verbundenen Unternehmen
9. Erträge aus anderen Wertpapieren und Ausleihungen des Finanzanlagevermögens,
   davon aus verbundenen Unternehmen
10. sonstige Zinsen und ähnliche Erträge,
    davon aus verbundenen Unternehmen
11. Abschreibungen auf Finanzanlagen und auf Wertpapiere des Umlaufvermögens
12. Zinsen und ähnliche Aufwendungen,
    davon an verbundene Unternehmen
13. Ergebnis der gewöhnlichen Geschäftstätigkeit
14. außerordentliche Erträge
15. außerordentliche Aufwendungen
16. außerordentliches Ergebnis
17. Steuern vom Einkommen und vom Ertrag
18. sonstige Steuern
19. Jahresüberschuss/Jahresfehlbetrag

5.7.3   Größenabhängige Erleichterungen

Kleine und mittelgroße Gesellschaften dürfen bei Anwendung des Gesamtkostenverfahrens die Posten Nr. 1 bis Nr. 5 zusammenfassen und unter der Bezeichnung »Rohergebnis« ausweisen. Für den externen Leser ist somit nicht zu erkennen, wie hoch der Umsatz und wie hoch der Materialaufwand des Unternehmens ist. Er kann darüber hinaus keine Kostenanalyse durchführen, bei der die Zahlen der Gewinn- und Verlustrechnung ins Verhältnis zur Gesamtleistung gesetzt werden. Der abgekürzte Ausweis macht für die kleine Ka-

Abgekürzte
Gewinn- und
Verlustrechnung

pitalgesellschaft wenig Sinn, da die Gewinn- und Verlustrechnung ohnehin nicht offen gelegt werden muss.

Die abgekürzte Gewinn- und Verlustrechnung für kleine und mittelgroße Gesellschaften hat folgende Gliederung:

Gliederung der abgekürzten Gewinn- und Verlustrechnung

1.–5. Rohergebnis

6. Personalaufwand:

   a) Löhne und Gehälter

   b) soziale Abgaben und Aufwendungen für Altersversorgung und für Unterstützung,

   davon für Altersversorgung

7. Abschreibungen:

   a) auf immaterielle Vermögensgegenstände des Anlagevermögens und Sachanlagen sowie auf aktivierte Aufwendungen für die Ingangsetzung und Erweiterung des Geschäftsbetriebs

   b) auf Vermögensgegenstände des Umlaufvermögens, soweit diese die in der Kapitalgesellschaft üblichen Abschreibungen überschreiten

8. sonstige betriebliche Aufwendungen

9. Erträge aus Beteiligungen,

   davon aus verbundenen Unternehmen

10. Erträge aus anderen Wertpapieren und Ausleihungen des Finanzanlagevermögens,

    davon aus verbundenen Unternehmen

11. sonstige Zinsen und ähnliche Erträge,

    davon aus verbundenen Unternehmen

12. Abschreibungen auf Finanzanlagen und auf Wertpapiere des Umlaufvermögens

13. Zinsen und ähnliche Aufwendungen,

    davon an verbundene Unternehmen

14. Ergebnis der gewöhnlichen Geschäftstätigkeit

15. außerordentliche Erträge

16. außerordentliche Aufwendungen

17. außerordentliches Ergebnis

18. Steuern vom Einkommen und vom Ertrag

19. sonstige Steuern

20. Jahresüberschuss/Jahresfehlbetrag

Auch für die Gewinn- und Verlustrechnung nach dem Umsatzkostenverfahren gibt es bei kleinen und mittelgroßen Gesellschaften die Möglichkeit, Posten zusammenzufassen. Die Posten Nr. 1 bis Nr. 3 und Nr. 6 dürfen zusammengefasst und als Rohergebnis ausgewiesen werden. Diese Erleichterungsvorschrift führt das Umsatzkostenverfahren allerdings ad absurdum: Herzstück des Umsatzkostenverfahrens ist es, die Herstellungskosten der zur Erzielung der Umsatzerlöse erbrachten Leistungen zu zeigen und von den Umsatzerlösen abzuziehen, um so das Bruttoergebnis vom Umsatz auszuweisen. Wendet man diese Erleichterung an, bleibt als einzige Zahl des Umsatzkostenverfahrens die der Vertriebskosten übrig. Der Rest entspricht (unter Berücksichtigung der Anhangsangabe des Personalaufwands) dem Gesamtkostenverfahren.

Die Gliederung hat folgende Gestalt:

Straffung der Gewinn- und Verlustrechnung

1. 3. und 6. Rohergebnis
4. Vertriebskosten
5. allgemeine Verwaltungskosten
7. sonstige betriebliche Aufwendungen
8. Erträge aus Beteiligungen,
   davon aus verbundenen Unternehmen
9. Erträge aus anderen Wertpapieren und Ausleihungen des Finanzanlagevermögens,
   davon aus verbundenen Unternehmen
10. sonstige Zinsen und ähnliche Erträge,
    davon aus verbundenen Unternehmen
11. Abschreibungen auf Finanzanlagen und auf Wertpapiere des Umlaufvermögens
12. Zinsen und ähnliche Aufwendungen,
    davon an verbundene Unternehmen
13. Ergebnis der gewöhnlichen Geschäftstätigkeit
14. außerordentliche Erträge
15. außerordentliche Aufwendungen
16. außerordentliches Ergebnis
17. Steuern vom Einkommen und vom Ertrag
18. sonstige Steuern
19. Jahresüberschuss/Jahresfehlbetrag

5.7.4   Besondere Bewertungsvorschriften

Nichtanwendung
von Vorschriften

Kapitalgesellschaften (und die Kapital & Co.) dürfen bei der Bewertung verschiedene Vorschriften des allgemeinen Teils (Erster Abschnitt; Vorschriften für alle Kaufleute) nicht anwenden. Diese Anwendungsverbote sind in § 279 HGB kodifiziert. Nicht angewendet werden darf der § 253 Abs. 4 HGB, der Abschreibungen über das in § 253 Abs. 1 bis 3 HGB fest umrissene Maß hinaus im Rahmen vernünftiger kaufmännischer Beurteilung zulässt. Da solche Abschreibungen steuerlich ohnehin nicht zulässig sind, hat die Vorschrift geringe praktische Bedeutung. Nach § 253 Abs. 2 Satz 3 HGB besteht das Wahlrecht bei Gegenständen des Anlagevermögens, eine Abschreibung vorzunehmen, wenn eine voraussichtlich nur vorübergehende Wertminderung vorliegt. Diese Abschreibung darf bei Kapitalgesellschaften und der Kapital & Co. nur bei Finanzanlagen vorgenommen werden; im Übrigen darf eine Abschreibung bei nur vorübergehender Wertminderung nicht erfolgen. Im § 254 HGB ist kodifiziert, dass Abschreibungen, die allein auf steuerrechtlichen Vorschriften beruhen, handelsrechtlich ebenfalls zulässig sind. Für Kapitalgesellschaften und die Kapital & Co. wird dieser Grundsatz nach § 279 Abs. 2 HGB darauf beschränkt, dass allein aus steuerrechtlichen Gründen vorzunehmende Abschreibungen nur dann im handelsrechtlichen Jahresabschluss vorgenommen werden dürfen, wenn das Steuerrecht die Anerkennung einer solchen Abschreibung davon abhängig macht, dass sie auch in der Handelsbilanz vorgenommen wird. Die nach § 254 HGB vorgenommenen Abschreibungen können in der Handelsbilanz auch in der Weise dargestellt werden, dass der Unterschiedsbetrag unter dem Sonderposten mit Rücklageanteil ausgewiesen wird.

Wert-
aufholungsgebot

Nach den allgemeinen Grundsätzen des § 253 Abs. 5 HGB darf ein niedrigerer Wertansatz auch beibehalten werden, wenn der Grund für Abschreibung zu einem späteren Zeitpunkt entfallen ist. Dasselbe gilt für antizipierte Abschreibungen nach § 253 Abs. 3 HGB. Dieses Beibehaltungswahlrecht wird durch § 280 Abs. 1 HGB für die Kapitalgesellschaften und die Kapital & Co. ausgeschlossen. Ein niedrigerer Ansatz darf danach nur dann beibehalten werden, wenn nach steuerlichen Vorschriften ein Beibehaltungswahlrecht besteht. Da ein steuerliches Beibehaltungswahlrecht heute nicht mehr besteht, ist grundsätzlich davon auszugehen, dass das Wertaufholungsgebot gilt. Soweit eine Wertaufholung nicht erfolgen muss, ist der Betrag der unterlassenen Wertaufholung im Anhang anzugeben.

5.8 Anhang

Für Kapitalgesellschaften und die Kapitalgesellschaft & Co. ist der Jahresabschluss, welcher im Normalfall aus der Bilanz und der Gewinn- und Verlustrechnung besteht, um einen Anhang zu erweitern. Der Anhang erfüllt verschiedene Funktionen. Die Funktionen lassen sich wie folgt charakterisieren:

- Erläuterungsfunktionen,
- Relativierung-, Korrektur- und Schutzfunktion,
- Entlastungsfunktion,
- Ergänzungsfunktion.

Inhalt des Anhangs

Die Erläuterungsfunktion erfüllt der Anhang dadurch, dass postenübergreifende Informationen zur Bilanz und zur Gewinn- und Verlustrechnung erfolgen müssen, die dem Verständnis dienen. Es haben Angaben, Darstellungen, Aufgliederungen und Erläuterungen zu einzelnen Posten der Bilanz sowie der Gewinn- und Verlustrechnung zu erfolgen.

Erläuterungsfunktion

Die Interpretation einer Bilanz und einer Gewinn- und Verlustrechnung kann zu falschen Ergebnissen führen, wenn Hintergründe, die für die Beurteilung des Jahresabschlusses wesentlich sind, nicht bekannt sind. Derartige Hintergründe müssen im Anhang angegeben und erläutert werden (z. B. Änderung der Bewertungsgrundlagen). Möglicherweise unterliegen einzelne Sachverhalte bei der Bilanzierung und Bewertung unsicheren Annahmen und Schätzungen. Derartige Unsicherheiten muss der externe Bilanzleser kennen (Relativierungs-, Korrektur- und Schutzfunktion).

Relativierungsfunktion

Der Anhang eröffnet die Möglichkeit, bestimmte Angaben dort, statt in der Bilanz oder in der Gewinn- und Verlustrechnung zu machen. Hiervon betroffen sind häufig die sogenannten »Davon-Vermerke« oder Restlaufzeitangaben. Zur Verbesserung der Übersichtlichkeit der Bilanz und der Gewinn- und Verlustrechnung werden solche Angaben häufig in den Anhang übernommen (Entlastungsfunktion).

Entlastungsfunktion

Abschließend ist auf die Ergänzungsfunktion des Anhangs hinzuweisen. Im Anhang sind Angaben zu Sachverhalten zu machen, die nicht direkt Gegenstand der Bilanzierung sind. Hierzu gehören Angaben zu den Personen der Geschäftsführung, deren Vergütungen, Angaben zum Beteiligungsbesitz und zu nicht bilanzierten Geschäften (sogenannte derivate Finanzinstrumente). Der Umfang der Angaben, die im Anhang zu erfolgen haben, ist primär in §§ 284, 285 HGB geregelt. Es kommen aber noch eine große Anzahl zusätzlicher Rechtsquellen innerhalb und außerhalb des Handelsgesetzbuches hinzu, was die Übersichtlichkeit der Vor-

Ergänzungsfunktion

schriften erschwert. Einen vollständigen Überblick erhalten Sie in Kapitel 8.

Pflichtangaben

Der Umfang der Pflichtangaben, die im Anhang zu machen sind, hängt davon ab, welcher Größenklasse die Kapitalgesellschaft (bzw. Kapital & Co.) zuzuordnen ist. Die Angabenpflichten für kleine Kapitalgesellschaften sind gegenüber den großen Kapitalgesellschaften deutlich eingeschränkt.

5.9   Lagebericht

Zweck und Inhalt des Lageberichts

Mittelgroße und große Kapitalgesellschaften haben gemäß §289 HGB einen Lagebericht aufzustellen. Der Lagebericht ist eine Ergänzung zum Jahresabschluss. Die Geschäftsleitung eines Unternehmens soll die Lage der Gesellschaft aus ihrer Sicht umfassend erläutern. Die Aussagen müssen jedoch intersubjektiv nachprüfbar sein. Im Lagebericht sind zumindest der Geschäftsverlauf und die Lage der Gesellschaft so darzustellen, dass ein den tatsächlichen Verhältnissen entsprechendes Bild vermittelt wird. Dabei ist auch auf die Risiken der künftigen Entwicklung einzugehen. Insoweit handelt es sich um bindende Bestandteile des Lageberichtes.

5.10   Prüfung des Jahresabschlusses

Auswahl der Abschlussprüfer

Mittelgroße und große Kapitalgesellschaften haben den Jahresabschluss gemäß §316 HGB prüfen zu lassen. Jahresabschlussprüfer kann ein Wirtschaftsprüfer oder eine Wirtschaftsprüfungsgesellschaft sein. Bei mittelgroßen Gesellschaften ist auch ein vereidigter Buchprüfer oder eine Buchprüfungsgesellschaft als Abschlussprüfer zugelassen. Hierbei ist zu beachten, dass Jahresabschlüsse, deren Geschäftsjahre nach dem 31.12.2004 begonnen haben, nur noch durch solche Abschlussprüfer geprüft werden können, die eine Bescheinigung über die Teilnahme einer Prüfung für Qualitätskontrolle nachweisen können. Kann ein Abschlussprüfer eine derartige Teilnahmebescheinigung nicht vorlegen, scheidet er als Abschlussprüfer nach §319 HGB aus.

Die Systematik ist insbesondere deshalb beachtlich, da es somit in der Praxis in Zukunft möglich sein wird, dass vereidigte Buchprüfer, die sich dem Prüfungsverfahren über die Qualitätskontrolle unterzogen haben, Jahresabschlussprüfungen durchführen dürfen, während Wirtschaftsprüfer (mit dem eigentlich höher qualifizierten Berufsstatus) von einer solchen Abschlussprüfung ausgeschlossen sind, wenn sie sich dem Prüfungsverfahren über die Qualitäts-kontrolle nicht unterzogen haben.

Abschlussprüfer darf nicht sein, wer an der Buchführung des zu prüfenden Jahresabschlusses oder an der Aufstellung des Jahresab-schlusses mitgewirkt hat (ein vollständiger Katalog der Ausschluss-gründe befindet sich in § 319 HGB). Die Einhaltung dieser Vor-schriften wird im Rahmen von externen Qualitätskontrollen beim Abschlussprüfer überwacht (Peer Review). Werden hierbei schwer-wiegende Verstöße festgestellt, so kann und wird die Wirtschafts-prüferkammer dem Wirtschaftsprüfer bzw. dem vereidigten Buch-prüfer das Recht, Abschlussprüfer nach § 319 HGB zu sein, durch Versagung der sogenannten Teilnahmebescheinigung entziehen.

Nicht Abschlussprüfer darf sein, wer gesetzlicher Vertreter oder Mitglied des Aufsichtsrats oder Arbeitnehmer des zu prüfenden Unternehmens ist oder dies in den letzten drei Jahren vor seiner Bestellung war. Als Abschlussprüfer ist weiterhin ausgeschlossen, wer an der zu prüfenden Gesellschaft mit mehr als 20 % beteiligt ist. Weiterhin scheidet als Abschlussprüfer aus, wer mit dem zu prü-fenden Unternehmen in den letzten fünf Jahren mehr als 30 % des Gesamtumsatzes erzielt hat, wobei hier auch die Einnahmen aus der Beratungstätigkeit oder anderen Tätigkeiten einzubeziehen sind.

Ausschluss als Abschluss-prüfung

Der Jahresabschlussprüfer ist durch die Gesellschafterversamm-lung zu wählen. Der Abschlussprüfer soll vor Ablauf des Wirt-schaftsjahres gewählt werden, dessen Jahresabschluss zu prüfen ist. Die Geschäftsleitung hat dem Jahresabschlussprüfer die Bestellung unverzüglich mitzuteilen.

Wahl des Abschlussprüfers

Die Durchführung der Jahresabschlussprüfung richtet sich nach §§ 320 bis 324 HGB. Danach ist das prüfungspflichtige Unternehmen verpflichtet, dem Abschlussprüfer alle zur Prüfung erforderlichen Unterlagen vorzulegen. Der Abschlussprüfer hat entsprechende Aus-kunftsrechte.

Gemäß § 321 HGB hat der Abschlussprüfer einen schriftlichen Prüfungsbericht zu erteilen. Gegenstand dieses Prüfungsberichtes muss nicht – wie früher üblich – die Erläuterung der einzelnen Posten der Bilanz und der Gewinn- und Verlustrechnung sein. Eine solche Berichterstattung erübrigt sich insbesondere dann, wenn der Jahresabschluss bereits durch einen Steuerberater oder durch einen anderen Wirtschaftsprüfer erstellt wurde und eine entsprechende Berichterstattung erfolgt ist.

Prüfungsbericht

Der Jahresabschlussprüfer ist verantwortlich dafür, dass die Prü-fung nach berufsüblichen Grundsätzen durchgeführt wird und dass das Prüfungsurteil aus Sicht des Abschlussprüfers zutreffend ist. Da der Jahresabschlussprüfer keine Vollprüfung durchführen kann, sondern sich mittels einer System- und Stichprobenprüfung ein

Urteil bilden muss, kann nicht ausgeschlossen werden, dass der Jahresabschluss trotzdem Fehler beinhaltet. Diese Tatsache wird in der Öffentlichkeit bisweilen nicht zur Kenntnis genommen. Die Verantwortlichkeit für die richtige Aufstellung des Jahresabschlusses obliegt der Geschäftsführung der Gesellschaft. Hieran ändert sich auch dadurch nichts, dass eine Jahresabschlussprüfung erfolgt ist und ein uneingeschränkter Bestätigungsvermerk erteilt wurde.

Der Abschlussprüfer hat den Prüfungsbericht zu unterzeichnen und den gesetzlichen Vertretern vorzulegen.

Hinsichtlich des zeitlichen Ablaufs bestehen Restriktionen lediglich darin, dass der geprüfte Jahresabschluss von der Gesellschafterversammlung festgestellt und bis zum Ablauf des Folgejahres dem Handelsregister einzureichen bzw. im Bundesanzeiger (große Gesellschaften) zu veröffentlichen ist.

5.11   Offenlegung

5.11.1 System der Offenlegung

GmbH & Co. KG

In der Europäischen Gemeinschaft gab es über lange Jahre einen Streit darüber, dass in der Bundesrepublik Deutschland die GmbH & Co. KG ihre Jahresabschlüsse weder zu prüfen noch offen zu legen hatte. Diese Situation ist dadurch entstanden, dass die GmbH & Co. KG eine Rechtsform ist, die in den meisten übrigen Ländern der Europäischen Gemeinschaft so nicht bekannt ist. Es handelt sich jedoch nicht um eine Kapitalgesellschaft, sondern um eine Personengesellschaft. Während die Bundesrepublik Deutschland die Auffassung vertrat, dass die GmbH & Co. KG als Personengesellschaft nicht offenlegungspflichtig ist, wurde durch die Vertreter der Europäischen Gemeinschaft die Auffassung vertreten, der Zwang zur Offenlegung müsste sich daraus ergeben, dass keine natürliche Person vorhanden ist, die unbeschränkt für die Verbindlichkeiten des Unternehmens haftet.

Das System der Offenlegung berücksichtigt die Wesentlichkeit des Unternehmens, welche aus den Größenkriterien (kleine; mittelgroße; große Gesellschaft) abgeleitet wird. Kleine und mittelgroße Gesellschaften genießen bei der Offenlegung gewisse Erleichterungen, die weiter unten beschrieben werden.

Art und Umfang der Offenlegung

EHUG

Die Jahresabschlüsse der Kapitalgesellschaften und der Kapital & Co. müssen nach den ab dem 1.1.2007 neu gefassten Regeln zur Offenlegung ihren Jahresabschluss beim Betreiber des elektronischen Bundesanzeigers einreichen. Die Einreichung hat unverzüglich nach seiner Vorlage an die Gesellschafter, jedoch spätestens vor Ablauf des 12. Monats des dem Abschlussstichtag folgenden Geschäftsjahres, zu erfolgen. Die Jahresabschlüsse werden dann für alle interessierten Personen zugänglich sein. Bezüglich des Umfangs der Offenlegung verbleibt es bei der Differenzierung von kleinen, mittelgroßen und großen Kapitalgesellschaften. Der Betreiber des elektronischen Bundesanzeigers überprüft zukünftig die Vollständigkeit und die fristgemäße Einreichung des Jahresabschlusses und des Lageberichts. Verstöße werden zukünftig mit Bußgeld geahndet.

5.11.2 Erleichterungen für mittelgroße Gesellschaften

Mittelgroße Gesellschaften dürfen bei der Offenlegung des Jahresabschlusses die Bilanz in der verkürzten Form darstellen, die dem Schema für kleine Gesellschaften entspricht. Wenn diese Bilanz in verkürzter Form offengelegt wird, müssen in der Bilanz oder im Anhang folgende Angaben zusätzlich erfolgen:

Bilanz in verkürzter Form

Auf der Aktivseite

A.I.2.	Geschäfts- oder Firmenwert
A.II.1.	Grundstücke, grundstücksgleiche Rechte und Bauten einschließlich der Bauten auf fremden Grundstücken
A.II.2.	technische Anlagen und Maschinen
A.II.3.	andere Anlagen, Betriebs- und Geschäftsausstattung
A.II.4.	geleistete Anzahlungen und Anlagen im Bau
A.III.1.	Anteile an verbundenen Unternehmen
A.III.2.	Ausleihungen an verbundene Unternehmen
A.III.3.	Beteiligungen
A.III.4.	Ausleihungen an Unternehmen, mit denen ein Beteiligungsverhältnis besteht
B.II.2.	Forderungen gegen verbundene Unternehmen
B.II.3.	Forderungen gegen Unternehmen, mit denen ein Beteiligungsverhältnis besteht
B.III.1.	Anteile an verbundenen Unternehmen
B.III.2.	eigene Anteile

Auf der Passivseite

C.1.	Anleihen,
	davon konvertibel
C.2.	Verbindlichkeiten gegenüber Kreditinstituten
C.6.	Verbindlichkeiten gegenüber verbundenen Unternehmen
C.7.	Verbindlichkeiten gegenüber Unternehmen, mit denen ein Beteiligungsverhältnis besteht

Hinsichtlich der Gewinn- und Verlustrechnung sehen die Vorschriften über die Offenlegung keine Erleichterung für die mittelgroße Gesellschaft vor. Hier muss jedoch darauf verwiesen werden, dass die mittelgroßen Gesellschaften bereits bei Aufstellung der Gewinn- und Verlustrechnung die Posten 1.–5. zum Rohergebnis zusammenfassen dürfen. Vgl. Kap. 5.7.3.

Sonstige Pflichtangaben

§ 285

Ferner sind im Anhang anzugeben:

1. zu den in der Bilanz ausgewiesenen Verbindlichkeiten

   a) der Gesamtbetrag der Verbindlichkeiten mit einer Restlaufzeit von mehr als fünf Jahren,

   b) der Gesamtbetrag der Verbindlichkeiten, die durch Pfandrechte oder ähnliche Rechte gesichert sind, unter Angabe von Art und Form der Sicherheiten;

2. entfällt;

3. der Gesamtbetrag der sonstigen finanziellen Verpflichtungen, die nicht in der Bilanz erscheinen und auch nicht nach § 251 anzugeben sind, sofern diese Angabe für die Beurteilung der Finanzlage von Bedeutung ist; davon sind Verpflichtungen gegenüber verbundenen Unternehmen gesondert anzugeben;

4. entfällt;

5. entfällt;

6. in welchem Umfang die Steuern vom Einkommen und vom Ertrag das Ergebnis der gewöhnlichen Geschäftstätigkeit und das außerordentliche Ergebnis belasten;

7. die durchschnittliche Zahl der während des Geschäftsjahrs beschäftigten Arbeitnehmer getrennt nach Gruppen;

8. bei Anwendung des Umsatzkostenverfahrens (§ 275 Abs. 3)

   a) entfällt,

   b) der Personalaufwand des Geschäftsjahrs, gegliedert nach § 275 Abs. 2 Nr. 6;

9. für die Mitglieder des Geschäftsführungsorgans, eines Aufsichtsrats, eines Beirats oder einer ähnlichen Einrichtung jeweils für jede Personengruppe

   a) die für die Tätigkeit im Geschäftsjahr gewährten Gesamtbezüge (Gehälter, Gewinnbeteiligungen, Bezugsrechte, Aufwandsentschädigungen, Versicherungsentgelte, Provisionen und Nebenleistungen jeder Art). In die Gesamtbezüge sind auch Bezüge einzurechnen, die nicht ausgezahlt, sondern in Ansprüche anderer Art umgewandelt oder zur Erhöhung anderer Ansprüche verwendet werden. Außer den Bezügen für das Geschäftsjahr sind die weiteren Bezüge anzugeben, die im Geschäftsjahr gewährt, bisher aber in keinem Jahresabschluss angegeben worden sind;

b) die Gesamtbezüge (Abfindungen, Ruhegehälter, Hinterbliebenenbezüge und Leistungen verwandter Art) der früheren
   Mitglieder der bezeichneten Organe und ihrer Hinterbliebenen. Buchstabe a Satz 2 und 3 ist entsprechend anzuwenden.
   Ferner ist der Betrag der für diese Personengruppe gebildeten
   Rückstellungen für laufende Pensionen und Anwartschaften
   auf Pensionen und der Betrag der für diese Verpflichtungen
   nicht gebildeten Rückstellungen anzugeben;

c) die gewährten Vorschüsse und Kredite unter Angabe der Zinssätze, der wesentlichen Bedingungen und der gegebenenfalls
   im Geschäftsjahr zurückgezahlten Beträge sowie die zugunsten dieser Personen eingegangenen Haftungsverhältnisse;

10. alle Mitglieder des Geschäftsführungsorgans und eines Aufsichts-
    rats, auch wenn sie im Geschäftsjahr oder später ausgeschieden
    sind, mit dem Familiennamen und mindestens einem ausgeschrie-
    benen Vornamen, einschließlich des ausgeübten Berufs und bei
    börsennotierten Gesellschaften auch der Mitgliedschaft in Auf-
    sichtsräten und andere Kontrollgremien im Sinne des § 125 Abs. 1
    Satz 3 des Aktiengesetzes. Der Vorsitzende eines Aufsichtsrats,
    seine Stellvertreter und ein etwaiger Vorsitzender des Geschäfts-
    führungsorgans sind als solche zu bezeichnen;

11. Name und Sitz anderer Unternehmen, von denen die Kapitalge-
    sellschaft oder eine für Rechnung der Kapitalgesellschaft han-
    delnde Person mindestens den fünften Teil der Anteile besitzt;
    außerdem sind die Höhe des Anteils am Kapital, das Eigenkapital
    und das Ergebnis des letzten Geschäftsjahrs dieser Unterneh-
    men anzugeben, für die ein Jahresabschluss vorliegt; auf die
    Berechnung der Anteile ist § 16 Abs. 2 und 4 des Aktiengesetzes
    entsprechend anzuwenden; ferner sind von börsennotierten Kapi-
    talgesellschaften zusätzlich alle Beteiligungen an großen Kapital-
    gesellschaften anzugeben, die fünf vom Hundert der Stimmrechte
    überschreiten;

11a. Name, Sitz und Rechtsform der Unternehmen, deren unbe-
     schränkt haftender Gesellschafter die Kapitalgesellschaft ist;

12. entfällt;

13. bei Anwendung des § 255 Abs. 4 Satz 3 die Gründe für die plan-
    mäßige Abschreibung des Geschäfts- oder Firmenwerts;

14. Name und Sitz des Mutterunternehmens der Kapitalgesellschaft,
    das den Konzernabschluss für den größten Kreis von Unterneh-
    men aufstellt, und ihres Mutterunternehmens, das den Konzern-
    abschluss für den kleinsten Kreis von Unternehmen aufstellt,
    sowie im Falle der Offenlegung der von diesen Mutterunterneh-
    men aufgestellten Konzernabschlüsse der Ort, wo diese erhältlich
    sind;

15. soweit es sich um den Anhang des Jahresabschlusses einer
    Personenhandelsgesellschaft im Sinne des § 264a Abs. 1 han-
    delt, Name und Sitz der Gesellschaften, die persönlich haftende
    Gesellschafter sind, sowie deren gezeichnetes Kapital.

16. dass die nach § 161 des Aktiengesetzes vorgeschriebene Erklärung abgegeben und den Aktionären zugänglich gemacht worden ist;

17. soweit es sich um ein Unternehmen handelt, das einen organisierten Markt im Sinne des § 2 Abs. 5 des Wertpapierhandelsgesetzes in Anspruch nimmt, für den Abschlussprüfer im Sinne des § 319 Abs. 1 Satz 1, 2 das im Geschäftsjahr als Aufwand erfasste Honorar für

    a) die Abschlussprüfung,

    b) sonstige Bestätigungs- oder Bewertungsleistungen,

    c) Steuerberatungsleistungen,

    d) sonstige Leistungen;

18. für jede Kategorie derivativer Finanzinstrumente

    a) Art und Umfang der Finanzinstrumente,

    b) der beizulegende Zeitwert der betreffenden Finanzinstrumente, soweit sich dieser gemäß den Sätzen 3 bis 5 verlässlich ermitteln lässt, unter Angabe der angewandten Bewertungsmethode sowie eines gegebenenfalls vorhandenen Buchwerts und des Bilanzpostens, in welchem der Buchwert erfasst ist;

19. für zu den Finanzanlagen (§ 266 Abs. 2 A. III.) gehörende Finanzinstrumente, die über ihrem beizulegenden Zeitwert ausgewiesen werden, da insoweit eine außerplanmäßige Abschreibung gemäß § 253 Abs. 2 Satz 3 unterblieben ist:

    a) der Buchwert und der beizulegende Zeitwert der einzelnen Vermögensgegenstände oder angemessener Gruppierungen sowie

    b) die Gründe für das Unterlassen einer Abschreibung gemäß § 253 Abs. 2 Satz 3 einschließlich der Anhaltspunkte, die darauf hindeuten, dass die Wertminderung voraussichtlich nicht von Dauer ist.

[2] Als derivative Finanzinstrumente im Sinne des Satzes 1 Nr. 18 gelten auch Verträge über den Erwerb oder die Veräußerung von Waren, bei denen jede der Vertragsparteien zur Abgeltung in bar oder durch ein anderes Finanzinstrument berechtigt ist, es sei denn, der Vertrag wurde geschlossen, um einen für den Erwerb, die Veräußerung oder den eigenen Gebrauch erwarteten Bedarf abzusichern, sofern diese Zweckwidmung von Anfang an bestand und nach wie vor besteht und der Vertrag mit der Lieferung der Ware als erfüllt gilt. [3] Der beizulegende Zeitwert im Sinne des Satzes 1 Nr. 18 Buchstabe b, Nr. 19 entspricht dem Marktwert, sofern ein solcher ohne weiteres verlässlich feststellbar ist. [4] Ist dies nicht der Fall, so ist der beizulegende Zeitwert, sofern dies möglich ist, aus den Marktwerten der einzelnen Bestandteile des Finanzinstruments oder aus dem Marktwert eines gleichwertigen Finanzinstruments abzuleiten, anderenfalls mit Hilfe allgemein anerkannter Bewertungsmodelle und -methoden zu

> bestimmen, sofern diese eine angemessene Annäherung an den Marktwert gewährleisten. [5] Bei der Anwendung allgemein anerkannter Bewertungsmodelle und -methoden sind die tragenden Annahmen anzugeben, die jeweils der Bestimmung des beizulegenden Zeitwerts zugrunde gelegt wurden. [6] Kann der beizulegende Zeitwert nicht bestimmt werden, sind die Gründe dafür anzugeben.

5.11.3   Erleichterungen für kleine Gesellschaften

Da die kleine Gesellschaft gemäß § 266 Abs. 1 Satz 3 HGB die Bilanz in verkürzter Form aufstellen darf, ergibt sich folgerichtig, dass eine Offenlegung auch in der verkürzten Form erfolgt. Da der Aussagegehalt der Bilanz in der verkürzten Form sehr eingeschränkt ist, wird man in der Praxis die Aufstellung der Bilanz in ungekürzter Form vornehmen. Es stellt sich dann jedoch die Frage, ob eine Offenlegung trotzdem in der Kurzform erfolgen kann. Hier könnte zunächst argumentiert werden, dass der Gesetzgeber eine Offenlegungserleichterung nicht gewollt hat und daher die abgekürzte Aufstellung der Bilanz für kleine Gesellschaften im Gesetz bei den Aufstellungsvorschriften und bei den Offenlegungsvorschriften normiert hat. Hiergegen lässt sich jedoch argumentieren, dass hinsichtlich der Offenlegung eine Gleichbehandlung aller kleinen Gesellschaften erwartet werden kann. Vielmehr ist durch diese Systematik sichergestellt worden, dass die kleine Gesellschaft das umfangreiche Gliederungsschema auch bei der Aufstellung nicht berücksichtigen muss. Man wird der letztgenannten Auslegung folgen können, was bedeutet, dass die Gesellschaft die Bilanz nach umfangreichem Gliederungsschema aufstellen kann und gleichwohl zur Offenlegung auf das abgekürzte Gliederungsschema zurückgreift. Das abgekürzte Gliederungsschema ist in Kapitel 5.6.2 dargestellt und abgebildet.

Offenlegung kleiner Gesellschaften

Die kleine Gesellschaft braucht die Gewinn- und Verlustrechnung nicht offen zu legen. Darüber hinaus dürfen bei der Offenlegung des Jahresabschlusses die Angaben zur Gewinn- und Verlustrechnung im Anhang unterbleiben. Hieraus ergibt sich hinsichtlich der Offenlegung die Verpflichtung zu folgenden Anhangsangaben:

§ 284

(1) In den Anhang sind diejenigen Angaben aufzunehmen, die zu den einzelnen Posten der Bilanz vorgeschrieben oder die im Anhang zu machen sind, weil sie in Ausübung eines Wahlrechts nicht in die Bilanz aufgenommen wurden.

Erläuterung der Bilanz

Sonstige Pflichtangaben

(2) Im Anhang müssen

1. die auf die Posten der Bilanz angewandten Bilanzierungs- und Bewertungsmethoden angegeben werden;

2. die Grundlagen für die Umrechnung in Euro angegeben werden, soweit der Jahresabschluss Posten enthält, denen Beträge zugrunde liegen, die auf fremde Währung lauten oder ursprünglich auf fremde Währung lauteten;

3. Abweichungen von Bilanzierungs- und Bewertungsmethoden angegeben und begründet werden; deren Einfluss auf die Vermögens-, Finanz- und Ertragslage ist gesondert darzustellen;

4. bei Anwendung einer Bewertungsmethode nach § 240 Abs. 4, § 256 Satz 1 die Unterschiedsbeträge pauschal für die jeweilige Gruppe ausgewiesen werden, wenn die Bewertung im Vergleich zu einer Bewertung auf der Grundlage des letzten vor dem Abschlussstichtag bekannten Börsenkurses oder Marktpreises einen erheblichen Unterschied aufweist;

5. Angaben über die Einbeziehung von Zinsen für Fremdkapital in die Herstellungskosten gemacht werden.

§ 285

Ferner sind im Anhang anzugeben:

1. zu den in der Bilanz ausgewiesenen Verbindlichkeiten

   a) der Gesamtbetrag der Verbindlichkeiten mit einer Restlaufzeit von mehr als fünf Jahren,

   b) der Gesamtbetrag der Verbindlichkeiten, die durch Pfandrechte oder ähnliche Rechte gesichert sind, unter Angabe von Art und Form der Sicherheiten;

2. entfällt;

3. entfällt;

4. entfällt;

5. entfällt;

6. entfällt;

7. entfällt;

8. bei Anwendung des Umsatzkostenverfahrens (§ 275 Abs. 3)

   a) entfällt,

   b) entfällt;

9. für die Mitglieder des Geschäftsführungsorgans, eines Aufsichtsrats, eines Beirats oder einer ähnlichen Einrichtung jeweils für jede Personengruppe

   a) entfällt;

   b) entfällt;

c) die gewährten Vorschüsse und Kredite unter Angabe der Zinssätze, der wesentlichen Bedingungen und der gegebenenfalls im Geschäftsjahr zurückgezahlten Beträge sowie die zugunsten dieser Personen eingegangenen Haftungsverhältnisse;

10. alle Mitglieder des Geschäftsführungsorgans und eines Aufsichtsrats, auch wenn sie im Geschäftsjahr oder später ausgeschieden sind, mit dem Familiennamen und mindestens einem ausgeschriebenen Vornamen, einschließlich des ausgeübten Berufs und bei börsennotierten Gesellschaften auch der Mitgliedschaft in Aufsichtsräten und anderen Kontrollgremien im Sinne des § 125 Abs. 1 Satz 3 des Aktiengesetzes. Der Vorsitzende eines Aufsichtsrats, seine Stellvertreter und ein etwaiger Vorsitzender des Geschäftsführungsorgans sind als solche zu bezeichnen;

11. Name und Sitz anderer Unternehmen, von denen die Kapitalgesellschaft oder eine für Rechnung der Kapitalgesellschaft handelnde Person mindestens den fünften Teil der Anteile besitzt; außerdem sind die Höhe des Anteils am Kapital, das Eigenkapital und das Ergebnis des letzten Geschäftsjahrs dieser Unternehmen anzugeben, für das ein Jahresabschluss vorliegt; auf die Berechnung der Anteile ist § 16 Abs. 2 und 4 des Aktiengesetzes entsprechend anzuwenden; ferner sind von börsennotierten Kapitalgesellschaften zusätzlich alle Beteiligungen an großen Kapitalgesellschaften anzugeben, die fünf vom Hundert der Stimmrechte überschreiten;

11a. Name, Sitz und Rechtsform der Unternehmen, deren unbeschränkt haftender Gesellschafter die Kapitalgesellschaft ist.

12. entfällt;

13. bei Anwendung des § 255 Abs. 4 Satz 3 die Gründe für die planmäßige Abschreibung des Geschäfts- oder Firmenwerts;

14. Name und Sitz des Mutterunternehmens der Kapitalgesellschaft, das den Konzernabschluss für den größten Kreis von Unternehmen aufstellt, und ihres Mutterunternehmens, das den Konzernabschluss für den kleinsten Kreis von Unternehmen aufstellt, sowie im Falle der Offenlegung der von diesen Mutterunternehmen aufgestellten Konzernabschlüsse der Ort, wo diese erhältlich sind;

15. soweit es sich um den Anhang des Jahresabschlusses einer Personenhandelsgesellschaft im Sinne des § 264 a Abs. 1 handelt, Name und Sitz der Gesellschaften, die persönlich haftende Gesellschafter sind, sowie deren gezeichnetes Kapital;

16. dass die nach § 161 AktG vorgeschriebene Erklärung abgegeben und den Aktionären zugänglich gemacht worden ist;

17. entfällt;

18. entfällt;

19. entfällt.

5.12   Zusammenfassung

Größenkriterien

Kapitalgesellschaften und die Kapital & Co. haben verschärfte Jahresabschlussvorschriften zu beachten. Es erfolgt durch das Gesetz eine Einteilung in kleine, mittelgroße und große Kapitalgesellschaften (die Kapital & Co. gilt als Kapitalgesellschaft im Sinne dieser Vorschriften). Die Größenkriterien sind die Bilanzsumme, der Umsatz und die Anzahl der Beschäftigten. Die Rechtsfolgen für die im § 267 HGB genannten Größenkriterien sind anzuwenden, wenn die Kapitalgesellschaft zwei von drei Kriterien in zwei aufeinanderfolgenden Jahren erfüllt. Für kleine und mittelgroße Kapitalgesellschaften gelten verschiedene Erleichterungen, d. h. sie brauchen nicht alle Vorschriften einzuhalten.

Jahresabschluss

Der Jahresabschluss besteht aus der Bilanz, der Gewinn- und Verlustrechnung und aus dem Anhang. Mittelgroße und große Kapitalgesellschaften müssen den Jahresabschluss um einen Lagebericht ergänzen. Der Jahresabschluss ist grundsätzlich innerhalb von drei Monaten nach Abschluss des Geschäftsjahres aufzustellen. Kleine Kapitalgesellschaften dürfen sich bis zu sechs Monaten Zeit nehmen, wenn dies einem geregelten Geschäftsgang entspricht. Bei der Aufstellung des Jahresabschlusses sind strenge Gliederungsvorschriften einzuhalten. Hinsichtlich der Gliederungsvorschriften gelten für kleine und mittelgroße Kapitalgesellschaften gewisse Erleichterungen. Das Gesetz sieht eine Reihe von Ausweiswahlrechten vor. Diese Ausweiswahlrechte sind jedoch für die Folgejahre grundsätzlich verbindlich (formelle Bilanzkontinuität). Zu jedem Posten der Bilanz und der Gewinn- und Verlustrechnung ist die Vorjahreszahl zusätzlich anzugeben.

Ausweisvorschriften

Zu verschiedenen Posten sind sogenannte »Davon-Vermerke« aufzunehmen, die zu dem jeweiligen Posten zu nennen sind. Teilweise ist eine alternative Angabe der »Davon-Vermerke« im Anhang zulässig.

Anhang

Die Gewinn- und Verlustrechnung kann nach dem Gesamtkostenprinzip oder nach dem Umsatzkostenprinzip aufgestellt werden. Im Anhang sind zusätzliche Angaben zum Jahresabschluss und zur Gesellschaft zu machen. Hier müssen die Angaben erfolgen, die in der Bilanz oder in der Gewinn- und Verlustrechnung zulässigerweise unterblieben sind. Weiterhin sind die angewandten Bewertungsgrundsätze darzulegen. In § 285 HGB ist ein Katalog von Angabepflichten enthalten, der sich auf Zusatzangaben zur Bilanz und zur Gewinn- und Verlustrechnung erstreckt und Angaben zur Belegschaft, Geschäftsleitung und zu Konzernbeziehungen fordert. Auch hinsichtlich des Umfangs des Anhangs genießen kleine und mittelgroße Kapitalgesellschaften gewisse Erleichterungen.

Der Lagebericht stellt die verbale Ergänzung zum Jahresabschluss dar. Es ist zumindest über den Geschäftsverlauf und die Lage der Kapitalgesellschaft zu berichten. Darüber hinaus sind Vorgänge von besonderer Bedeutung, die sich nach dem Abschlussstichtag ereignet haben, zu benennen. Es soll auf die voraussichtliche Entwicklung und auf die Forschung und Entwicklung des Unternehmens eingegangen werden. Wenn Zweigniederlassungen bestehen, ist auch über diese zu berichten.

Der Jahresabschluss der mittelgroßen und der großen Kapitalgesellschaft (und der Kapital & Co.) ist durch einen Abschlussprüfer zu prüfen.

Bei der Offenlegung gelten für die kleine und die mittelgroße **Offenlegung** Kapitalgesellschaft teilweise erhebliche Erleichterungen. Die kleine Kapitalgesellschaft braucht die Gewinn- und Verlustrechnung und die entsprechenden Anhangsangaben nicht offenzulegen.

6   Die Aufstellung der Bilanz

6.1   Aktivseite

6.1.1   Anlagevermögen
6.1.1.1   Immaterielle Vermögensgegenstände

Aktivseite

A. Anlagevermögen

    I. Immaterielle Vermögensgegenstände

      1. Konzessionen, gewerbliche Schutzrechte und ähnliche Rechte und Werte sowie Lizenzen an solchen Rechten und Werten

      2. Geschäfts- oder Firmenwert

      3. geleistete Anzahlungen

    II. Sachanlagen

    III. Finanzanlagen

6.1.1.1.1   Konzessionen, gewerbliche Schutzrechte und ähnliche Rechte und Werte sowie Lizenzen an solchen Rechten und Werten

Ansatz

Konzessionen, Schutzrechte und Lizenzen dürfen in die Bilanz nur aufgenommen (aktiviert) werden, wenn sie von einem Dritten entgeltlich erworben wurden. § 248 Abs. 2 HGB verbietet die Aktivierung unentgeltlich erworbener immaterieller Vermögensgegenstände. Dieses Aktivierungsverbot entspringt dem Gedanken des Gläubigerschutzes, während selbst erstellte materielle Vermögensgegenstände sehr wohl aktivierungsfähig und steuerrechtlich auch aktivierungspflichtig sind, misst der Gesetzgeber den immateriellen Vermögensgegenständen eine andere Qualität bei, getreu dem Motto, was man nicht sehen kann, ist nur dann was wert, wenn man etwas dafür bezahlt hat. Diese Haltung wird sicherlich auf längere Sicht im Informationszeitalter, in welchem immaterielle Vermögensgegenstände häufiger werden und an Bedeutung gewinnen, nicht aufrecht zu erhalten sein. Nach derzeitiger

Gesetzeslage wird man sich mit dem Bilanzierungsverbot jedoch abzufinden haben.

Bei Konzessionen kann es sich um behördliche Genehmigungen handeln, für die größere Aufwendungen getätigt wurden, denkbar ist auch, dass solche Konzessionen regelrecht gehandelt werden, so wie es früher bei den Güterverkehrskonzessionen üblich war. Die EDV-Software gehört grundsätzlich zu den immateriellen Vermögensgegenständen. Die dazugehörige Hardware ist unter der Position »andere Anlagen, Betriebs- und Geschäftsausstattung« auszuweisen. Sofern Computerhardware gekauft wird, auf welcher die Software bereits vorinstalliert ist, ist es nicht zu beanstanden, dass die Hardware einschließlich der Software unter der Geschäftsausstattung aktiviert wird, insbesondere dann, wenn eine wertmäßige Aufteilung nicht ohne Weiteres möglich ist.

Da immaterielle Vermögensgegenstände nur dann aktiviert werden dürfen, wenn sie entgeltlich von Dritten erworben wurden, können Herstellungskosten nicht vorliegen. Maßgeblich sind also allein die Anschaffungskosten für die immateriellen Vermögensgegenstände, welche in § 255 Abs. 1 HGB definiert sind. Zu den Anschaffungskosten gehören auch hier die direkt zuordnungsfähigen Anschaffungsnebenkosten. Solche direkt zuordnungsfähigen Anschaffungsnebenkosten liegen beispielsweise vor, wenn ein Erwerb von Konzessionen oder gewerblichen Schutzrechten durch eine ausführliche juristische Beratung begleitet wurde. Diese Beratungskosten wären in den Anschaffungskosten des immateriellen Vermögensgegenstandes direkt zuordnungsfähig und daher mit zu aktivieren. Hinzuweisen ist darauf, dass es sich bei den Anschaffungsnebenkosten um Kosten handelt, die zwingend zu den Anschaffungskosten gehören. Es besteht insoweit kein Wahlrecht. Der Bilanzierende kann allenfalls im Wege der Auslegung definieren, ob die Anschaffungsnebenkosten dem angeschafften immateriellen Vermögensgegenstand eindeutig zugeordnet werden können. Dies ist letztendlich aber eine Tatsachenentscheidung.

Bewertung

Die gewerblichen Schutzrechte, Konzessionen und ähnlichen Rechte und Lizenzen sind planmäßig abzuschreiben. Handelsrechtlich gilt dies auch dann, wenn die Rechte dem Unternehmen zeitlich unbegrenzt zur Verfügung stehen. Hier wird darauf abzustellen sein, wie lang diese Rechte voraussichtlich von dem Unternehmen genutzt werden. Es ist jedoch zu beachten, dass das Steuerrecht in § 7 Abs. 2 EStG die geometrisch degressive Abschreibung auf bewegliche Wirtschaftsgüter des Anlagevermögens beschränkt. Somit dürfen immaterielle Vermögensgegenstände steuerlich nur linear abgeschrieben werden. Die Abschreibung hat pro rata temporis (monatsweise) zu erfolgen.

Abschreibung

> **Beispiel:**
> *Der Erwerb einer Lizenz zur Nutzung einer bestimmten EDV-Software berechtigt den Erwerber der Lizenz in der Regel zur zeitlich unbegrenzten Nutzung des mit der Lizenz verbundenen EDV-Programms. Gleichwohl wird die EDV-Software nur für einen mehr oder weniger bestimmbaren Zeitraum eingesetzt werden, da davon auszugehen ist, dass diese Software dann gegen leistungsfähigere Software ausgetauscht wird. Da die Softwareentwicklung in der heutigen Zeit sehr schnell voranschreitet, wird man in vielen Fällen von einer betriebsgewöhnlichen Nutzungsdauer von zwei oder drei Jahren auszugehen haben. Dieser Entscheidung über die kurze Nutzungsdauer wird auch seitens der Finanzverwaltung in vielen Fällen heute nicht mehr widersprochen, auch wenn die sogenannten amtlichen Abschreibungstabellen eine deutlich längere Abschreibungsdauer vorsehen.*

Ausweis

Der Ausweis hat in der Bilanz unter A. I. 1. zu erfolgen. Weiterhin sind die Konzessionen, gewerblichen Schutzrechte und ähnlichen Rechte und die Werte sowie Lizenzen an solchen Rechten und Werten mit ihrer Entwicklung in den Anlagenspiegel aufzunehmen (§ 268 Abs. 2 HGB).

6.1.1.1.2 Geschäfts- oder Firmenwert

Ansatz

Ein Geschäfts- oder Firmenwert darf nur dann aktiviert werden, wenn er entgeltlich erworben wurde. Dieser Fall ist eigentlich nur dann gegeben, wenn ein Unternehmer oder ein Betrieb erworben wird, für den ein Kaufpreis gezahlt wird, der über die Verkehrswerte der aktivierungsfähigen Vermögensgegenstände hinausgeht (z. B. Kundenstamm). Dieser Geschäfts- oder Firmenwert darf gemäß § 255 Abs. 4 HGB aktiviert werden. Es handelt sich also insoweit um ein Aktivierungswahlrecht. Wird von dem Aktivierungswahlrecht kein Gebrauch gemacht, so ist dieser Betrag aufwandswirksam (außerordentliche Aufwendungen) zu verbuchen.

Steuerrechtlich besteht bei dem Geschäfts- oder Firmenwert eine Aktivierungspflicht. Will der Bilanzierende ein Abweichen der Handelsbilanz von der Steuerbilanz vermeiden, so wird er den Geschäfts- oder Firmenwert entsprechend den steuerrechtlichen Vorschriften in der Bilanz ansetzen.

Bei einem Unternehmenserwerb ist der Kaufpreis zunächst auf die angeschafften Vermögensgegenstände zu verteilen, wobei die Verteilung der Anschaffungskosten auf den einzelnen Vermögensgegenstand nicht über den Verkehrswert des jeweiligen Vermögensgegenstandes hinausgehen darf. Ist der Kaufpreis auf diese Weise verteilt worden, verbleibt ein Restpreis, bei dem es sich um den Geschäfts- oder Firmenwert handelt.

Bewertung

Der Geschäfts- oder Firmenwert, welcher im Grunde genommen kein immaterieller Vermögensgegenstand ist, sondern streng genommen als Bilanzierungshilfe einzuordnen ist, ist in den Anlagenspiegel aufzunehmen, in dem auch die Abschreibung darzustellen ist. Der Geschäfts- oder Firmenwert ist entweder planmäßig oder ab dem Folgejahr des Kaufs zu mindestens einem Viertel abzuschreiben. Die steuerliche Abschreibung gem. § 7 Abs. 1 Satz 3 EStG hat jedoch über 15 Jahre zu erfolgen.

Ausweis

6.1.1.1.3 Geleistete Anzahlungen

Die Frage, ob geleistete Anzahlungen auf immaterielle Vermögensgegenstände zu aktivieren sind, richtet sich strikt danach, ob der immaterielle Vermögensgegenstand, auf den die Anzahlungen geleistet wurden, später aktiviert werden soll oder muss. Werden die Anzahlungen auf einen immateriellen Vermögensgegenstand getätigt, welcher später nicht aktiviert werden soll, steht der Ansatz dieser Anzahlung grundsätzlich in Frage. Es hängt vom Einzelfall ab, ob hier ein Vermögensgegenstand geschaffen wurde oder ob diese Anzahlung als laufender Aufwand zu berücksichtigen ist.

Ansatz

Die Bewertung einer Anzahlung bereitet in der Regel keine Probleme. Sie erfolgen in Höhe des aufgewandten Betrages. Soweit die Anzahlung in ausländischer Währung erfolgte, ist zum Stichtag gegebenenfalls eine Abwertung vorzunehmen.

Bewertung

Der Ausweis einer geleisteten Anzahlung für einen immateriellen Vermögensgegenstand hängt davon ab, ob der immaterielle Vermögensgegenstand als solcher im Anlagevermögen aktiviert werden soll. Andernfalls ist die geleistete Anzahlung unter den sonstigen Vermögensgegenständen auszuweisen. Der Ausweis erfolgt unter A. I. 3. »Geleistete Anzahlungen«.

Ausweis

6.1.1.2 Sachanlagen

Sachanlagen sind in der Bilanz wie folgt zu gliedern:

Aktivseite

A. Anlagevermögen

   I. Immaterielle Vermögensgegenstände

   II. Sachanlagen

      1. Grundstücke, grundstücksgleiche Rechte und Bauten einschließlich der Bauten auf fremden Grundstücken

      2. technische Anlagen und Maschinen

      3. andere Anlagen, Betriebs- und Geschäftsausstattung

      4. geleistete Anzahlungen und Anlagen im Bau

   III. Finanzanlagen

6.1.1.2.1 Grundstücke, grundstücksgleiche Rechte und Bauten einschließlich der Bauten auf fremden Grundstücken

Ansatz

Unter dem Posten »Grundstücke, grundstücksgleiche Rechte und Bauten einschließlich der Bauten auf fremden Grundstücken« handelt es sich im Wesentlichen um die Immobilien des Unternehmens. Bei den Grundstücken handelt es sich um Grund und Boden, unabhängig davon, ob eine Bebauung vorliegt. Grundstücksgleiche Rechte sind dingliche Rechte, die bürgerlich-rechtlich wie Grundstücke behandelt werden (z. B. Erbpacht). Bauten sind alle Gebäude, die nach außen in Erscheinung treten und die zum Aufenthalt von Personen geeignet sind. Nicht nach außen in Erscheinung treten Mietereinbauten. Ein automatisiertes Hochregallager, welches für den Aufenthalt von Menschen während des Betriebs nicht geeignet ist, ist eine Betriebsvorrichtung und kein Gebäude. Bauten auf fremden Grundstücken liegen vor, wenn das Unternehmen ein Gebäude auf einem fremden Grundstück errichtet hat. Bürgerlich-rechtlich gehört dieses Gebäude zum Grundstück. Wirtschaftlich steht das Nutzungsrecht jedoch dem Gebäudenutzer zu.

Bewertung

Bei Anschaffungen ist eine sachgerechte Aufteilung der Anschaffungskosten auf das Grundstück, das Gebäude und die Außenanlagen vorzunehmen. Der Ausweis erfolgt zwar unter einem Bilanzposten; die Aufteilung ist jedoch für die Bemessung der Nutzungsdauer von Bedeutung. Grundstücke sind mit den Anschaffungskosten zu aktivieren. Hierzu gehören auch die anteiligen Anschaffungsnebenkosten (Grunderwerbsteuer, Notarkosten, die Umsatzsteuer, wenn eine Umsatzsteueroption nicht erfolgt). Da Grundstücke nicht abnutzbar sind, kann eine

Abschreibung nicht angesetzt werden. Etwas anderes gilt, wenn eine Abschreibung zur Beilegung des niedrigeren Werts erforderlich ist, weil der Wert des Grundstücks gesunken ist. Dies ist denkbar, wenn z.B. nach Erwerb baurechtliche Einschränkungen erfolgen, die zum Zeitpunkt des Erwerbs noch nicht bestanden haben. Für Gebäude, die nach dem 31.12.1924 fertig gestellt worden sind, beträgt die Abschreibung gemäß § 7 Abs. 4 Nr. 2a EStG 2%. Für ältere Gebäude können 2,5% Abschreibung in Anspruch genommen werden. Handelsrechtlich können andere Abschreibungssätze gewählt werden, wenn die Nutzungsdauer von den genannten Prozentsätzen abweicht. Steuerlich ist dies aber nur zulässig, wenn die abweichende Nutzungsdauer nachgewiesen wird. Die Abschreibung für neu errichtete Betriebsgebäude beträgt seit 2001 nach § 7 Abs. 4 EStG 3% (vorher 4%). Außenanlagen können linear mit 10% abgeschrieben werden. Selbständige Gebäudeteile, die nicht in einem einheitlichen Nutzungs- und Funktionszusammenhang mit dem Gebäude stehen (Betriebsvorrichtungen, Schaufensteranlagen, Scheinbestandteile), sind gesondert zu bewerten und abzuschreiben.

Der Ausweis erfolgt auf der Aktivseite unter A.II.1.»Grundstücke, **Ausweis** grundstücksgleiche Rechte und Bauten einschließlich der Bauten auf fremden Grundstücken«, wenn die Immobilie dauerhaft genutzt wird. Bei Unternehmen, die mit Immobilien handeln, ist die Aktivierung nicht im Anlagevermögen, sondern im Umlaufvermögen unter den Vorräten vorzunehmen. Statt des Ausweises unter dem Posten »Fertige Erzeugnisse und Waren« ist dann aber ein gesonderter Posten, z.B. mit der Bezeichnung »Grundstücke und Gebäude«, zu bilden (§ 265 Abs. 5 HGB). Lasten dingliche Sicherheiten auf dem Grundstück, so ist eine Angabe hierzu im Anhang gemäß § 285 Nr. 1b HGB erforderlich.

6.1.1.2.2 Technische Anlagen und Maschinen

Zu den technischen Anlagen und Maschinen zählen alle Anlagen, die **Ansatz** der Produktion dienen. Neben den eigentlichen Produktionsmaschinen sind dies produktionsbedingte, Rohrleitungen, Anlagen zur Kraftversorgung, Umspannwerke, Transportanlagen, Behälter usw. Nicht dazu gehören z.B. die Kraftanlagen zur Gebäudebeleuchtung. Ein besonderes Abgrenzungsproblem ergibt sich bei größeren Reparaturen, die auch aktivierungspflichtige Investitionen darstellen können.

Beispiel:
In einem Kaltwalzwerk wird in einer bestehenden Walzenstraße ein Walzgerüst ausgebaut und gegen ein neues, technisch deutlich besseres Gerüst ausgetauscht. Grundsätzlich liegt in diesem Fall ein aktivierungspflichtiger Erwerb vor. Ist die Walzenstraße jedoch als eine Einheit in den Büchern aktiviert, kann auch eine Reparatur vorliegen, die grundsätzlich betrieblichen Aufwand darstellen würde.

Bewertung

Die Bewertung der technischen Anlagen und Maschinen erfolgt zu Anschaffungs- oder Herstellungskosten im Jahr der Anschaffung bzw. Herstellung. Die Anschaffungs- oder Herstellungskosten sind um die Abschreibungen zu vermindern. Grundsätzlich kommt die lineare und die degressive Abschreibungsmethode in Betracht. Bei größeren Anlagen ist auch eine verbrauchsbedingte Abschreibung denkbar. Die Abschreibungshöhe richtet sich nach der betriebsgewöhnlichen Nutzungsdauer der Anlage. Eine Orientierung bieten hier die amtlichen Abschreibungstabellen, die für den Steuerpflichtigen aber nicht bindend sind.

Ausweis

Hinsichtlich des Ausweises sind Abgrenzungsprobleme zu anderen Bilanzpositionen denkbar. Der klassische Fall ist eine Aufzuganlage. Besteht diese Aufzuganlage zum Zweck, Teile, die sich im Fertigungsprozess befinden, von einem Produktionsbereich in einen anderen Produktionsbereich zu befördern, liegt eine Betriebsvorrichtung vor, welche zu den technischen Anlagen zählt, obwohl es sich zivilrechtlich um einen Gebäudebestandteil handelt. Wird der Aufzug jedoch für vielfältige Zwecke (insbesondere der Personenbeförderung) eingesetzt, ist er den Gebäuden zuzurechnen.

Die Entwicklung der Position ist im Anlagengitter darzustellen. Der Ausweis erfolgt unter A. II. 2. »Technische Anlagen und Maschinen«.

6.1.1.2.3   Andere Anlagen, Betriebs- und Geschäftsausstattung

Ansatz

Bei den anderen Anlagen, Betriebs- und Geschäftsausstattung handelt es sich um eine Sammelposition, in der die Vermögensgegenstände des technischen und des kaufmännischen Bereichs zusammengefasst ausgewiesen werden. Vermögensgegenstände, die der Ausstattung des Produktionsbetriebs dienen, aber nicht Bestandteil einer technischen Anlage sind, gehören zur Betriebsausstattung (typische Betriebsausstattungen sind Werkstatteinrichtungen, Vorrichtungen, usw.). Vermögensgegenstände, die dem kaufmännischen Bereich zugeordnet werden, sind Geschäftsausstattung. Hierzu gehören insbesondere die Büroeinrichtung, die Personenfahrzeuge, Kopiergeräte usw.). Der Begriff der anderen Anlagen soll lediglich verdeutlichen, dass unter dieser Position sämtliche zur Verfügung stehenden Gegenstände des Sachanlagevermögens erfasst werden sollen, die nicht als technische Anlage und Maschine oder als Immobilie ausgewiesen werden können. Die Position der anderen Anlagen, Betriebs- und Geschäftsausstattung hat hinsichtlich des Sachanlagevermögens damit zugleich eine Auffangfunktion, um die Vollständigkeit des Ausweises der Sachanlagen zu gewährleisten.

Bewertung

Es gelten die Bewertungsgrundsätze des § 255 HGB, wonach die Anschaffungs- bzw. Herstellungskosten entsprechend zu ermitteln sind. Soweit die Vermögensgegenstände nur zeitlich beschränkt genutzt werden können, also abnutzbar sind, sind planmäßige Abschreibungen vorzunehmen.

Die Entwicklung der Position ist im Anlagengitter darzustellen. **Ausweis** Wenn die Position wertmäßig sehr wesentlich ist, muss überprüft werden, ob im Anhang die Zusammensetzung des Postens aus anderen Anlagen, Betriebs- und Geschäftsausstattung darzustellen ist. Dies ist dann sachgerecht, wenn dies zur Beurteilung der Vermögenslage der Gesellschaft von Bedeutung ist. Der Ausweis erfolgt unter A.II.3. »Andere Anlagen, Betriebs- und Geschäftsausstattung«.

6.1.1.2.4 Geleistete Anzahlungen und Anlagen im Bau

Wenn das Unternehmen für die Anschaffung eines Sachanlage- **Ansatz** gegenstandes Anzahlungen geleistet hat, sind diese stets zu aktivieren. Neben geleisteten Anzahlungen werden unter dieser Position auch alle Aufwendungen für die Herstellung eines Vermögensgegenstandes des Sachanlagevermögens aktiviert, wenn dieser zum Bilanzstichtag noch nicht fertiggestellt ist. Eine Unterscheidung von Eigen- und Fremdkapitalleistungen erfolgt nicht. Soweit jedoch Kosten enthalten sind, die später nicht aktivierungsfähig oder aktivierungspflichtig sind, so gehören diese nicht unter die geleisteten Anzahlungen.

Beispiel:
Es werden Anzahlungen für eine Baumaßnahme geleistet, die Reparaturaufwendungen darstellen und nicht zu einer Aktivierung führen.

Lösung:
Die geleisteten Anzahlungen sind nicht aktivierungsfähig und müssen sofort als Reparaturaufwand (sonstige betriebliche Aufwendungen) gebucht werden.

Liegt ein Fall vor, in welchem ein Sachanlagegegenstand vom Unternehmen selbst hergestellt wird (Herstellungskosten), so sind diese Aufwendungen für Anlagen im Bau zu aktivieren.

Die Aufwendungen, welche für Anlagen im Bau getätigt wurden **Bewertung** (Herstellungskosten), sind nach den Grundsätzen der Kostenrechnung zu ermitteln. Alle die Aufwendungen, die nach § 255 HGB zu den Herstellungskosten gehören, sind nach den dort beschriebenen Grundsätzen zu den Anlagen im Bau zu aktivieren. Planmäßige Abschreibungen sind nicht zulässig. Diese erfolgen erst nach der Fertigstellung und Aktivierung. Dagegen sind außerplanmäßige Abschreibungen erlaubt.

Nachdem der Vermögensgegenstand, auf den die Anzahlungen geleistet wurden, im Sachanlagevermögen aktiviert wurde, ist der unter den geleisteten Anzahlungen ausgewiesene Betrag entsprechend umzubuchen. Diese Umbuchung ist im Anlagengitter darzustellen. Ist mit einem Zugang des Vermögensgegenstandes nicht mehr zu rechnen, jedoch mit der Rückzahlung der Anzahlung, ist eine Umgliederung zum Posten »Sonstige Vermögensgegenstände« vorzunehmen. Der Ausweis hat unter A. II. 4. »Geleistete Anzahlungen und Anlagen im Bau« zu erfolgen.

6.1.1.3 Finanzanlagen

Finanzanlagen sind in der Bilanz wie folgt zu gliedern:

Aktivseite

A. Anlagevermögen

   I. Immaterielle Vermögensgegenstände

   II. Sachanlagen

   III. Finanzanlagen

      1. Anteile an verbundenen Unternehmen

      2. Ausleihungen an verbundene Unternehmen

      3. Beteiligungen

      4. Ausleihungen an Unternehmen, mit denen ein Beteiligungsverhältnis besteht

      5. Wertpapiere des Anlagevermögens

      6. sonstige Ausleihungen

6.1.1.3.1 Anteile an verbundenen Unternehmen

Ansatz

Verbundene Unternehmen im Sinne des HGB sind solche Unternehmen, die als Mutter- oder Tochterunternehmen nach § 290 HGB in den Konzernabschluss nach den Vorschriften über die Vollkonsolidierung einzubeziehen sind. Dies gilt auch dann, wenn die Einbeziehung in den Konsolidierungskreis aus anderen Gründen unterbleiben kann.

Pflicht zur Konzernrechnungslegung

Die Pflicht zur Konzernrechnungslegung wird in § 290 HGB für Kapitalgesellschaften und Kapital & Co. geregelt. Zur Konzernrechnungslegung sind die Unternehmen verpflichtet, die eine Beteiligung im Sinne von § 271 Abs. 1 HGB besitzen und die einheitliche Leitung über die Tochtergesellschaften ausüben oder wenn ihnen unabhängig davon die Mehrheit der Stimmrechte zusteht, sie das Recht haben, die Mehrheit der Mitglieder des Verwaltungs-, Leitungs- oder Aufsichtsorgans der Tochtergesellschaft zu bestellen oder abzuberufen und gleichzeitig Gesellschafter dieses Unternehmens sind oder das Recht haben, einen beherrschenden Einfluss auf Grund eines abgeschlossenen Beherrschungsvertrages oder einer Satzungsbestimmung auszuüben. Hinsichtlich der Definition der Beteiligung siehe Kapitel 6.1.1.3.3.

Checkliste zur Prüfung des Vorliegens eines Unternehmensverbundes

✔ Liegt ein Beherrschungsvertrag oder eine einheitliche Leitung oder die Mehrheit der Stimmrechte vor?

✔ Liegt eine Beteiligung vor?

✔ Nur wenn neben der Beteiligung noch ein weiteres Kriterium (einheitliche Leitung oder Mehrheit der Stimmrechte oder Beherrschungsvertrag) vorliegt, handelt es sich um ein verbundenes Unternehmen.

Checkliste

Anteile an verbundenen Unternehmen sind mit ihren Anschaffungskosten anzusetzen. Hierbei kommt es auf die tatsächlichen Anschaffungskosten im Sinne von § 255 Abs. 1 HGB an. Bei diesen Anschaffungskosten muss es sich nicht um einen korrespondierenden Posten zu dem Eigenkapitalausweis des Tochterunternehmens handeln.

Bewertung

Beispiel:
Das Mutterunternehmen M erwirbt an dem Tochterunternehmen T alle Anteile (100 %) zum Preis von 1 Mio. €. Der Eigenkapitalausweis des Tochterunternehmens T beläuft sich einschließlich Gewinnrücklagen auf 550.000 €.

Lösung:
Die Aktivierung der Anteile hat mit 1 Mio. € zu erfolgen, da dies der Betrag ist, den das Mutterunternehmen zum Erwerb der Anteile aufgewandt hat. Das tatsächlich vorhandene bilanzielle Eigenkapital in Höhe von 550.000 € ist im Einzelabschluss des Mutterunternehmens ohne Bedeutung. Eine außerplanmäßige Abschreibung auf den niedrigeren beizulegenden Wert wird es in diesem Fall zunächst nicht geben können, da davon auszugehen ist, dass es sich um den tatsächlichen Marktwert handelt. Eine Abwertung kommt allenfalls dann in Betracht, wenn das Mutterunternehmen nach Erwerb der Anteile feststellt, dass es bisher nicht gekannte Gründe gibt, nach dem die Beteiligung nicht 1 Mio. € wert ist. Aber auch dann spielt der tatsächliche Eigenkapitalausweis der Tochterunternehmung keine bedeutende Rolle bei der Bewertung des Unternehmens. Der tatsächliche Eigenkapitalausweis des Tochterunternehmens könnte hingegen als Wertuntergrenze bei der Bewertung Berücksichtigung finden.

Die Beteiligung an dem verbundenen Unternehmen ist in das Anlagengitter aufzunehmen. Weiterhin ist eine Angabe nach § 285 Nr. 11 HGB im Anhang erforderlich, in welchem Name und Sitz des verbundenen Unternehmens mit der Höhe des Anteils am Kapital, mit Angabe des Eigenkapitals und des Ergebnisses des letzten Geschäftsjahres dieses Unternehmens anzugeben ist.

Sind bei einer Kapital & Co. Anteile an der Komplementärin aktiviert, muss auf der Passivseite der Bilanz ein Ausgleichsposten für aktivierte eigene Anteile hinter dem Eigenkapital gebildet werden (§ 264c Abs. 4 Satz 2 HGB). Hierzu wird auf Kapitel 6.2.3.4.2 verwiesen.

Checkliste

Dieser Checkliste können Sie entnehmen, welche Angaben im Anhang enthalten sein sollten:

✔ der Name des Unternehmens,

✔ der Sitz des Unternehmens,

✔ die Höhe am Anteil des Kapitals,

✔ die Höhe des Eigenkapitals des Tochterunternehmens,

✔ das Ergebnis des letzten Geschäftsjahres, für das ein Jahresabschluss vorliegt.

6.1.1.3.2 Ausleihungen an verbundene Unternehmen

Ansatz

Ausleihungen sind Finanz- und Kapitalforderungen, die dauerhaft dem Geschäftsbetrieb des Unternehmens dienen.

Beispiel:

Mutterunternehmen M gibt dem Tochterunternehmen T, an welchem M 100 % der Anteile hält, ein langfristiges Finanzierungsdarlehen in Höhe von 5 Mio. € zum Aufbau einer neuen Produktionsstätte. Bei der Hingabe eines solchen Darlehens ist grundsätzlich davon auszugehen, dass das Mutterunternehmen dieses Darlehen im eigenen Interesse gewährt. Würde ein solches Interesse nicht vorliegen, würde das Mutterunternehmen ein solches Darlehen sicherlich nicht gewähren.

Lösung:

T ist ein verbundenes Unternehmen. Diesem verbundenen Unternehmen wurde ein langfristiges Darlehen gewährt, welches somit unter dem Posten »Ausleihungen an verbundene Unternehmen« auszuweisen ist.

Bewertung

Die Bewertung der Ausleihungen an verbundenen Unternehmen ist wie folgt vorzunehmen: Gemäß § 253 Abs. 1 Satz 1 HGB sind Forderungen mit ihren Anschaffungskosten zu bewerten. Die Höhe der

Anschaffungskosten entspricht in der Regel dem Darlehensbetrag. Da ein Darlehen »nicht abnutzbar« ist, sind planmäßige Abschreibungen selbstverständlich nicht vorzunehmen. Dies schließt jedoch nicht aus, dass außerplanmäßige Abschreibungen vorzunehmen sind, wenn das Darlehen notleidend wird, was immer dann der Fall ist, wenn die Darlehensnehmerin ihre Zinsen oder Tilgungsraten nicht mehr vollständig oder pünktlich leisten kann oder weil die wirtschaftliche Situation der Darlehensnehmerin insgesamt notleidend wird. Wurde in früheren Jahren ein Teil des Darlehens aus den vorgenannten Gründen abgeschrieben, so ist eine Zuschreibung nach § 280 Abs. 1 HGB (Wertaufholungsgebot) erforderlich, wenn die Gründe für die Abschreibung entfallen sind. Die Bewertung des Darlehens ist also in jedem Abschluss erneut zu überprüfen.

Die Ausleihungen an verbundene Unternehmen sind in das Anlagengitter aufzunehmen. Etwaige Abschreibungen oder spätere Zuschreibungen sind in den entsprechenden Spalten zu verbuchen. Tilgungen sind in der Abgangsspalte darzustellen.   **Ausweis**

6.1.1.3.3 Beteiligungen

Eine Beteiligung im Sinne des HGB liegt dann vor, wenn das bilanzierende Unternehmen Anteile an einem anderen Unternehmen hält, die dazu bestimmt sind, dem eigenen Geschäftsbetrieb durch Herstellung einer dauerhaften Verbindung zu jenem Unternehmen zu dienen. Grundsätzlich ist das Vorliegen einer Beteiligung an keine bestimmte Höhe der Anteile gebunden. Als Beteiligung gelten im Zweifel Anteile an einer Kapitalgesellschaft, die insgesamt 20 % des Nennkapitals an diesem Unternehmen überschreiten. Beteiligungen an einer Personengesellschaft sind grundsätzlich als Beteiligung im Sinne des § 271 Abs. 1 HGB anzusehen.   **Beteiligungen**   **Ansatz**

Hinsichtlich der Bewertung von Beteiligungen wird zur Vermeidung von Wiederholungen auf Kapitel 6.1.1.3.1 verwiesen.   **Bewertung**

Der Ausweis der Beteiligungen erfolgt unter Aktiva A. III. 3. Ein Ausweis unter dem Posten »Beteiligungen« kommt nur dann in Betracht, wenn die Beteiligung nicht zugleich als Anteilsbesitz an verbundenen Unternehmen zu beurteilen ist. Es ist also zunächst zu überprüfen, ob Anteile an einem verbundenen Unternehmen (siehe Kapitel 6.1.1.3.1) vorliegen.   **Ausweis**

Die Beteiligung ist im Anlagengitter darzustellen. Die Darstellungstechnik entspricht dem Ausweis der Anteile an verbundenen Unternehmen (siehe Kapitel 6.1.1.3.1).

Sind bei einer Kapital & Co. Anteile an der Komplementärin aktiviert, muss auf der Passivseite der Bilanz ein Ausgleichsposten für aktivierte eigene Anteile hinter dem Eigenkapital gebildet werden (§ 264c Abs. 4 Satz 2 HGB). Hierzu wird auf Kapitel

6.2.3.4.2 verwiesen. Im Anhang ist der Anteilsbesitz gemäß § 285 Nr. 11 HGB nur dann anzugeben, wenn das bilanzierende Unternehmen mindestens 20 % der Anteile an dem Beteiligungsunternehmen hält. Hier ist zu beachten, dass bei einer Beteiligung an einer Kapitalgesellschaft regelmäßig dann von einer Beteiligung gesprochen wird, wenn das bilanzierende Unternehmen mehr als 20 % der Anteile hält. Die Anhangsangabe stellt aber darauf ab, dass eine Kapitalbeteiligung von mindestens 20 % vorliegt.

Tipp

Nicht jede Beteiligung, die in der Bilanz unter Beteiligungen auszuweisen ist, ist im Anhang unter dem Beteiligungsbesitz auszuweisen.

Checkliste

Ist der Beteiligungsbesitz im Anhang anzugeben (beträgt die Beteiligung also mindestens 20 % des Kapitals der anderen Unternehmung), so müssen die in der folgenden Checkliste aufgeführten Angaben gemacht werden:

✔ der Name des Unternehmens,

✔ der Sitz des Unternehmens,

✔ die Höhe am Anteil des Kapitals,

✔ die Höhe des Eigenkapitals des Tochterunternehmens,

✔ das Ergebnis des letzten Geschäftsjahres, für das ein Jahresabschluss vorliegt.

6.1.1.3.4   Ausleihungen an Unternehmen, mit denen ein Beteiligungsverhältnis besteht

Ansatz

Der Ansatz der Ausleihungen an Unternehmen, mit denen ein Beteiligungsverhältnis besteht, ist wie folgt vorzunehmen: Als Ausleihungen sind nur die dauerhaft dem Geschäftsbetrieb dienenden Finanz- und Kapitalforderungen zu aktivieren, welche gegenüber einem Beteiligungsunternehmen bestehen. Es ist also zunächst zu prüfen, ob die Ausleihung an ein verbundenes Unternehmen erfolgte. Ist das der Fall, ist die Ausleihung auf der Aktivseite unter dem Posten A. III. 2. »Ausleihungen an verbundene Unternehmen« vorzunehmen. Der Ansatz unter dem Posten A. III. 4. »Ausleihungen an Unternehmen, mit denen ein Beteiligungsverhältnis besteht« erfolgt also nur, wenn die Beteiligung nicht die Kriterien eines verbundenen Unternehmens erfüllt. Im Übrigen gelten hinsichtlich des Ansatzes an Ausleihungen an Unternehmen, mit denen ein Beteiligungsverhältnis besteht, die Grundsätze, die bei Ausleihungen an verbundene Unternehmen (siehe Kapitel 6.1.1.3.2) genannt wurden.

Hinsichtlich der Bewertung wird auf die Ausführungen in Kapitel 6.1.1.3.2 (Ausleihungen an verbundene Unternehmen) verwiesen.

Bewertung

Der Ausweis der Ausleihungen an Unternehmen, mit denen ein Beteiligungsverhältnis besteht, erfolgt unter Aktiva A. III. 4.

Ausweis

Die Ausleihungen an Unternehmen, mit denen ein Beteiligungsverhältnis besteht, sind im Anlagengitter darzustellen. Bezüglich der Ausweistechnik im Anlagengitter wird auf Kapitel 6.1.1.3.2 (Ausweis von Ausleihungen an verbundene Unternehmen) verwiesen.

6.1.1.3.5   Wertpapiere des Anlagevermögens

Unter diesem Posten sind alle Wertpapiere des Unternehmens aufzunehmen, die dem Geschäftsbetrieb des bilanzierenden Unternehmens dauerhaft dienen sollen. Nicht unter die Wertpapiere des Anlagevermögens gehören Anteile an verbundenen Unternehmen und Anteile an Unternehmen, mit denen ein Beteiligungsverhältnis besteht. Der Ausweis von Beteiligungsanteilen unter dem Posten »Anteile an verbundenen Unternehmen« bzw. »Beteiligungen« hat Vorrang vor einem Ausweis unter den Wertpapieren des Anlagevermögens. Der Ansatz des Wertpapierbesitzes umfasst festverzinsliche und variabel verzinsliche Anlagen.

Ansatz

Die Bewertung der Wertpapiere des Anlagevermögens hat mit den Anschaffungskosten zu erfolgen. Ist der Wert am Bilanzstichtag niedriger als die Anschaffungskosten, so kann dieser niedrigere beizulegende Wert angesetzt werden. Die Abwertung muss vorgenommen werden, wenn die Wertminderung voraussichtlich dauerhaft sein wird. Entfällt in späteren Jahren der Grund für die Abschreibung (ist z. B. der Börsenpreis wieder gestiegen), so ist eine Wertaufholung vorzunehmen, die jedoch die ursprünglichen Anschaffungskosten nicht überschreiten darf.

Bewertung

Der Ausweis der Wertpapiere des Anlagevermögens ist unter Aktiva A. III. 5. vorzunehmen. Die Wertpapiere des Anlageermögens sind im Anlagengitter auszuweisen. Soweit Abwertungen vorgenommen wurden, sind diese im Anlagengitter unter den Abschreibungen darzustellen. Spätere Wertaufholungen sind unter den Zuschreibungen zu vermerken. Denkbar ist, dass der Aktienbesitz, der unter den Wertpapieren des Anlagevermögens ausgewiesen wird, eine Anhangsangabe über den Beteiligungsbesitz (§ 285 Nr. 11 HGB) auslöst. Dies ist dann der Fall, wenn exakt 20 % des gesamten Aktienkapitals des Beteiligungsunternehmens gehalten werden. In diesem Fall liegt per Definition des § 271 Abs. 1 HGB noch keine Beteiligung im Sinne des HGB vor; gleichwohl sind die Voraussetzungen für die Angabe des Beteiligungsbesitzes im Anhang (Anteil am Kapital mindestens 20 %) erforderlich.

Ausweis

6.1.1.3.6   Sonstige Ausleihungen

Ansatz

Sonstige Ausleihungen sind Kapital- und Darlehensforderungen, welche dem bilanzierenden Unternehmen dauerhaft dienen.

Bewertung

Hinsichtlich der Bewertung wird auf die Kapitel 6.1.1.3.2 und 6.1.1.3.4 verwiesen.

Ausweis

Der Ausweis der sonstigen Ausleihungen ist unter Aktiva A. III. 6. vorzunehmen. Der Ausweis von Ausleihungen erfolgt nur dann unter den sonstigen Ausleihungen, wenn es sich nicht um Ausleihungen an verbundene Unternehmen oder an Unternehmen, mit denen ein Beteiligungsverhältnis besteht, handelt. Soweit die Ausleihungen an einen Gesellschafter einer GmbH oder an einen Gesellschafter einer GmbH & Co. KG erfolgten, müssen diese unter einem gesonderten Posten ausgewiesen (Ausleihungen an Gesellschafter) oder im Anhang angegeben werden. Soll ein gesonderter Posten nicht gebildet werden,

Ausleihungen an Gesellschafter

so kann der Ausweis auch unter den sonstigen Ausleihungen erfolgen. Es muss dann aber ein Davon-Vermerk (sonstige Ausleihungen; davon an Gesellschafter) oder eine Angabe im Anhang erfolgen. Die sonstigen Ausleihungen müssen im Anlagengitter dargestellt werden. Diesbezüglich wird auf Kapitel 6.1.1.3.1 verwiesen.

6.1.2   Umlaufvermögen

6.1.2.1   Vorräte

Der Posten »Umlaufvermögen« ist in der Bilanz wie folgt zu gliedern:

Aktivseite

B. Umlaufvermögen

   I. Vorräte

      1. Roh-, Hilfs- und Betriebsstoffe

      2. unfertige Erzeugnisse, unfertige Leistungen

      3. fertige Erzeugnisse und Waren

      4. geleistete Anzahlungen

   II. Forderungen und sonstige Vermögensgegenstände

   III. Wertpapiere

   IV. Kassenbestand, Bundesbankguthaben, Guthaben bei Kreditinstituten und Schecks

---

6.1.2.1.1   Roh-, Hilfs- und Betriebsstoffe

Ansatz

Der Ansatz der Roh-, Hilfs- und Betriebsstoffe ist wie folgt vorzunehmen: Rohstoffe sind alle Materialien, die unmittelbar in das Erzeugnis eingehen und einen wesentlichen Bestandteil des Erzeugnisses darstellen. Hilfsstoffe gehen ebenfalls in die Erzeugnisse ein. Sie sind aber kein wesentlicher Bestandteil (z.B. Lacke bei einem PKW, Schrauben, Verbindungselemente usw.). Betriebsstoffe gehen dagegen nicht in das Produkt ein. Sie sind aber erforderlich, um ein Produkt herzustellen. Klassische Betriebsstoffe sind daher Brenn- und Schmierstoffe.

Die Roh-, Hilfs- und Betriebsstoffe sind mit ihren Anschaffungskosten zu bewerten, soweit nicht eine Abwertung erforderlich ist. Eine Abwertung ist dann erforderlich, wenn der Börsen- oder Marktpreis der Roh-, Hilfs- und Betriebsstoffe am Bilanzstichtag niedriger ist als die Einstandskosten des Unternehmens. Der Marktpreis lässt sich in der Praxis häufig dadurch überprüfen, indem man bei gleichartigen Stoffen die letzten Anschaffungskosten überprüft. Befindet sich noch Material aus früheren Lieferungen zu einem höheren Wert in den Büchern, so ergibt sich hieraus bereits ein Abwertungsbedarf. Weiterhin können Abwertungen erforderlich sein, wenn die Roh-, Hilfs- und Betriebsstoffe technisch nicht mehr einwandfrei zu verwenden sind oder die Verwendung wegen der Umstellung der Produktion nicht mehr oder in nicht absehbarer Zeit erfolgen wird (Überbestände). Handelt es sich um verdorbene Stoffe, so ist zu überprüfen, ob ein Schrotterlös erzielt werden kann. Handelt es sich um Überbestände oder Bestände, die schlichtweg nicht mehr in die Produktion eingehen können, so ist zu prüfen, ob sich ein nennenswerter Verkaufserlös am Markt erzielen lässt.

Bei der Bewertung der Roh-, Hilfs- und Betriebsstoffe spielt das unterstellte Verbrauchsfolgeverfahren eine bedeutende Rolle. Sofern die Anschaffungs- oder Herstellungskosten nicht individuell ermittelt werden, können folgende Verfahren angewendet werden:

- die Durchschnittsmethode,
- das Verbrauchsfolgeverfahren,
- die Gruppenbewertung.
- die Festbewertung,

Nach der Durchschnittsmethode wird aus Anfangsbestand und Zugängen ein gewogener Durchschnittspreis ermittelt (laufend, monatlich oder jährlich), mit dem dann Abgänge und Endbestand bewertet werden.

Die Verbrauchsfolgeverfahren gehen von der Fiktion aus, dass eine bestimmte Reihenfolge bei der Lagerentnahme eingehalten wird. Für den Wertansatz gleichartiger Vermögensgegenstände des Vorratsvermögens kann lt. § 256 Satz 1 HGB unterstellt werden, dass die zuerst oder zuletzt angeschafften oder hergestellten Vermögensgegenstände zuerst oder in einer bestimmten Reihenfolge verbraucht oder veräußert werden. Die Verbrauchsfolge kann dabei unterstellt werden und braucht nicht mit der tatsächlichen Reihenfolge übereinstimmen. Handelsrechtlich zulässig sind bspw. das Last-in-first-

Bewertung (margin)

Strenges Niederstwertprinzip (margin)

Verbrauchsfolgeverfahren (margin)

Durchschnittsmethode (margin)

Verbrauchsfolgeverfahren (margin)

out- (Lifo-), das Highest-in-first-out- (Hifo-) und das First-in-first-out- (Fifo-) Verfahren. Steuerlich zulässig ist allerdings nur die Lifo-Methode, sofern diese auch in der Handelsbilanz angewendet wird und den GoB entspricht. Man unterscheidet das permanente Lifo, welches eine laufende mengen- und wertmäßige Erfassung aller Zu- und Abgänge voraussetzt und das Perioden-Lifo, wo der Bestand lediglich zum Ende des Wirtschaftsjahres bewertet wird.

Gruppenbewertung   Auch die Gruppenbewertung kann auf gleichartige Vermögensgegenstände des Vorratsvermögens angewendet werden, sowie auf andere annähernd gleichwertige bewegliche Vermögensgegenstände und Schulden. Sie ist handels- und steuerrechtlich anerkannt. Die zu einer Gruppe zusammengefassten Vermögensgegenstände werden mit dem gewogenen Durchschnittswert angesetzt.

Festwert   Ein Festwert kann für Vermögensgegenstände des Sachanlagevermögens sowie für Roh-, Hilfs- und Betriebsstoffe angesetzt werden. Voraussetzung ist, dass diese regelmäßig ersetzt werden, nur geringen Veränderungen in Größe, Wert und Zusammensetzung unterliegen und für das Unternehmen von nachrangiger Bedeutung sind (z.B. Werkzeuge, Hotelgeschirr und -bettwäsche). Der Festwert muss alle drei Jahre durch körperliche Bestandsaufnahme überprüft werden. Werden dabei Mindermengen festgestellt, ist eine Anpassung vorzunehmen Bei Mehrmengen braucht der Festwert nur angepasst werden, wenn der neu festgestellte Wert den bisherigen nicht um mehr als 10 % übersteigt.

Ausweis   Der Ausweis der Roh-, Hilfs- und Betriebsstoffe ist auf der Aktivseite unter B.I.1. vorzunehmen. Im Anhang ist die zur Ermittlung der Anschaffungskosten benutzte Bewertungsmethode zu erläutern (z.B. Einzelbewertung, Festbewertung).

6.1.2.1.2 Unfertige Erzeugnisse, unfertige Leistungen

Ansatz   Unfertige Erzeugnisse sind die Vorräte, bei denen eine Bearbeitung des Rohmaterials bereits stattgefunden hat, die jedoch noch nicht verkaufsfertig sind. Soweit ein Unternehmen Dienstleistungen erbringt, können unfertige Leistungen (z.B. unfertige Beratungsaufträge) vorliegen.

Bewertung   Die Bewertung der unfertigen Erzeugnisse und der unfertigen Leistungen stellt in vielen Unternehmen eine besondere Schwierigkeit dar. Grundsätzlich gilt das Einzelbewertungsprinzip, was je nach Produktionsstruktur des Unternehmens einen erheblichen Arbeitsaufwand bedeuten kann. Dies ist insbesondere dann der Fall, wenn das Unternehmen nicht über ein EDV-gesteuertes Betriebsdatenerfassungssystem verfügt. Die Bewertung hat zu Herstellungskosten (§ 255 Abs. 2 HGB) zu erfolgen, wobei handelsrechtlich die Materialeinzelkosten und die Fertigungseinzelkosten (z.B. Löhne) in die Bewertung einfließen müssen. Materialgemeinkosten und Fertigungsgemeinkosten können handelsrechtlich in angemessenem Umfang bei der Bewertung berücksichtigt werden.

Herstellungskosten

Steuerlich gilt der Grundsatz, dass neben den Einzelkosten die Material- und Fertigungsgemeinkosten in angemessenem Umfang berücksichtigt werden müssen, so dass in der Praxis des kleinen und mittelständischen Unternehmens regelmäßig die Gemeinkosten berücksichtigt werden, um ein Auseinanderfallen der Handels- und Steuerbilanz zu vermeiden.

Die Aktivierung von anteiligen Verwaltungskosten ist handelsrechtlich und steuerrechtlich zulässig. Sie muss aber weder nach handelsrechtlichen noch nach steuerrechtlichen Vorschriften erfolgen.

Aktivierung von Verwaltungskosten

Bei Vorliegen der entsprechenden Anforderungen kann auch eine Gruppenbewertung durchgeführt werden. Die für den Herstellungszeitraum angefallenen Fremdkapitalzinsen dürfen ebenfalls in die Bewertung einfließen, wenn das Fremdkapital ausschließlich für die Herstellung des Vermögensgegenstandes aufgenommen wurde (z. B. Anlagenbau). Vertriebskosten (z. B. Werbung, Gehälter der Verkaufsabteilung) dürfen weder handelsrechtlich noch steuerlich in die Bewertung einfließen.

Fremdkapitalzinsen

Vertriebskosten

Der Ausweis der unfertigen Erzeugnisse und der unfertigen Leistungen erfolgt im Vorratsvermögen unter Aktiva B. I. 2. Ergänzende Angaben im Anhang betreffend die Grundsätze der Bewertung des Vorratsvermögens sind zu machen. Insbesondere muss im Anhang angegeben werden, ob zu Einzelkosten bewertet wurde oder ob Material- und Fertigungsgemeinkosten berücksichtigt wurden. Weiterhin ist anzugeben, wenn Verwaltungsgemeinkosten in die Bewertung eingegangen sind oder wenn Zinsaufwendungen aktiviert wurden.

Ausweis

6.1.2.1.3   Fertige Erzeugnisse und Waren

Fertige Erzeugnisse sind Vorräte, deren Herstellung abgeschlossen ist und die verkaufs- und versandfertig sind. Waren sind Güter, die von Dritten bezogen wurden und ohne – oder nur nach unwesentlicher Weiterverarbeitung – veräußert werden sollen.

Ansatz

Die Bewertung der fertigen Erzeugnisse hat zu Herstellungskosten zu erfolgen (siehe Kap. 6.1.2.1.2). Der Aufwand für die Ermittlung der Herstellungskosten hängt von der Produktionsstruktur des Unternehmens ab. Ein Unternehmen, welches eine Serienfertigung hat, kann die Herstellungskosten für alle Produktarten einheitlich ermitteln und der Bewertung zugrunde legen. Bei einer Auftragsfertigung ist die Kalkulation der Herstellungskosten anhand geeigneter Aufzeichnungen vorzunehmen und nachweisbar zu dokumentieren. Nicht zu beanstanden ist es, wenn die Kalkulation vom voraussicht-

Bewertung

lichen Verkaufserlös abgeleitet wird (retrograde Bewertung). Von dem voraussichtlichen Verkaufserlös sind die bis zum Verkauf zu erwartenden Aufwendungen abzuziehen. Ebenfalls ist ein kalkulatorischer Gewinnzuschlag abzuziehen. Etwaige Erlösschmälerungen sind ebenfalls abzusetzen. Die Waren (Handelswaren) sind mit ihren Anschaffungskosten nach § 255 Abs. 1 HGB zu bewerten. Hier dürfen zu den Anschaffungskosten neben dem eigentlichen Warenwert nur die direkt zuordnungsfähigen Einzelkosten für die Beschaffung der Waren hinzugerechnet werden. Lagerkosten sind keine Anschaffungskosten, die im Zusammenhang mit der Anschaffung der Ware stehen. Sie dürfen bei der Kalkulation nicht in die Anschaffungskosten einfließen. Etwas anderes gilt, sofern Aufwendungen für die Einlagerung der Waren getätigt werden. Dies kann dann von Bedeutung sein, wenn es sich um sehr unhandliche Waren handelt, für die ein nennenswerter Aufwand getätigt werden muss, um sie einzulagern. Sollte der Wert der Erzeugnisse und Waren auf Grund von Absatzproblemen gesunken sein, hat eine Abwertung auf den niedrigeren Wert zu erfolgen.

Ausweis

Die fertigen Erzeugnisse und Waren sind unter dem Vorratsvermögen Aktiva B. I. 3. gesondert auszuweisen. Die Bewertungsmethoden sind im Anhang anzugeben und zu erläutern (siehe auch Kapitel 6.1.2.1.2).

6.1.2.1.4   Geleistete Anzahlungen

Ansatz

Wenn ein Unternehmen Roh-, Hilfs- und Betriebsstoffe oder Waren bestellt und hierauf Anzahlungen leistet, so sind diese Anzahlungen in Höhe des geleisteten Betrages anzusetzen.

Bewertung

Die Bewertung hat zu erfolgen wie die Bewertung einer Forderung, also mit dem Betrag, der an den Lieferanten geleistet wurde. Sollte sich herausstellen, dass die Bonität des Lieferanten unzureichend ist und dass zu befürchten ist, dass der Lieferant seinen Auftrag nicht oder nicht vollständig durchführen kann, ist eine Abschreibung der geleisteten Anzahlung auf den niedrigeren beizulegenden Wert vorzunehmen.

Ausweis

Der Ausweis der geleisteten Anzahlungen erfolgt auf der Aktivseite unter B. I. 4. Die geleisteten Anzahlungen auf Vorräte sind im Vorratsvermögen gesondert auszuweisen. Da es keine Bewertungswahlrechte gibt, ist eine Anhangsangabe über die Art der Bewertung nicht erforderlich. Soweit die geleisteten Anzahlungen abgewertet wurden, ist hierzu in dem Anhang eine allgemeine Angabe zu machen. Falls die geleisteten Anzahlungen einen bedeutenden Anteil an der Bilanzsumme haben, ist der Posten zu erläutern, wenn dies zur Beurteilung des Jahresabschlusses von Bedeutung ist.

6.1.2.2   Forderungen und sonstige Vermögensgegenstände

Der Posten »Forderungen und sonstige Vermögensgegenstände« ist in der Bilanz unter Angabe der jeweiligen Restlaufzeit von mehr als einem Jahr wie folgt zu gliedern:

Aktivseite

B. Umlaufvermögen
- I. Vorräte
- II. Forderungen und sonstige Vermögensgegenstände
    1. Forderungen aus Lieferungen und Leistungen
    2. Forderungen gegen verbundene Unternehmen
    3. Forderungen gegen Unternehmen, mit denen ein Beteiligungsverhältnis besteht
    4. sonstige Vermögensgegenstände
- III. Wertpapiere
- IV. Kassenbestand, Bundesbankguthaben, Guthaben bei Kreditinstituten und Schecks

6.1.2.2.1   Forderungen aus Lieferungen und Leistungen

Forderungen aus Lieferungen und Leistungen sind Ansprüche aus mehrseitigen Verträgen, die im Rahmen der normalen Geschäftstätigkeit des Unternehmens geschlossen wurden. Hierbei kann es sich um Liefer-, Werk-, Dienstleistungs- oder andere Verträge handeln, deren Erfüllung durch das bilanzierende Unternehmen bereits erfolgt ist. Die andere Vertragsseite (die den Kaufpreis zu zahlen hat) hat ihre Leistung noch nicht oder nicht vollständig erbracht. *Ansatz*

Die Bewertung hat mit dem Betrag zu erfolgen, den das andere Unternehmen zu leisten hat. Eine niedrigere Bewertung ist dann vorzunehmen, wenn der Schuldner Bonitätsprobleme hat und damit zu rechnen ist, dass die Forderung nicht in voller Höhe oder nur mit großer zeitlicher Verzögerung einzubringen sein wird. Eine Abwertung der Forderung aus der Annahme heraus, dass der Kunde Skonto ziehen wird, ist nicht zulässig. Die Vereinbarung eines Skontoabzugs steht unter der aufschiebenden Bedingung, dass die Zahlung innerhalb einer bestimmten Zeit erbracht wird. Solange diese Zahlung nicht erbracht ist, ist die aufschiebende Bedingung nicht erfüllt und daher bilanziell nicht berücksichtigungsfähig. *Bewertung*

Neben den vorgenannten Gründen für eine Einzelwertberichtigung ist auch eine pauschale Abwertung grundsätzlich zulässig. Diese Pauschalwertberichtigung auf die Forderungen soll die *Einzelwertberichtigung*

Pauschal-
wertberichtigung

im üblichen Umfang anfallenden Forderungsausfälle (Skontoabzug, Zinsaufwand wegen verspäteter Zahlung, Berücksichtigung eines pauschalen Ausfallrisikos) in pauschaler Form vom Gesamtbestand der Forderungen aus Lieferungen und Leistungen absetzen. Diese pauschal ermittelten Forderungsausfälle werden mit Hilfe eines bestimmten Prozentsatzes berechnet und aktivisch von den Forderungen aus Lieferungen und Leistungen abgesetzt. Die vorgenommenen Abschläge müssen jedoch begründet sein, d. h. das Unternehmen muss nachweisen, dass Forderungsausfälle in der berücksichtigten Höhe in der Vergangenheit üblicherweise angefallen sind.

Beispiel für Pauschalwertberichtigung auf Forderungen:
Das bilanzierende Unternehmen hat nachweislich Forderungsausfälle in Höhe von 1 %.

Lösung:
Die Berechnung muss auf Basis der Nettoforderungen (ohne Mehrwertsteuer) erfolgen. Da Einzelwertberichtigungen den Ansatz bereits vermindert haben, dürfen sie nicht in die Bemessungsgrundlage einbezogen werden.
Die Pauschalwertberichtigung wird dann wie folgt berechnet:

Forderungen aus Lieferungen und Leistungen	*1.700.000 €*
./. Einzelwertberichtigungen	*40.000 €*
=	*1.660.000 €*
./. Auslandsforderungen	*470.000 €*
=	*1.190.000 €*
./. Umsatzsteuer (19 %)	*190.000 €*
= Inlandsforderungen netto	*1.000.000 €*
+ Auslandsforderungen	*500.000 €*
=	*1.500.000 €*
davon 1 % pauschale Wertberichtigung	*15.000 €*

Ausweis
der Forderungen
aus Lieferungen
und Leistungen

Der Ausweis der Forderungen aus Lieferungen und Leistungen ist unter Aktiva B. II. 1. vorzunehmen. Einzelwert- und Pauschalwertberichtigungen sind aktivisch von diesem Betrag abzusetzen. Der Ausweis eines Delkrederes (Pauschalwertberichtigung zu Forderungen) auf der Passivseite ist nicht zulässig. Im Anhang sind Angaben darüber zu machen, dass Einzelwertberichtigungen in erforderlichem Umfang vorgenommen wurden und dass das allgemeine Kreditrisiko durch eine entsprechende Pauschalwertberichtigung berücksichtigt wurde. Werden Wertberichtigungen nicht vorgenommen, weil entsprechende Risiken nicht vorhanden sind, ist im Anhang darauf hinzuweisen, dass Wertberichtigungen auf die Forderungen aus Lieferungen und Leistungen nicht erforderlich waren.

Beispiel:

Forderungen aus Lieferungen und Leistungen	*1.700.000 €*
./. Einzelwertberichtigungen	*40.000 €*
./. Pauschalwertberichtigungen	*15.000 €*
= Bilanzausweis der Forderungen	
aus Lieferungen und Leistungen	*1.645.000 €*

6.1.2.2.2 Forderungen gegen verbundene Unternehmen

Bestehen Forderungen gegen ein verbundenes Unternehmen, so sind diese Forderungen entsprechend auszuweisen. Was ein verbundenes Unternehmen ist, wurde bereits im Rahmen der Erläuterungen der Finanzanlagen (siehe Kapitel 6.1.1.3.1) dargestellt. Es sind nur diejenigen Forderungen unter dieser Position anzusetzen, die gegen verbundene Unternehmen bestehen. **Ansatz**

Hinsichtlich der Bewertung der Forderungen kann auf Kapitel 6.1.2.2.1 verwiesen werden. **Bewertung**

Der Ausweis der Forderungen gegen verbundene Unternehmen ist auf der Aktivseite unter B. II. 2. vorzunehmen. **Ausweis**

Wenn Forderungen gegen verbundene Unternehmen bestehen, so sind diese unter dem Posten »Forderungen gegen verbundene Unternehmen« auszuweisen, unabhängig davon, ob es sich um Forderungen aus Lieferungen und Leistungen, Forderungen aus der Hingabe eines Darlehens oder andere Kapitalforderungen handelt. Zu berücksichtigen ist lediglich, dass es sich nicht um Forderungen handeln darf, die dazu bestimmt sind, dem Betrieb dauernd zu dienen. Derartige langfristige Forderungen sind unter den Ausleihungen an verbundene Unternehmen im Anlagevermögen auszuweisen (siehe Kapitel 6.1.1.3.2). Gehören zu den Forderungen gegen verbundene Unternehmen Forderungen, die auch unter einem anderen Posten zu subsumieren wären, so ist dies durch einen Mitzugehörigkeitsvermerk darzustellen. Dieser Mitzugehörigkeitsvermerk kann grundsätzlich in der Bilanz als Davon-Vermerk eingestellt werden. Der Übersichtlichkeit dienend wird man in der Regel jedoch eine entsprechende Anhangsangabe machen, wobei es in der Bilanzierungspraxis durchaus nicht unüblich ist, einen Mitzugehörigkeitsspiegel aufzustellen. **Mitzugehörigkeit zu einem anderen Posten**

Beispiel:

Die gesamten Forderungen aus Lieferungen und Leistungen eines Unternehmens betragen 500.000 €. Darin sind Forderungen gegen verbundene Unternehmen in Höhe von 200.000 € enthalten.

Zu den »Forderungen aus Lieferungen und Leistungen« sollte im Anhang erläutert werden, dass die enthaltenen Forderungen gegen verbundene Unternehmen in Höhe von 200.000 € in der Bilanz unter der Position »Forderungen gegen verbundene Unternehmen« ausgewiesen sind. Zusätzlich muss zur Position »Forderungen gegen verbundene Unternehmen« im Anhang oder in der Bilanz der Betrag der Forderungen aus Lieferungen und Leistungen gesondert genannt werden (»Davon-Vermerk«).

6.1.2.2.3 Forderungen gegen Unternehmen, mit denen ein Beteiligungsverhältnis besteht

Ansatz

Unter diesem Posten sind Forderungen gegen Unternehmen, mit denen ein Beteiligungsverhältnis besteht, auszuweisen. Beteiligungen wurden im Rahmen der Finanzlage bereits erläutert (siehe Kapitel 6.1.1.3.3).

Bewertung

Hinsichtlich der Bewertung kann auf die Ausführungen zu den Forderungen aus Lieferungen und Leistungen (siehe Kapitel 6.1.2.2.1) verwiesen werden.

Ausweis

Der Ausweis der Forderungen gegen Unternehmen, mit denen ein Beteiligungsverhältnis besteht, ist unter Aktiva B.II.3. vorzunehmen. Dies gilt nicht, soweit es sich um Ausleihungen handelt. Die Ausleihungen sind aufgrund ihres Charakters im Anlagevermögen auszuweisen, und zwar unter dem Posten »Ausleihungen an Unternehmen, mit denen ein Beteiligungsverhältnis besteht« (siehe Kapitel 6.1.1.3.4).

Gehören zu den Forderungen gegen Unternehmen, mit denen ein Beteiligungsverhältnis besteht, solche Forderungen, die auch unter einem anderen Posten (Forderungen aus Lieferungen und Leistungen oder sonstige Vermögensgegenstände) zu subsumieren wären, so ist dies durch einen Mitzugehörigkeitsvermerk darzustellen. Dieser Mitzugehörigkeitsvermerk kann grundsätzlich in der Bilanz als Davon-Vermerk eingestellt werden. Der Übersichtlichkeit dienend wird man in der Regel jedoch eine entsprechende Anhangsangabe machen, wobei es in der Bilanzierungspraxis durchaus nicht unüblich ist, einen Mitzugehörigkeitsspiegel aufzustellen.

6.1.2.2.4 Sonstige Vermögensgegenstände

Ansatz

Als sonstige Vermögensgegenstände werden Gegenstände des Umlaufvermögens ausgewiesen, die unter keinem anderen Bilanzposten der Aktivseite subsumiert werden können. Hierzu gehören u.a Gehaltsvorschüsse, Schadensersatzansprüche, Steuererstattungsansprüche usw.

Die Bewertung der sonstigen Vermögensgegenstände ist wie folgt **Bewertung** vorzunehmen: Die Bewertung erfolgt mit dem jeweiligen Forderungsbetrag, sofern nicht eine Abwertung aus besonderen Gründen erforderlich ist. Es gilt handelsrechtlich und steuerrechtlich das strenge Niederstwertprinzip, d.h. am Bilanzstichtag ist ein etwaiger niedrigerer beizulegender Wert in der Bilanz zu berücksichtigen.

Der Ausweis der sonstigen Vermögensgegenstände ist unter Ak- **Ausweis** tiva B.II.4. vorzunehmen. Der Ausweis der sonstigen Vermögensgegenstände erfolgt in der Bilanz in einer Summe. Sollten unter diesem Posten sehr hohe, für das Unternehmen und für die Analyse des Jahresabschlusses wesentliche Beträge enthalten sein, so ist zur Wahrung des true and fair view eine entsprechende Erläuterung im Anhang erforderlich.

6.1.2.3 Wertpapiere

Der Posten »Wertpapiere« ist in der Bilanz wie folgt zu gliedern:

Aktivseite

B. Umlaufvermögen

  I. Vorräte

  II. Forderungen und sonstige Vermögensgegenstände

  III. Wertpapiere

    1. Anteile an verbundenen Unternehmen

    2. eigene Anteile

    3. sonstige Wertpapiere

  IV. Kassenbestand, Bundesbankguthaben, Guthaben bei Kreditinstituten und Schecks

6.1.2.3.1 Anteile an verbundenen Unternehmen

Unter diesem Posten sind die Wertpapiere anzusetzen, welche das **Ansatz** Unternehmen zwar an dem verbundenen Unternehmen hält, die jedoch nicht dauerhaft dem Unternehmen zu dienen bestimmt sind. Das Unternehmen muss also beabsichtigen, diese Anteile kurzfristig wieder zu veräußern. Andernfalls wäre der Ausweis unter dem Finanzanlagevermögen erforderlich (siehe Kapitel 6.1.1.3.1).

Die Bewertung der Anteile an verbundenen Unternehmen ist wie **Bewertung** folgt vorzunehmen: Während es bei Anteilen an verbundenen Unternehmen, die im Finanzanlagevermögen aktiviert sind, möglich ist, bei einer vorübergehenden Wertminderung eine Absetzung auf den niedrigeren beizulegenden Wert zu unterlassen (gemildertes Niederstwertprinzip), ist dies bei Wertpapieren des Umlaufvermögens nicht möglich. Hier muss

– dem strengen Niederstwertprinzip folgend – am Bilanzstichtag der niedrigere Börsen- oder Marktwert angesetzt werden (§ 253 Abs. 3 HGB).

Ist der Wert in einem Folgejahr gestiegen, so ist der neue Stichtagswert anzusetzen, soweit dieser die ursprünglichen Anschaffungskosten nicht übersteigt.

Beispiel:

Das bilanzierende Unternehmen hat Aktien zum Kurs von 20 € erworben. Am 31.12.01 beträgt der Börsenkurs 15 €. Am 31.12.02 beträgt der Börsenkurs 22 €.

Lösung:

Die Bewertung hat zum 31.12.01 gemäß § 253 Abs. 3 Satz 1 HGB mit dem niedrigeren Börsenkurs (15 €) zu erfolgen. Im Jahresabschluss zum 31.12.02 ist die Aktie mit 20 € zu bewerten, da der Grund für die frühere Abwertung entfallen ist (§ 280 Abs. 1 HGB). Der Ansatz über den ursprünglichen Anschaffungskosten ist unzulässig (§ 253 Abs. 1 HGB).

Ausweis

Der Ausweis erfolgt unter Aktiva B. III. 1. (»Anteile an verbundenen Unternehmen«). Im Gegensatz zu den Anteilen an verbundenen Unternehmen, welche im Anlagevermögen aktiviert sind, müssen die Anteile an verbundenen Unternehmen, welche im Umlaufvermögen bilanziert werden, nicht in das Anlagengitter übernommen werden. Gleichwohl ist zu berücksichtigen, dass bei der Anhangsangabe über die Liste der Beteiligungsverhältnisse (§ 285 Nr. 11 HGB) die Daten über die im Umlaufvermögen gehaltenen Anteile an verbundenen Unternehmen mit einzubeziehen sind.

6.1.2.3.2 Eigene Anteile

Ansatz

Der Erwerb und die Bilanzierung von eigenen Anteilen stellt eine besondere rechtliche Problematik dar. Denkbar ist dieser Posten ohnehin nur bei einer Kapitalgesellschaft, nicht jedoch, aus der Natur der Sache heraus, bei einer Personengesellschaft. Wirtschaftlich

Gefahr der Kapitalrückgewähr

kommt der Erwerb eigener Anteile einer Kapitalrückgewähr gleich. Dies wird sehr schnell deutlich, wenn man bedenkt, dass bei Gründung einer Gesellschaft durch die Gesellschafter das Kapital in einer bestimmten Höhe aufgebracht und als Kapital der Gesellschaft ins Handelsregister eingetragen wird. Das gezeichnete Kapital soll dem Geschäftsführer bzw. dem Vorstand der Kapitalgesellschaft zur freien Verfügung stehen. Dem Gläubiger wird mit dem gezeichneten Kapital die Haftungsmasse dokumentiert. Wenn nun eine solche Kapitalgesellschaft eigene Anteile von einem Gesellschafter oder einem Aktionär erwirbt, so führt dies wirtschaftlich zu einer Rückgewähr von Einlagen. Das gezeichnete Kapital ist im Grunde genommen nicht mehr in voller Höhe vorhanden, wenn nicht zumindest in der Höhe der für den Erwerb der eigenen Anteile aufgewendeten Beträge Rücklagen vorhanden sind.

Für die Bewertung der eigenen Anteile gelten dieselben Grundsätze wie die Bewertung von anderen Anteilen oder Wertpapieren. Die eigenen Anteile sind nach dem strengen Niederstwertprinzip anzusetzen. Hierbei gilt zunächst das Anschaffungskostenprinzip. Ob ein niedrigerer Wert beizulegen ist, hängt von den tatsächlichen Verhältnissen ab. Bei einer Gesellschaft, deren Anteile nicht börsennotiert sind, kann die Bewertung bei fehlenden Vergleichswerten ein schwieriges Unterfangen sein. Gegebenenfalls ist eine überschlägige Bewertung nach den anerkannten Regeln über die Unternehmensbewertung heranzuziehen. *Bewertung*

Die eigenen Anteile sind im Umlaufvermögen unter dem Posten B.III.2.»Eigene Anteile« gesondert auszuweisen. Korrespondierend dazu muss auf der Passivseite unter A. Eigenkapital III.2. eine Rücklage für eigene Anteile gebildet werden. Dieser Betrag unterliegt einer Ausschüttungssperre. *Ausweis*

6.1.2.3.3 Sonstige Wertpapiere

Innerhalb der Wertpapiere stellt der Posten sonstige Wertpapiere eine Auffangposition dar. Hier sind alle Wertpapiere auszuweisen, die nicht unter einen anderen Posten gehören und die jederzeit veräußerbar sind. *Ansatz*

Hinsichtlich der Bewertung gilt das strenge Niederstwertprinzip. Die sonstigen Wertpapiere sind mit ihren Anschaffungskosten oder dem niedrigeren beizulegenden Wert anzusetzen. *Bewertung*

Der Ausweis erfolgt unter Aktiva B.III.3.»Sonstige Wertpapiere«. Besondere Angaben im Anhang sind nicht erforderlich, soweit der Posten nicht von seinem Wert in Bezug auf das Gesamtvermögen erheblich ist. Dann ist unter dem Gesichtspunkt des true and fair view eine Erläuterung im Anhang erforderlich. *Ausweis*

6.1.2.4 Kassenbestand, Bundesbankguthaben, Guthaben bei Kreditinstituten und Schecks

Zum Kassenbestand gehören die Bestände aller im Unternehmen geführten Kassen einschließlich der Sorten, Brief-, Steuer- und Beitragsmarken und nicht verbrauchten Frankotypwerten. Weiterhin gehören zu der Position alle sofort verfügbaren liquiden Mittel, welche bei Kreditinstituten, der Postbank oder der Bundesbank für den Bilanzierenden geführt werden. Ebenfalls auszuweisen sind Schecks, deren Einlösung noch nicht erfolgt ist. Hierbei ist aber zu beachten, dass der Scheck als Zahlungseingang gebucht ist und somit die Forderung aus dem Rechtsgeschäft, welches dem Scheck zugrunde liegt, nicht mehr besteht. *Ansatz*

Bewertung

Die Bewertung des Kassenbestands, der Bundesbankguthaben sowie der Guthaben bei Kreditinstituten und Schecks ist wie folgt vorzunehmen: Sie wirft bei auf Euro lautenden Guthaben keine Probleme auf, wenn man einmal von dem äußerst seltenen Sondertatbestand der Insolvenz eines Kreditinstituts absieht. Grundsätzlich sind zwei Bewertungsmethoden möglich, nach dem Stichtagsprinzip und nach dem Anschaffungskostenprinzip. Das in der Vergangenheit gängige Verfahren der Bewertung von Währungen nach dem Stichtagsprinzip sieht vor, die Währung am Bilanzstichtag mit dem Stichtagskurs umzurechnen. Gegen diese Bewertungsmethode sind keine Einwendungen zu erheben, wenn größere Währungsschwankungen nicht vorliegen. Im Übrigen setzt sich das Anschaffungswertprinzip auch bei der Bewertung von Zahlungsmitteln durch. Dies bedeutet, dass die Zahlungsmittel mit ihren Anschaffungskosten bewertet und bilanziert werden und nach dem strengen Niederstwertprinzip mit dem gegebenenfalls niedrigeren beizulegenden Wert anzusetzen sind. Bei diesem Verfahren kann es jedoch nicht zu nichtrealisierten Gewinnen kommen, die dadurch entstehen können, dass bei Anwendung des Stichtagsbewertungsverfahren ein Kurs zustande kommt, der über den Anschaffungskosten liegt.

Ausweis

Der Ausweis erfolgt unter Aktiva B.IV. in einer Summe. Wenn unter diesem Posten Fremdwährungen enthalten sind, so ist die Umrechnungsmethode und der Umrechnungskurs im Anhang anzugeben. Weiterhin ist im Anhang der Wert der Währung anzugeben, wenn dieser Wert für die Beurteilung der Vermögens- und Finanzlage von Bedeutung ist.

6.1.3   Aktiver Rechnungsabgrenzungsposten

Ansatz

Nach § 250 HGB sind Ausgaben, die vor dem Abschlussstichtag getätigt wurden, unter dem aktiven Rechnungsabgrenzungsposten auszuweisen, wenn sie Aufwand für einen bestimmten Zeitraum nach dem Abschlussstichtag darstellen.

> **Beispiel für aktive Rechnungsabgrenzungsposten:**
> *Das bilanzierende Unternehmen hat eine Lagerhalle gemietet. Da der Vermieter auf pünktlicher Mietzahlung besteht, hat der Buchhalter des bilanzierenden Unternehmens die Überweisung der Miete für den Zeitraum Januar 02 bereits am 22.12.01 vorgenommen. Die Belastung auf dem Bankkonto erfolgte noch im Dezember 01.*

Lösung:

Die Zahlung ist im alten Jahr erfolgt und stellt einen Aufwand für das Unternehmen dar. Die zeitliche Zuordnung des Aufwands gehört jedoch in das Jahr 02. Die Mietzahlung ist für einen festen Zeitraum nach dem Bilanzstichtag geleistet worden. Es sind daher alle Kriterien für die Bildung eines aktiven Rechnungsabgrenzungspostens erfüllt. Es liegt also im Jahr 01 kein Mietaufwand (sonstige betriebliche Aufwendungen) vor und die geleistete Zahlung ist als Rechnungsabgrenzungsposten zu aktivieren und führt zu einem erfolgsneutralen Ansatz.

Im neuen Jahr ist der Rechnungsabgrenzungsposten durch die Buchung »Mietaufwand an aktiver Rechnungsabgrenzungsposten« aufzulösen.

Zulässig ist nur der Ausweis transitorischer Posten im engeren Sinne. Transitorische Posten im weiteren Sinne (z. B. ein Reklamefeldzug) dürfen nicht als Rechnungsabgrenzungsposten aktiviert werden.

Checkliste

Die Voraussetzungen für die Bildung eines aktiven Rechnungsabgrenzungspostens entnehmen Sie folgender Checkliste:

✔ Prüfen Sie, ob die Ausgabe (tatsächliche Zahlung) vor dem Bilanzstichtag erfolgte.

✔ Prüfen Sie, ob der Aufwand für einen bestimmten Zeitraum nach dem Bilanzstichtag liegt.

✔ Prüfen Sie, ob keine Forderung oder ein sonstiger Vermögensgegenstand vorliegt.

✔ Wenn alle Voraussetzungen erfüllt sind, liegt ein aktiver Rechnungsabgrenzungsposten vor.

Hinsichtlich der Frage nach dem bestimmten Zeitraum, für welchen die Zahlung geleistet wurde, wird folgende Auffassung vertreten: Bei dem vorgenannten Beispiel einer Mietzahlung ist der bestimmte Zeitraum unstreitig. Es sind jedoch auch Zahlungen denkbar, bei denen der Zeitraum, für den die Zahlung erfolgt ist, nicht eindeutig definiert ist. In einem solchen Fall wäre grundsätzlich die Aktivierung eines Rechnungsabgrenzungspostens nicht zulässig, es sei denn, dass ein Mindestzeitraum, für den die Zahlung erfolgt, definierbar ist.

Mindestzeitraumtheorie

Beispiel zur Bestimmung des Mindestzeitraums:

Das bilanzierende Unternehmen hat im abgelaufenen Geschäftsjahr bei dem Kreditinstitut K einen Betriebsmittelkredit in Höhe von 100.000 € aufgenommen. Der Kreditvertrag läuft über unbestimmte Dauer. Er kann von beiden Seiten unter Einhaltung einer Frist von sechs Monaten gekündigt werden. Die Kündigung kann jedoch erstmalig zum Ablauf von zwei Jahren erfolgen. Das Kreditinstitut K hat in den Kreditbedingungen eine Bearbeitungsgebühr in Höhe von 2 % der Kreditsumme festgelegt, die bei Auszahlung der Kreditmittel einbehalten wurde.

Lösung:

Der Kreditvertrag läuft auf unbestimmte Zeit. Nach den Worten des Gesetzes würde damit eine Aktivierung der Bearbeitungsgebühren im Jahresabschluss nicht möglich sein. Dies würde jedoch die wirtschaftliche Situation nicht zutreffend wiedergeben, weshalb in der Literatur die Theorie vom Mindestzeitraum entwickelt wurde. Der Kredit steht dem Unternehmen mindestens zwei Jahre zur Verfügung. Infolgedessen hat das Unternehmen die Bearbeitungskosten als Rechnungsabgrenzungsposten anzusetzen und über einen Zeitraum von zwei Jahren (Mindestzeitraum) aufzulösen.

Bewertung

Der Abgrenzungsposten ist in der Höhe zu bilden, in welcher die Vorauszahlung tatsächlich erfolgte. Ein niedrigerer Ansatz kommt in der Regel nicht in Betracht, es sei denn, dass eine Gegenleistung für die Zahlung nicht mehr zu erwarten ist.

Beispiel:

In dem vorgenannten Beispiel hatte das bilanzierende Unternehmen eine Halle angemietet und für das Folgejahr bereits eine Monatsmiete vorausgeleistet. Die Halle brennt am 2. Weihnachtstag bis auf die Grundmauern nieder (ohne Verschulden des Mieters).

Lösung:

Durch das Abbrennen der angemieteten Halle sind die Grundlagen für den Mietvertrag entfallen. Der Vermieter hat gegen den Mieter keinen Anspruch auf Zahlung der Miete für Januar 02. Eine Abwertung des Rechnungsabgrenzungspostens kommt jedoch nicht in Betracht, da in einem solchen Fall ein Anspruch auf Rückzahlung besteht. Eine solche Forderung ist unter den sonstigen Vermögensgegenständen auszuweisen und dort gegebenenfalls wertzuberichtigen.

Sollte die Halle aus obigem Beispiel (wenn sie nicht abgebrannt ist) aus anderen Gründen von dem Unternehmen planmäßig im Januar 02 nicht mehr genutzt werden, kommt eine Abwertung des Rechnungsabgrenzungspostens ebenfalls nicht in Betracht. Da für die Zahlung eine Gegenleistung nicht erwartet wird, stellt sie Aufwand im Jahr 01 dar. Der Rechnungsabgrenzungsposten wäre daher nicht zu bilden, sondern aufzulösen und ggf. eine sonstige Forderung zu bilden. Hinsichtlich der planmäßigen Auflösung des Rechnungsabgrenzungspostens sind verschiedene praktische Ansätze möglich, die insbesondere bei der Bildung eines Disagios von Bedeutung sind.

Bei der Aufnahme eines Kredites unter Abzug eines Disagios ist dieses als Rechnungsabgrenzungsposten zu aktivieren und über den Zeitraum der Zinsbindungsfrist aufzulösen. Die Laufzeit des Kredites ist in einem solchen Fall von untergeordneter Bedeutung, wenn sie für einen längeren Zeitraum vereinbart wird als die Zinsbindungsfrist. Der Hintergrund besteht darin, dass der Kreditvertrag nach Ablauf der Zinsbindungsfrist grundsätzlich gekündigt werden kann, da eine wesentliche Vertragsvereinbarung (die Juristen nennen das »offener Dissens«) fehlt (nämlich die Vereinbarung eines Zinssatzes für die Zeit nach Ablauf der Zinsbindungsfrist). Die Auflösung des Rechnungsabgrenzungspostens hat planmäßig zu erfolgen. Möglich ist die Auflösung in linearer Folge. Handelsrechtlich zulässig ist aber auch eine ratenmäßige Auflösung, bei der die anfängliche Auflösung höher ist als die in den späteren Jahren. Steuerlich besteht die Pflicht der linearen Auflösung.

Disagio

Alle gebildeten Rechnungsabgrenzungen sind unter Aktiva C. Rechnungsabgrenzungsposten auszuweisen. Ist in dem Rechnungsabgrenzungsposten ein Disagio enthalten, so ist dieses Disagio gemäß § 268 Abs. 6 HGB unter dem Rechnungsabgrenzungsposten gesondert auszuweisen, als Davon-Vermerk darzustellen oder im Anhang anzugeben.

Ausweis

6.1.4 Ausweis von Posten auf der Aktivseite der Bilanz, die im Gliederungsschema des § 266 HGB nicht vorgesehen sind

Das HGB, aber auch andere Gesetze, sehen die Bilanzierung von Sachverhalten unter besonderen Posten vor, die im Gliederungsschema des § 266 HGB nicht vorgesehen sind. Der Gesetzgeber hat diese Posten aus Gründen der Übersichtlichkeit nicht in die Gliederung des § 266 HGB aufgenommen, da diese Posten nur unregelmäßig und eher selten auszuweisen sind.

Es kommen insbesondere folgende Posten in Betracht, die nachfolgend erläutert werden:

- ausstehende Einlagen auf das gezeichnete Kapital,
- Aufwendungen für die Ingangsetzung und Erweiterung des Geschäftsbetriebs,

Mögliche Sonderposten auf der Aktivseite

● erhaltene Anzahlungen auf Bestellungen,
● eingeforderte, noch ausstehende Kapitaleinlagen (§ 272 Abs. 1 Satz 3 HGB),
● Einzahlungsverpflichtungen persönlich haftender Gesellschafter (§ 264c Abs. 2 Satz 4 HGB),
● Einzahlungsverpflichtung von Kommanditisten (§ 264c Abs. 2 Satz 6 und 7 i.V.m. Satz 4 HGB),
● eingeforderte Nachschüsse (§ 42 Abs. 2 GmbHG),
● Abgrenzungsposten wegen voraussichtlicher Steuerentlastungen nachfolgender Geschäftsjahre (§ 274 Abs. 2 HGB),
● nicht durch Eigenkapital gedeckter Fehlbetrag,
● nicht durch Vermögenseinlagen gedeckter Verlustanteil persönlich haftender Gesellschafter (§ 264c Abs. 2 Satz 5 HGB),
● nicht durch Vermögenseinlagen gedeckter Verlustanteil von Kommanditisten (§ 264c Abs. 2 Satz 6 und 7 1. HS. i.V.m. Satz 5 HGB).

6.1.4.1   Ausstehende Einlagen auf das gezeichnete Kapital

Ansatz

Wie die Bezeichnung »gezeichnetes Kapital« bereits zum Ausdruck bringt, handelt es sich nicht notwendigerweise um eingezahltes Kapital. Im § 272 Abs. 1 Satz 2 HGB wird daher der Ausweis für ausstehende Einlagen auf das gezeichnete Kapital verlangt. Diese stellen rechtlich eine Forderung der Gesellschaft gegenüber ihren Gesellschaftern dar. Wirtschaftlich entsprechen die nicht eingeforderten ausstehenden Einlagen einem Korrekturposten zum gezeichneten Kapital.

Bewertung

Die Bewertung der ausstehenden Einlagen auf das gezeichnete Kapital entspricht der der Forderungen. Eine Abwertung kommt nur im Rahmen einer Einzelwertberichtigung in Betracht, wenn z.B. ein Gesellschafter über eine mangelnde Bonität verfügt. Eine Pauschalwertberichtigung, wie sie bei Forderungen aus Lieferungen und Leistungen zulässig ist (siehe Kapitel 6.1.2.2.1), darf hier nicht vorgenommen werden.

Ausweis

Ausstehende Einlagen auf das gezeichnete Kapital sind als erster Posten auf der Aktivseite, vor dem Anlagevermögen, auszuweisen. Alternativ können diese auch auf der Passivseite offen vom gezeichneten Kapital abgesetzt werden. Bereits eingeforderte, aber noch ausstehende Einlagen müssen auf Grund ihres Forderungscharakters stets auf der Aktivseite ausgewiesen werden. Dies geschieht i.d.R. mit dem Vermerk »davon eingeforderte Einlagen«. Ein gesonderter Ausweis unter den Forderungen ist ebenfalls zulässig.

Beispiel aktivischer Ausweis der eingeforderten Einlagen vor dem Anlagevermögen:

A. *Ausstehende Einlagen auf das gezeichnete Kapital*
   – *davon eingefordert*
B. *Anlagevermögen*

Beispiel passivischer Ausweis nicht eingeforderter Einlagen vom Eigenkapital:

A. *Eigenkapital*
   I. *gezeichnetes Kapital*
      nicht eingeforderte ausstehende Einlagen

Für Kapital & Co.-Gesellschaften ist ein Ausweis der ausstehenden Einlagen nun ebenfalls erforderlich. Der Ausweis erfolgt grundsätzlich wie bei Kapitalgesellschaften. Voraussetzung für eine Bilanzierung ist jedoch das Vorliegen einer Zahlungsverpflichtung. Dies ist z.B. der Fall, wenn lt. Gesellschaftsvertrag Pflichteinlagen mit Zahlungsfristen vereinbart wurden. Die Beträge für Komplementäre und Kommanditisten sind jeweils gesondert auszuweisen.

Wurde ein Teil der ausstehenden Einlagen wertberichtigt, so ist in der Vorspalte der Nominalbetrag darzustellen und die Wertberichtigung offen abzusetzen.

6.1.4.2 Eingeforderte, noch ausstehende Kapitaleinlagen

Ausstehende Einlagen können auf der Aktivseite vor dem Anlagevermögen ausgewiesen werden. Alternativ ist es möglich, die ausstehenden Einlagen offen vom gezeichneten Kapital auf der Passivseite abzusetzen. Werden ausstehende Einlagen eingefordert, ist auf der Aktivseite bei dem vor dem Anlagevermögen ausgewiesenen Posten »Ausstehende Einlagen« ein Vermerk mit dem Text »davon eingefordert« aufzunehmen, soweit die Einzahlung am Abschlussstichtag noch nicht erfolgt ist. Werden die ausstehenden Einlagen offen vom gezeichneten Kapital auf der Passivseite der Bilanz abgesetzt, sind die eingeforderten Beträge dort nicht mehr abzuziehen, sondern auf der Aktivseite unter dem Sonderposten »Eingeforderte, noch ausstehende Kapitaleinlagen« nach dem Posten Aktiva B.II.4. »Sonstige Vermögensgegenstände« auszuweisen.

Eingeforderte Kapitaleinlagen

6.1.4.3 Aufwendungen für die Ingangsetzung und Erweiterung des Geschäftsbetriebs

Bei dem Posten handelt es sich um eine Bilanzierungshilfe. Grundsätzlich dürfen Aufwendungen nicht aktiviert werden, wenn diese nicht zum Entstehen eines Vermögensgegenstands führen oder einen aktiven Rechnungsabgrenzungsposten darstellen. Eine Ingangsetzung

Ansatz

Ingangsetzung des Geschäftsbetriebs

des Geschäftsbetriebs liegt vor, wenn Aufwendungen getätigt werden, um den Geschäftsbetrieb vorzubereiten. Abzugrenzen sind die Ingangsetzungskosten von den Aufwendungen für die Gründung des Unternehmens. Letztere Aufwendungen unterliegen nämlich gemäß § 248 Abs. 1 HGB dem Bilanzierungsverbot (siehe Kapitel 4.2.4). Aktivierbar sind demnach Aufwendungen, die nicht mit der Gründung, aber mit der Ingangsetzung des Geschäftsbetriebs zusammenhängen und vor Aufnahme der Geschäftstätigkeit angefallen sind.

Beispiel:

Ein neu gegründetes Unternehmen wendet Kosten für die Beratung und Beurkundung des Gesellschaftsvertrags, für Einführungswerbung und für die Entwicklung der Eigenorganisation auf.

Lösung:

Die Kosten für Beratung und Beurkundung des Gesellschaftsvertrags hängen mit der Gründung des Unternehmens zusammen und unterliegen dem Aktivierungsverbot des § 248 HGB.

Die Werbekosten und die Kosten für die Entwicklung der Eigenorganisation hingegen hängen mit der Ingangsetzung des Geschäftsbetriebs zusammen und können daher aktiviert werden.

Erweiterung des Geschäftsbetriebs

Eine Erweiterung des Geschäftsbetriebs liegt vor, wenn ein neuer Geschäftszweig geschaffen wird und diese Aufwendungen wesentlich sind. Es muss sich aber tatsächlich um eine Erweiterung des Geschäftsbetriebs handeln. Im Übrigen gelten die Kriterien wie bei der Ingangsetzung.

Aktivierungswahlrecht

Hinsichtlich dieses Postens besteht ein handelsrechtliches Aktivierungswahlrecht, mit welchem bilanzielle Anlaufverluste vermieden werden können. Eine Aktivierung ist jedoch nur zulässig, wenn damit zu rechnen ist, dass die jährlich vorzunehmende Abschreibung nicht höher ist als die zu erwartenden Gewinne des Unternehmens. Anderenfalls muss das Unternehmen über ausreichende Rücklagen verfügen. In Höhe des aktivierten Betrags besteht eine Ausschüttungssperre. Das bedeutet, dass nur Ausschüttungen vorgenommen werden dürfen, soweit diese durch jederzeit auflösbare Rücklagen abgedeckt sind, die über den Buchwert der Ingangsetzungs- und Erweiterungskosten hinausgeht. Steuerlich ist die Aktivierung von Ingangsetzungs- und Erweiterungskosten unzulässig. Die Folge ist, dass die Bildung dieses Postens auf das steuerliche Ergebnis keinen Einfluss hat. Das gilt natürlich entsprechend in den Folgejahren, in welchen der handelsrechtliche Gewinn durch die Abschreibung geringer sein wird als das steuerliche Ergebnis.

Voraussetzungen für die Aktivierung

Kein Einfluss auf das steuerliche Ergebnis

Die Kosten der Ingangsetzung oder der Erweiterung des Ge- **Bewertung**
schäftsbetriebs müssen nicht in voller Höhe aktiviert werden. Es
besteht daher auch der Höhe nach ein Wahlrecht. Es dürfen jedoch maximal die tatsächlich angefallenen Kosten aktiviert werden. Eine spätere Nachholung bisher nicht vorgenommener
Aktivierungen ist unzulässig. Wird ein solcher Posten gebildet, so ist
er ab dem Folgejahr der Aktivierung um mindestens ein Viertel jährlich abzuschreiben. Höhere Abschreibungen sind ebenso zulässig
wie eine unterschiedliche Abschreibungshöhe während der Laufzeit.
Die Abschreibung muss zwar nicht planmäßig erfolgen, jedoch darf
sie 25 % des ursprünglich aktivierten Betrages nicht unterschreiten.
Selbstverständlich ist eine Abschreibung auch im Jahr der Aktivierung zulässig. Denkbar wäre es, statt einer Abschreibung im Jahr
der Aktivierung von vornherein einen entsprechend geringeren
Betrag anzusetzen. Hierdurch entsteht die Möglichkeit, in den Folgejahren auch einen kleineren Betrag abzuschreiben (mindestens 25 %
des aktivierten Betrags).

Der Ausweis hat gemäß § 269 HGB vor dem Anlagevermögen unter **Ausweis**
der Bezeichnung»Aufwendungen für die Ingangsetzung und Erweiterung des Geschäftsbetriebs« zu erfolgen. Abweichend hiervon wird
teilweise die Auffassung vertreten, dass die Postenbezeichnung mit
dem genauen Inhalt zu bezeichnen ist, nämlich entweder»Aufwendungen für die Ingangsetzung des Geschäftsbetriebs« oder»Aufwendungen für die Erweiterung des Geschäftsbetriebs«. Diese Meinung
wird im WP-Handbuch 2000 (S. 376) vertreten. Die Formulierung
des § 269 HGB gibt das allerdings nicht her. Beide Spielarten sollten
daher denkbar sein. Die Entwicklung des Postens ist in den Anlagenspiegel aufzunehmen. Der Posten ist im Anhang zu erläutern.
Dabei müssen die Maßnahmen, die zur Bildung des Postens geführt
haben, die Art der Aufwendungen (z. B. Personalkosten) sowie deren
ungefährer Anteil an den Gesamtkosten angegeben werden. Da steuerrechtlich eine Aktivierung von Ingangsetzungs- und Erweiterungskosten nicht anerkannt wird, ist das handelsrechtliche Ergebnis
höher als das steuerrechtliche Ergebnis, mit der Folge, das eine Rückstellung für latente Steuern zu erfolgen hat (siehe Kapitel 6.2.3.4.6).
Weiterhin ist bei Personengesellschaften ein Sonderposten für aktivierte Bilanzierungshilfen zu passivieren (siehe Kapitel 6.2.3.4.3).

6.1.4.4   Aufwendungen für die Währungsumstellung auf den Euro

Durch die Umstellung auf den Euro konnten dem bilanzierenden **Ansatz**
Unternehmen teilweise erhebliche Aufwendungen entstehen, die
grundsätzlich als Aufwand zu verbuchen sind, wenn durch sie kein
aktivierbarer Vermögensgegenstand entsteht. Die Kosten betrafen

Bilanzierungshilfe

häufig den Bereich der selbsterstellten immateriellen Vermögensgegenstände, für die gemäß § 248 Abs. 2 HGB ein Aktivierungsverbot greift. Hierbei kann es sich z. B. um Aufwendungen für die Programmierung von Software und die Erstellung neuer interner Formulare handeln. Gemäß Art. 44 EGHGB sind die Kosten für selbstgeschaffene immaterielle Vermögensgegenstände ausnahmsweise aktivierbar. Es handelt sich bei diesem Posten um eine Bilanzierungshilfe. Steuerlich ist die Bildung dieses Postens nicht zulässig. Dadurch entsteht die Verpflichtung zur Bildung einer Rückstellung für latente Steuern (§ 274 Abs. 1 HGB, siehe Kapitel 6.2.3.4.6).

Auch für diesen Posten besteht eine Ausschüttungssperre (vgl. Kapitel 6.1.4.3).

Bewertung

Die Bewertung erfolgt mit den Herstellungskosten für die an sich nicht bilanzierbaren immateriellen Vermögensgegenstände. Die Abschreibung hat mit jährlich mindestens einem Viertel, beginnend im Jahr nach der Aktivierung, zu erfolgen. Eine Planmäßigkeit ist nicht gefordert.

Abschreibung

Die Abschreibung kann auch in unterschiedlicher Höhe ausgeübt werden. Es ist lediglich erforderlich, mindestens 25 % der ursprünglichen Anschaffungskosten für jedes Jahr abzuschreiben.

Ausweis

Der Ausweis hat auf der Aktivseite vor dem Anlagevermögen zu erfolgen. Die Einbeziehung des Postens in den Anlagenspiegel ist nicht gefordert. Gleichwohl wird es richtig sein, die Entwicklung im Anlagenspiegel vergleichbar mit den Aufwendungen für die Ingangsetzung und Erweiterung des Geschäftsbetriebs darzustellen.

6.1.4.5   Erhaltene Anzahlungen auf Bestellungen

Erhaltene Anzahlungen auf Bestellungen können, statt des Ausweises auf der Passivseite (Passiva C.3.), aktivisch offen von den Vorräten abgesetzt werden. Im Einzelnen wird auf Kapitel 6.2.3.2.3 verwiesen.

6.1.4.6   Einzahlungsverpflichtungen persönlich haftender Gesellschafter und Kommanditisten

Nachzahlungspflicht des Komplementärs

Übersteigt der Verlustanteil den Kapitalanteil des persönlich haftenden Gesellschafters, so entsteht insoweit ein Anspruch der Gesellschaft auf Ausgleich des Verlustes. Dasselbe gilt grundsätzlich auch für Kommanditisten, wenn vertraglich vereinbart wurde, dass Kommanditisten entsprechende Verluste auszugleichen haben. Dies ist jedoch der Ausnahmefall, weil die Kommanditisten nach dem Gesetz zu Nachschüssen oder zum Ausgleich von Verlusten nicht verpflichtet sind.

Die Höhe der Einzahlungsverpflichtung ergibt sich aus dem Saldo, **Bewertung**
der sich aus dem anteiligen Verlust des/der Gesellschafter/s und der
Kapitaleinlage ergibt. Wenn bei einem Kommanditisten eine Einzahlungsverpflichtung zum Ausgleich von Verlusten der Höhe nach
begrenzt ist, ist dies bei der Bewertung zu berücksichtigen.

Der Ausweis erfolgt auf der Aktivseite unter einem gesonderten **Getrennter Ausweis**
Posten nach B. II. 4. »Sonstige Vermögensgegenstände«. Der Pos- **für Komplementäre**
ten ist zu bezeichnen mit »Einzahlungsverpflichtungen persönlich **und Kommanditisten**
haftender Gesellschafter«, soweit es sich um Verpflichtungen der
Komplementäre handelt. Bestehen solche Ansprüche gegen Kommanditisten, ist der Ausweis unter »Einzahlungsverpflichtungen von
Kommanditisten« auszuweisen. Der Ausweis erfolgt für jede Gruppe in einen Betrag, d. h. die Ansprüche gegen die Komplementäre
werden in einem Betrag dargestellt, und die Ansprüche gegen die
Kommanditisten werden ebenfalls in einem Betrag dargestellt. Eine
Zusammenfassung der Ansprüche gegen die persönlich haftenden
Gesellschafter und gegen die Kommanditisten unter einem Posten
mit einem Betrag ist unzulässig.

6.1.4.7 Eingeforderte Nachschüsse

Mit den Gesellschaftern vereinbarte, aber noch nicht erbrachte Nach- **Ansatz**
schüsse sind als »Eingeforderte Nachschüsse« zu aktivieren, wenn
die Gesellschafter sich dieser Verpflichtung nicht entziehen können
und die Nachschüsse von der Gesellschaft bereits eingefordert sind.

Die Bewertung entspricht denen der Forderungen. Bestehen Zwei- **Bewertung**
fel an der Bonität eines Gesellschafters, muss eine Wertberichtigung
geprüft werden.

Der Ausweis der »Eingeforderten Nachschüsse« erfolgt geson- **Ausweis**
dert unter den Forderungen. Auf der Passivseite ist ein der Höhe
der Forderungen entsprechender Betrag unter der Kapitalrücklage
auszuweisen (z. B. »Nachschusskapital«). Alternativ kann auch ein
Davon-Vermerk bei den Kapitalrücklagen erfolgen.

6.1.4.8 Abgrenzungsposten wegen voraussichtlicher Steuerentlastungen nachfolgender Geschäftsjahre (aktive latente Steuern)

Unter bestimmten Umständen kann es ein Abweichen der Handels- **Ansatzwahlrecht**
bilanz von der Steuerbilanz geben. Die Abweichung kann zwingende
Gründe haben oder sie ist von dem Bilanzierenden gewollt. Eine
zwingende Abweichung liegt z. B. bei der Aktivierung von Kosten
für die Ingangsetzung- oder Erweiterung des Geschäftsbetriebs vor
(siehe Kapitel 6.1.4.3). Eine bewusste Abweichung der Handelsbilanz von der Steuerbilanz ist z. B. gegeben, wenn die Bewertung
des Vorratsvermögens handelsrechtlich nur zu Einzelkosten erfolgt.

Steuerlich ist bekanntlich eine angemessene Berücksichtigung der Herstellungsgemeinkosten erforderlich.

> **Beispiel:**
> *Ein solcher zeitlicher Effekt tritt u.a. bei der Nichtaktivierung eines Geschäfts- oder Firmenwertes (siehe Kapitel 6.1.1.1.2) in der Handelsbilanz (Wahlrecht) und der gleichzeitigen Bilanzierung in der Steuerbilanz (Aktivierungspflicht) auf.*
>
> *Das hierdurch in der Steuerbilanz ausgewiesene höhere Ergebnis wird in den Folgejahren durch die Abschreibungen, welche natürlich ebenfalls nur in der Steuerbilanz vorgenommen werden dürfen, wieder ausgeglichen.*
>
> *Der im Jahr der Anschaffung gebildete aktive Abgrenzungsposten ist in den folgenden Jahren entsprechend der Steuerentlastung aufzulösen.*

Ist der Steueraufwand des Geschäftsjahres in dem handelsrechtlichen Jahresabschluss gemessen an dem Ergebnis im Vergleich zur Steuerbilanz zu niedrig, so ist eine Rückstellung für latente Steuern nach § 274 Abs. 1 HGB zu bilden. Die Bilanzierung latenter Steuerbeträge ist jedoch nur zulässig, wenn es sich um einen zeitlichen Effekt handelt, die höhere bzw. niedrigere Steuer in späteren Jahren anfällt (siehe Kapitel 6.2.3.4.6). Ist der Steueraufwand nach handelsrechtlichem Maßstab zu hoch und wird sich dieser Effekt in den Folgejahren ausgleichen, so darf ein aktiver Steuerabgrenzungsposten gebildet werden. Die Bildung des Postens ist in der Steuerbilanz nicht zulässig. Bei der Ermittlung des steuerlichen Ergebnisses ist daher eine entsprechende Hinzurechnung bzw. Kürzung erforderlich.

Bewertung

Die Bewertung eines latenten Steuererstattungsanspruchs hat zu breiten Diskussionen im Schrifttum geführt. Die Frage ist, mit welchen Steuersätzen gerechnet werden soll, wobei der zukünftige Steuersatz, der für die Bewertung maßgeblich ist, nicht sicher bestimmt werden kann. Hinzu kam in der Vergangenheit die Problematik bei den Kapitalgesellschaften, dass thesaurierte Gewinne anders besteuert wurden als ausgeschüttete Gewinne. Grundsätzlich sind alle Ertragsteuern zu berücksichtigen, die das Unternehmen zu tragen hat, also bei Kapitalgesellschaften die Körperschaftsteuer und bei allen Gesellschaften die Gewerbeertragsteuer. Die Einkommensteuer gehört nicht dazu, da diese von den Gesellschaftern der Personengesellschaft getragen werden muss.

Kalkulatorischer Steuersatz

Bei der Kapitalgesellschaft war es in der Vergangenheit nicht zu beanstanden, wenn für die Körperschaftsteuer und die Gewerbeertragsteuer pauschal ein Satz von 50 % angenommen wurde. Dies hatte zugleich den Charme, dass die Berechnung keine großen Probleme aufwarf. Nachdem nunmehr der Körperschaftsteuersatz seit 2001 einheitlich auf 25 % festgelegt wurde, ist der Satz von 50 % nicht mehr angemessen. Unter Berücksichtigung der Gewerbeertragsteuer wird der Ansatz von 35 % bis maximal 40 % vorzunehmen sein. Die Tatsache, dass ein Aktivierungswahlrecht besteht, führt jedoch nicht dazu, dass ein Ausweis erfolgt, der bewusst zu niedrig gewählt wurde. Wird das Aktivierungswahlrecht ausgenutzt, dann muss dies vollständig erfolgen. Das gilt auch für die Folgejahre, da § 252 Abs. 1 Nr. 6 HGB (Bewertungskontinuität) dies fordert (siehe Kapitel 2.2.3).

Der Ausweis erfolgt auf der Aktivseite nach dem Rechnungsabgrenzungsposten, da es sich bei dem Posten selbst um einen solchen Posten handelt. **Ausweis**

Aktivseite

C. Rechnungsabgrenzungsposten

-. Abgrenzungsposten wegen voraussichtlicher Steuerentlastungen in den Folgejahren

Die Dotierung des Postens erfolgt durch Gegenbuchung des Postens »Steuern vom Einkommen und Ertrag« (§ 275 Abs. 2 Nr. 18 HGB; siehe Kapitel 7.20). Hierdurch entsteht ein Entlastungseffekt bei den Steuern vom Einkommen und vom Ertrag. Im Jahr der Auflösung ist zu differenzieren, ob eine Verrechnung noch in Betracht kommt oder ob ein zu hoch gebildeter Betrag ergebnismindernd aufzulösen ist. Im erstgenannten Fall erfolgt die Verbuchung über die Steuern vom Einkommen und vom Ertrag. Im letztgenannten Fall ist eine Verbuchung unter den sonstigen betrieblichen Aufwendungen vorzunehmen. Im Anhang ist anzugeben, nach welchen Grundsätzen die Bewertung des Steuerabgrenzungspostens erfolgte.

6.1.4.9 Nicht durch Eigenkapital gedeckter Fehlbetrag

Dieser Posten kann nur bei einer Kapitalgesellschaft entstehen. Haben Verluste das Eigenkapital aufgezehrt, entsteht negatives Eigenkapital. Dieses negative Eigenkapital wird als nicht durch Eigenkapital gedeckter Fehlbetrag definiert. **Ansatz**

Ein anfallender Jahresfehlbetrag ist zunächst unter Passiva A.V. auszuweisen. Reicht das Eigenkapital nicht mehr aus, so ist das Eigenkapital mit seinen einzelnen Posten zu entwickeln und ein Verlustvortrag in der Höhe einzustellen, der zu einem Nullausweis des Eigenkapitals führt. Der verbleibende Betrag wird aktivisch als nicht durch Eigenkapital gedeckter Fehlbetrag verbucht. Später anfallende Gewinne sind einer Gewinnverwendung entzogen. Mit ihnen muss zunächst der nicht durch Eigenkapital gedeckte Fehlbetrag ausgeglichen werden. **Bewertung**

Ausweis
Der Ausweis muss auf der Aktivseite als letzter Posten innerhalb der Hauptspalte erfolgen. Alternativen hierzu gibt es nicht.

6.1.4.10 Nicht durch Vermögenseinlagen gedeckter Verlustanteil persönlich haftender Gesellschafter

Ansatz
Dieser Posten kann nur bei der Kapital & Co. entstehen. Er entspricht grundsätzlich der Systematik des Postens »Nicht durch Eigenkapital gedeckter Fehlbetrag«. Hinsichtlich der Verbuchung von Verlusten wird auch auf Kapitel 6.2.2 verwiesen (Darstellung des Eigenkapitalausweises bei der Kapital & Co.). § 264c Abs. 2 Satz 3 HGB schreibt vor, dass Jahresfehlbeträge sofort von den Kapitalanteilen abzuschreiben sind. Sinkt der Ausweis des Kapitalanteils unter Null, ist der Verlust also größer als die Kapitalanteile, so ist entsprechend der Systematik des nicht durch Eigenkapital gedeckten Fehlbetrags die Unterdeckung auf der Aktivseite auszuweisen, wenn keine Zahlungsverpflichtung des Gesellschafters besteht. Es handelt sich um negatives Eigenkapital.

Bewertung
Die Bewertung erfolgt in der gleichen Weise wie bei einem nicht durch Eigenkapital gedeckten Fehlbetrag (siehe Kap. 6.1.4.9).

Ausweis
Der Ausweis hat auf der Aktivseite als letzter Posten, jedoch gegebenenfalls vor dem Posten »Nicht durch Vermögenseinlagen gedeckte Verlustanteile von Kommanditisten« zu erfolgen.

6.2   Passivseite

6.2.1 Eigenkapital (Darstellung für die Kapitalgesellschaft)

Der Posten »Eigenkapital« ist in der Bilanz wie folgt zu gliedern:

Passivseite

A. Eigenkapital

   I. Gezeichnetes Kapital

   II. Kapitalrücklage

   III. Gewinnrücklagen

      1. gesetzliche Rücklage

      2. Rücklage für eigene Anteile

      3. satzungsmäßige Rücklagen

      4. andere Gewinnrücklagen

   IV. Gewinnvortrag/Verlustvortrag

   V. Jahresüberschuss/Jahresfehlbetrag

B. Rückstellungen

6.2.1.1 Gezeichnetes Kapital

Bei dem gezeichneten Kapital handelt es sich um das Kapital, welches die Gesellschafter nominal auf ihre übernommenen Anteile zur Verfügung gestellt haben, und zwar unabhängig davon, ob in bar oder in Form von Sachgegenständen (Sachgründung). Bei einer Aktiengesellschaft wird das gezeichnete Kapital durch die Summe des nominalen Ausgabebetrages der Aktien widergespiegelt. Bei einer GmbH wird durch das gezeichnete Kapital das Stammkapital der Gesellschaft widergespiegelt. Soweit das Kapital nicht vollständig erbracht wurde, ist auf der Aktivseite vor dem üblichen Gliederungsschema der Posten »Ausstehende Einlagen auf das gezeichnete Kapital« anzusetzen.

Gezeichnetes Kapital

Die Bewertung erfolgt mit ihren Nominalbeträgen. Wurde das Stammkapital z.B. auf 50.000 € festgesetzt, so ist der Ausweis des gezeichneten Kapitals in dieser Höhe vorzunehmen. Eine besondere Problematik kann sich bei einer Sachgründung ergeben. Grundsätzlich ist bei einer Bargründung durch die Gesellschafter bzw. die Übernehmer der Aktien die Einlage in bar und zur freien Verfügung des Vorstands/der Geschäftsführung auf ein Gesellschaftskonto der Kapitalgesellschaft einzuzahlen. Der Gesellschaftsvertrag bzw. die Satzung kann vorsehen, dass bestimmte Gesellschafter keine Bareinlage erbringen müssen, sondern bestimmte Vermögensgegenstände zur Verfügung zu stellen haben. Die einzubringenden Vermögensgegenstände sind dann nach den Verkehrswertgrundsätzen zu bewerten. Hierzu ist ein juristisches Prozedere einzuhalten, welches durch das zuständige Amtsgericht überwacht wird.

Bewertung

Sachgründung

Der Ausweis des Stammkapitals (bei der GmbH) oder des Aktienkapitals (bei der Aktiengesellschaft) erfolgt unter »Passiva A. I. Gezeichnetes Kapital«. Soweit das Kapital zulässigerweise nicht vollständig bei Gründung aufgebracht wurde, sind grundsätzlich zwei Möglichkeiten des Ausweises gegeben.

Ausweis

Die ausstehenden Einlagen auf das gezeichnete Kapital sind auf der Aktivseite vor dem Anlagevermögen gesondert auszuweisen und entsprechend zu bezeichnen (ausstehende Einlagen auf das gezeichnete Kapital). Der Betrag der ausstehenden Einlagen, der eingefordert wurde, ist zusätzlich zu vermerken (davon eingeforderte Einlagen ... €). Alternativ ist es zulässig, die nicht eingeforderten ausstehenden Einlagen offen von dem Posten »gezeichnetes Kapital« abzusetzen. In diesem Fall ist der verbleibende Betrag als Posten »eingefordertes Kapital« in der Hauptspalte der Passivseite auszuweisen. Bei dieser Variante sind die eingeforderten, aber noch nicht gezahlten Beträge unter den Forderungen gesondert auszuweisen und entsprechend zu bezeichnen.

Ausstehende Einlagen

6.2.1.2   Kapitalrücklagen

Ansatz

Kapitalrücklagen entstehen dadurch, dass bei der Ausgabe der Anteile ein Aufgeld gezahlt wird, welches in das Gesellschaftsvermögen einfließt.

> **Beispiel:**
> *Die A-GmbH wird mit einem Stammkapital von 50.000 € gegründet. Die Gesellschafter sind verpflichtet, neben der Einzahlung des Nominalkapitals in gleicher Höhe ein Aufgeld zu übernehmen und in das Gesellschaftsvermögen einzulegen. Neben dem Stammkapital von 50.000 € sind also weitere 50.000 € zu erbringen, die jedoch nicht als gezeichnetes Kapital dargestellt werden können, da das Zeichnungskapital tatsächlich nur 50.000 € und nicht 100.000 € beträgt. Derartige Beträge sind als Kapitalrücklagen anzusetzen.*

Bewertung

Die Bewertung erfolgt mit dem Nominalbetrag. Bei Sachgründungen hat die Bewertung mit dem Verkehrswert zu erfolgen.

Ausweis

Die Kapitalrücklagen werden unter Passiva A. II. ausgewiesen.

6.2.1.3   Gewinnrücklagen
6.2.1.3.1   Gesetzliche Rücklage

Die gesetzliche Rücklage hat Bedeutung für die Aktiengesellschaft. Gemäß § 150 AktG muss die Aktiengesellschaft 5 % ihres Jahresüberschusses in eine gesetzliche Rücklage einstellen. Dieser Betrag kann also nicht ausgeschüttet werden. Die Zuführung in die gesetzlichen Rücklagen ist insoweit erforderlich, als der Jahresüberschuss nicht zur Tilgung von Verlustvorträgen verwendet werden muss. Die Verpflichtung zur Zuführung von gesetzlichen Gewinnrücklagen entfällt, wenn die gesetzlichen Rücklagen und die Kapitalrücklagen in der Summe 10 % des gezeichneten Kapitals (des Nennkapitals der Aktiengesellschaft) überschreiten.

Bewertung

Die Rücklagen sind mit dem Nominalbetrag einzustellen. Der Posten entzieht sich einer Bewertung im engeren Sinne.

Ausweis

Der Ausweis des Postens erfolgt unter Passiva A. III. 1.

6.2.1.3.2   Rücklage für eigene Anteile

Ansatz

Soweit die Gesellschaft eigene Anteile erworben hat, ist ein Gegenposten zur Aktiva B. III. 2. (Wertpapiere; eigene Anteile) zu bilden (vgl. Kapitel 6.1.2.3).

Bewertung

Die Bewertung der Rücklage für eigene Anteile erfolgt in der Höhe der Anschaffungskosten.

Ausweis

Der Ausweis erfolgt unter Passiva A. III. 2. (Rücklage für eigene Anteile).

6.2.1.3.3 Satzungsmäßige Rücklage

Die Satzung bzw. der Gesellschaftsvertrag einer Gesellschaft kann vorsehen, dass bestimmte Beträge aus dem Jahresüberschuss in eine Rücklage einzustellen sind (satzungsmäßige Rücklage). Diese Rücklagen sind grundsätzlich gesamthänderisch gebunden. Ein Gesellschafter kann die Auszahlung seines Teils an der Rücklage nicht verlangen. Hierzu wäre ein Gesellschafterbeschluss über die Auflösung oder teilweise Auflösung der satzungsmäßigen Rücklage erforderlich. Hierbei ist zu beachten, dass dies nur mit einer Mehrheit möglich ist, die für eine Satzungsänderung erforderlich ist.

Die Bewertung erfolgt mit dem Nominalbetrag.   *Bewertung*

Der Ausweis erfolgt unter Passiva A.III.3. Zur Erhöhung der Transparenz kann es geboten sein, im Anhang die satzungsmäßigen Grundlagen für die Bildung der satzungsmäßigen Rücklagen zu erläutern.   *Ausweis*

6.2.1.3.4 Andere Gewinnrücklagen

Alle Gewinnrücklagen, die nicht in einem der Posten unter Passiva A.III. anders eingeordnet werden können, sind unter den anderen Gewinnrücklagen auszuweisen. In der Regel werden unter diesem Posten die Gewinnrücklagen ausgewiesen, die auf einem Gesellschafterbeschluss einer GmbH beruhen. In der Regel beschließen die Gesellschafter einer GmbH (bzw. die Hauptversammlung einer AG) über die Ergebnisverwendung.   *Ansatz*

Beispiel:
Die A-GmbH hat einen Jahresüberschuss von 100.000 € erzielt. Die Gesellschafter beschließen, hiervon 50.000 € auszuschütten und die restlichen 50.000 € in die Gewinnrücklagen einzustellen. In einem solchen Fall wäre der Betrag der Gewinnrücklagen unter diesem Posten auszuweisen.

Die Bewertung erfolgt nominal.   *Bewertung*

Der Ausweis erfolgt unter Passiva A.III.4. (andere Gewinnrücklagen). Im Anhang ist der Ergebnisverwendungsvorschlag der Geschäftsführung/des Vorstandes anzugeben. Alternativ kann der Ergebnisverwendungsbeschluss aber auch in gesonderter Form gefasst und beim Handelsregister eingereicht werden. Dann ist die Angabe des Ergebnisverwendungsvorschlages im Anhang nicht erforderlich. Es empfiehlt sich, den Ergebnisverwendungsvorschlag nicht in den Anhang aufzunehmen, sondern in gesonderter Form zu protokollieren.   *Ausweis*

  Ergebnisverwendungsvorschlag

6.2.1.4   Gewinnvortrag/Verlustvortrag

Ergebnisvortrag

Die Gesellschafter können beschließen, dass der Jahresüberschuss nur teilweise verwendet wird (Ausschüttung; Einstellung in die Rücklagen) und der Restbetrag auf neue Rechnung vorgetragen wird. Dieser Restbetrag, der vorgetragen wird, ist als Gewinnvortrag anzusetzen. Entsteht in einem Jahr ein Jahresfehlbetrag, so haben die Gesellschafter grundsätzlich die Möglichkeit, diesen Jahresfehlbetrag mit Gewinnvorträgen zu verrechnen. Soweit Gewinnvorträge nicht bestehen und auch eine Verrechnung mit anderen Rücklagen nicht erfolgt, ist der Negativsaldo als Verlustvortrag anzusetzen.

Ansatz

Bewertung

Die Bewertung erfolgt mit Nominalbeträgen.

Ausweis

Der Ausweis erfolgt unter Passiva A.IV. (Gewinnvortrag/Verlustvortrag).

6.2.1.5   Jahresüberschuss/Jahresfehlbetrag

Jahresergebnis

Der Jahresüberschuss bzw. der Jahresfehlbetrag, der sich für das abgeschlossene Geschäftsjahr ergibt, ist in der Bilanz anzusetzen. Soweit bereits bei Erstellung des Jahresabschlusses eine teilweise oder vollständige Gewinnverwendung erfolgt, ist die Position Gewinnvortrag/Verlustvortrag unter dem Posten Bilanzgewinn/Bilanzverlust zusammen zu fassen.

Ausweis

Der Jahresüberschuss/Jahresfehlbetrag ist unter dem Posten Passiva A.V. auszuweisen. Bei einer teilweisen oder vollständigen Ergebnisverwendung, die bei der Aufstellung des Jahresabschlusses bereits zu berücksichtigen ist, sind die Posten »Gewinnvortrag/Verlustvortrag« und »Jahresüberschuss/Jahresfehlbetrag« zusammen zu fassen und als Bilanzgewinn/Bilanzverlust auszuweisen. Innerhalb der Bilanz oder im Anhang ist die Zusammensetzung dieses besonderen Postens darzustellen.

Bilanzgewinn

6.2.2   Abweichende Posten beim Eigenkapitalausweis der Personengesellschaft

Mit den Regelungen des § 264c HGB ist der Eigenkapitalausweis für Personengesellschaften, bei denen keine natürliche Person unbeschränkt haftet, verbindlich geregelt worden. Da der Gliederungsausweis im Ergebnis auch deutlich von dem Ausweis bei der Kapitalgesellschaft abweicht, ergibt sich für die Kapital & Co. ein neues Bild in der Darstellung des Eigenkapitals. Teilweise gibt das Gesetz sogar Rätsel auf, wie später zu zeigen sein wird.

Der Eigenkapitalausweis hat (vorläufig) folgende Gliederung:

Passivseite

A. Eigenkapital

    I. Kapitalanteile

       1. Kapitalanteile der persönlich haftenden Gesellschafter

       2. Kapitaleinlagen der Kommanditisten

    II. Rücklagen

    III. Gewinnvortrag/Verlustvortrag

    IV. Jahresüberschuss/Jahresfehlbetrag

B. Rückstellungen

6.2.2.1 Kapitalanteile

Anstelle des gezeichneten Kapitals tritt bei der Personengesellschaft der Ausweis der Kapitalanteile. Ausgewiesen werden die Beträge, die die Gesellschafter auf ihre im Handelsregister eingetragene bedungene Einlage geleistet haben. Diese Beträge müssen nicht identisch sein. Der Posten der Kapitalanteile ist zu unterteilen in die Kapitalanteile der persönlich haftenden Gesellschafter und in die Anteile der Kommanditisten.

Kapitalanteile

Gesellschaftsvertraglich wird regelmäßig vorgesehen, dass die Kapitalkonten I unveränderlich sind und mit der Einlage des jeweiligen Gesellschafters übereinstimmen. Die Gewinnanteile und die Einlagen und Entnahmen werden über die Kapitalkonten II abgewickelt. Hiergegen ist nichts einzuwenden. Die Kapitalkonten I und II können in der Bilanz in Vorspalten dargestellt werden. Voraussetzung für einen Ausweis des Kapitalkontos II unter dem Eigenkapital ist jedoch, dass dieses Konto Eigenkapitalcharakter hat. Dies ist zu verneinen, wenn eine Verlustverrechnung über dieses Konto ausgeschlossen ist oder wenn der Gesellschafter im Insolvenzfall eine Forderung anmelden kann, auch wenn diese nachrangig ist. Dann ist der Ausweis des Kapitalkontos II unter den Verbindlichkeiten gegenüber Gesellschaftern auszuweisen (siehe Kap. 6.2.3.4.7).

Kapitalkonto I

Kapitalkonto II

Soweit gesellschaftsvertraglich die Gewinnverwendung nicht der Gesellschafterversammlung vorbehalten ist, ist der Gewinn entsprechend den gesetzlichen und gesellschaftsvertraglichen Regelungen zu verteilen. Hierbei ist zwischen den Komplementären und den Kommanditisten zu unterscheiden. Der Gewinnanteil der Komplementäre wird zwingend dem Posten Kapitalanteile zugeordnet, da die von den Komplementären stehen gelassenen Gewinne zwingend Eigenkapitalcharakter haben. Folglich kann eine Verzinsung der

Ergebnisverteilung

Gewinnanteil der Komplementäre

Kapitalkonten der persönlich haftenden Gesellschafter nicht zu Aufwand der Gesellschaft führen. Die Verbuchung von Zinsen für die Kapitalkonten der Komplementäre darf daher nicht über die Gewinn- und Verlustrechnung (§ 275 Abs. 2 Nr. 13 HGB; Zinsen und ähnliche Aufwendungen) erfolgen, sondern erst im Rahmen der Ergebnisverteilung. Das gilt im Übrigen für alle Gesellschafterzinsen, die für Darlehen geleistet werden, die nicht zum Eigenkapital gehören.

Gewinnanteil der Kommanditisten

Der Gewinnanteil des Kommanditisten ist dem Kapitalkonto (Kapitalanteil) gutzuschreiben, soweit dieses Konto die Nenneinlage nicht erreicht. Ist die Einlage vollständig erbracht und vollständig vorhanden, hat der Kommanditist Anspruch auf Auszahlung seines Gewinnanteils, wenn der Gesellschaftsvertrag nichts anderes vorsieht.

Verlustanteile

Verlustanteile sind zwingend mit den Kapitalanteilen zu verrechnen. Das gilt sowohl für die Komplementäre als auch für die Kommanditisten. Reicht der Kapitalanteil des Komplementärs nicht aus, so ist der Restbetrag auf der Aktivseite unter einem besonderen Posten mit der Bezeichnung »Nicht durch Vermögenseinlagen gedeckter Verlustanteil persönlich haftender Gesellschafter« auszuweisen. Ist der persönlich haftende Gesellschafter zu Nachschüssen verpflichtet, erfolgt der Ausweis unter dem Posten »Einzahlungsverpflichtungen persönlich haftender Gesellschafter«.

Diese Regelungen sind für Verlustanteile der Kommanditisten entsprechend anzuwenden. Eine Forderung darf jedoch nur dann eingebucht werden, wenn der Kommanditist zum Nachschuss verpflichtet ist.

Ausweis

Der Ausweis erfolgt, wie bereits dargestellt wurde, innerhalb des Eigenkapitals (§ 266 Abs. 3 A. Eigenkapital) in der gemäß § 264c Abs. 1 HGB angepassten Form. Werden die Kapitalanteile in einem Betrag angegeben, so ist im Anhang die Zusammensetzung (Kapitalanteile der persönlich haftenden Gesellschafter; Kapitalanteile der Kommanditisten) darzustellen. Übersteigt die im Handelsregister eingetragene Hafteinlage die bedungene Pflichteinlage, so ist in der Bilanz nur die Pflichteinlage auszuweisen. Die Differenz zwischen Pflichteinlage und der im Handelsregister eingetragenen Hafteinlage ist im Anhang anzugeben.

6.2.2.2 Rücklagen

Ansatz

Die Bildung von gesamthänderisch gebundenen Rücklagen ist bei Personengesellschaften gesetzlich nicht vorgesehen. Eine solche Rücklagenbildung kann also nur durch Beschluss oder durch Gesellschaftsvertrag festgelegt werden.

Verrechnung von Verlusten

Der Ansatz erfolgt in der Höhe der in die Rücklagen eingestellten Beträge. Es ist zulässig, zu vereinbaren, dass Verluste zunächst mit den Rücklagen statt direkt mit den Kapitalanteilen verrechnet werden. Der Wortlaut des Gesetzes gibt das nicht her. Bei den Rücklagen handelt es sich jedoch um Eigenkapital, das keine mindere Qualität hat als die Kapitalanteile. Wäre statt der Bildung der Rücklage eine Verteilung auf die Kapitalanteile vorgenommen worden, stünde es ebenso zur Verlustverrechnung zur Verfügung wie die Kapitalanteile selbst. Denkbar wäre es schließlich auch, Rücklagen in der Höhe des Verlustes aufzulösen und auf die Kapitalanteile zu verteilen. Das Ergebnis wäre dasselbe.

Der Ausweis erfolgt im Eigenkapital unter II. »Rücklagen« (in der in § 264c HGB dargestellten Form). **Ausweis**

6.2.2.3 Gewinnvortrag/Verlustvortrag

Der Posten Gewinnvortrag kann nur dann entstehen, wenn der Gesellschaftsvertrag vorsieht, dass die Gewinnverwendung durch die Gesellschafter beschlossen wird. Ohne eine solche Regelung ist der Gewinn sofort auf die Gesellschafter in voller Höhe zu verteilen. Rätsel gibt der § 264c Abs. 1 HGB mit der Formulierung des Verlustvortrags auf. Verluste sind nämlich gemäß § 264c Abs. 2 Satz 4 und Satz 6 HGB zwingend von den Kapitalanteilen abzuschreiben. Wenn das so ist, ist selbstverständlich eine solche Verlustverrechnung bei der Aufstellung des Jahresabschlusses zu berücksichtigen. Aus diesem Grund kann der Ausweis eines Verlustvortrags bei der Personengesellschaft überhaupt nicht vorkommen. **Ergebnisvortrag**

Der Gewinnvortrag wird in nomineller Höhe ausgewiesen. Eine Verrechnung mit später eingetretenen Verlusten dürfte entgegen dem Wortlaut des Gesetzes, welche die Verrechnung mit den Kapitaleinlagen fordert, zulässig sein. **Bewertung**

Der Ausweis des Gewinnvortrags erfolgt innerhalb des Eigenkapitals unter III. Gewinnvortrag in der in § 264c Abs. 2 HGB vorgesehenen Form für Personengesellschaften. Der Ausweis eines Verlustvortrags ist nach den Vorschriften des Gesetzes nicht denkbar. **Ausweis**

6.2.2.4 Jahresüberschuss/Jahresfehlbetrag

Hinsichtlich des Ansatzes und des Ausweises eines Jahresüberschusses bzw. eines Jahresfehlbetrages gelten die Ausführungen über den Gewinnvortrag und den Verlustvortrag entsprechend. Ein Ausweis des Jahresüberschusses in der Bilanz ist nur denkbar, wenn den Gesellschaftern die Ergebnisverwendung durch Beschlussfassung vorbehalten ist. Da ein Jahresfehlbetrag gemäß § 264c Abs. 2 HGB zwingend sofort verrechnet werden muss, kann der Ausweis eines Jahresfehlbetrags entgegen der Gliederungsanweisung in § 264c Abs. 2 HGB in der Bilanz nicht vorkommen.

6.2.3   Fremdkapital
6.2.3.1   Rückstellungen

Der Posten »Rückstellungen« ist in der Bilanz wie folgt zu gliedern:

Passivseite

A. Eigenkapital

B. Rückstellungen

    1. Rückstellungen für Pensionen und ähnliche Verpflichtungen

    2. Steuerrückstellungen

    3. sonstige Rückstellungen

C. Verbindlichkeiten

6.2.3.1.1   Rückstellungen für Pensionen und ähnliche Verpflichtungen

Generelle Passivierungspflicht

Im Handelsrecht besteht nach § 249 Abs. 1 HGB eine generelle Passivierungspflicht für Pensionsrückstellungen als ungewisse Verbindlichkeiten. Steuerrechtlich werden nicht alle Pensionsrückstellungen anerkannt. Die Bildung einer Pensionsrückstellung für einen Gesellschafter-Geschäftsführer ist nur bei Kapitalgesellschaften (also bei einer Besteuerung nach dem Körperschaftsteuergesetz) zulässig, nicht jedoch bei Personengesellschaften. Zu beachten ist, dass für den Fall, dass eine Pensionsrückstellung steuerlich nicht wirksam gebildet werden kann, dies handelsrechtlich grundsätzlich nicht zu einer Befreiung von der Rückstellungspflicht führt. Erhält ein Gesellschafter einer Personengesellschaft, der steuerlich als Mitunternehmer anzusehen ist, eine Pensionszusage, so ist diese Pensionszusage unter den Rückstellungen für Pensionen und ähnliche Verpflichtungen zu berücksichtigen.

Abweichende Steuervorschriften

Keine Passivierungspflicht von Altzusagen

Unabhängig von der steuerlichen Anerkennung ist handelsrechtlich zu differenzieren zwischen Neuzusagen und Altzusagen. Pensionszusagen, die vor dem 1.1.1986 erfolgten, brauchen nicht passiviert zu werden. Dies hängt historisch damit zusammen, dass es in früheren Jahren keinen Passivierungszwang für Pensionszusagen gab. Mit Einführung der neuen Rechnungslegungsvorschriften durch das Bilanzrichtlinien-Gesetz im Jahr 1986 ist es zu einem Passivierungszwang gekommen. Gemäß Art. 28 EGHGB (Einführungsgesetz zum HGB) muss für eine laufende Pension oder eine Anwartschaft auf eine Pension auf Grund einer unmittelbaren Zusage, auf die der Pensionsberechtigte vor dem 1.1.1987 einen Rechtsanspruch erworben hat (Altzusagen), eine Rückstellung nicht gebildet werden. Dasselbe gilt für die Erhöhung der Pensionsbezüge aus bestehenden Altzusagen.

Eine Passivierung von mittelbaren Pensionsverpflichtungen ist nicht erforderlich. Mittelbare Pensionsverpflichtungen liegen z. B. dann vor, wenn das Unternehmen eine Unterstützungskasse unterhält. Nach gefestigter Rechtsprechung haftet das Trägerunternehmen für die Verpflichtungen der Unterstützungskasse. Soweit eine Inanspruchnahme des Trägerunternehmens durch die Pensionsberechtigten wegen einer Unterdotierung der Unterstützungskasse droht, muss das Unternehmen hierfür eine entsprechende Rückstellung bilden.

Mittelbare Verpflichtungen

Die Bewertung erfolgt unter Berücksichtigung von Sterbetafeln durch Abzinsung der Verpflichtung. Hierbei handelt es sich um ein recht aufwendiges Verfahren nach versicherungsmathematischen Grundsätzen. Da die Gefahr von Fehlern sehr groß ist, wird empfohlen, die Bewertung für die Pensionsrückstellungen durch einen versicherungsmathematischen Sachverständigen vornehmen zu lassen. Die im Geschäftsjahr vorgenommenen Zahlungen sind als Verbrauch zu buchen (Rückstellung an Bank). Soweit der Ausweis der Rückstellung am Ende des Geschäftsjahres niedriger ist als der Anfangsbestand abzüglich Verbrauch, ist eine entsprechende Auflösung der Rückstellung (Rückstellung an sonstige betriebliche Erträge) vorzunehmen. Die Zuführung ist aufwandsmäßig im entsprechenden Aufwandsartkonto (z. B. Aufwand Altersversorgung) zu berücksichtigen.

Bewertung

Der Ausweis erfolgt unter Passiva B. 1. (Rückstellungen für Pensionen und ähnliche Verpflichtungen). Soweit ein Ansatz von Pensionsrückstellungen nach Art. 28 EGHGB unterbleibt, ist der nicht passivierte Betrag in einer Summe im Anhang anzugeben. Weiterhin ist im Anhang anzugeben, mit welchem Zinssatz die Bewertung erfolgt ist.

Ausweis

6.2.3.1.2 Steuerrückstellungen

Aufgrund des Ergebnisses vor Steuern ist der tatsächliche Steueraufwand des Unternehmens zu ermitteln. Ist der tatsächliche Steueraufwand des Unternehmens höher als die geleisteten Vorauszahlungen, ergibt sich die Verpflichtung zur Passivierung von Steuerrückstellungen. Die wesentlichen Steuerrückstellungen betreffen bei einer Kapitalgesellschaft die Körperschaftsteuer und bei allen Gesellschaften die Gewerbesteuer. Eine Rückstellung für Einkommensteuer kommt aus steuersystematischen Gründen nicht in Betracht. Das liegt daran, dass bei der Personengesellschaft nicht die Personengesellschaft selbst der Einkommensteuer unterliegt, sondern deren Gesellschafter (Mitunternehmer). Vgl. dazu Handelsblatt Mittelstands-Bibliothek, Band 12, Unternehmenssteuern, Kapitel 3.2).

Ermittlung des Steueraufwands

Bewertung

Zur Ermittlung des Körperschaftsteuer- und des Gewerbesteueraufwands und der daraus resultierenden Steuerrückstellungen vgl. ebenfalls Handelsblatt Mittelstands-Bibliothek, Band 12, Unternehmenssteuern.

Ausweis

Der Ausweis der Steuerrückstellungen erfolgt in der Bilanz unter Passiva B.2. »Steuerrückstellungen«. Im Anhang ist anzugeben, in welchem Umfang der Steueraufwand das Ergebnis der gewöhnlichen Geschäftstätigkeit und das außerordentliche Ergebnis belastet. Der Steueraufwand muss nicht zwingend im proportionalen Verhältnis zum Ergebnis der gewöhnlichen Geschäftstätigkeit und dem außerordentlichen Ergebnis stehen.

Beispiel:

Es ist denkbar, dass das außerordentliche Ergebnis aus einem außerordentlichen Ertrag besteht, der auf Grund eines Steuererlasses steuerfrei geblieben ist.

Im Ergebnis der gewöhnlichen Geschäftstätigkeit sind steuerfreie Erträge aus Beteiligung enthalten.

Beide Beispiele führen dazu, dass der Ertragsteueraufwand nicht im proportionalen Verhältnis zum Ergebnis der gewöhnlichen Geschäftstätigkeit und dem außerordentlichen Ergebnis steht.

6.2.3.1.3   Sonstige Rückstellungen

Ansatz

Der Ansatz der sonstigen Rückstellungen ist wie folgt vorzunehmen: Unter den sonstigen Rückstellungen sind grundsätzlich alle Verpflichtungen anzugeben, die nach Höhe oder Zeitpunkt der Fälligkeit noch nicht feststehen. Die sonstigen Rückstellungen entnehmen Sie der folgenden Checkliste.

Rückstellung für Instandhaltung

Bei der Rückstellung für Instandhaltung handelt es sich um eine Aufwandsrückstellung, die jedoch im § 249 Abs. 1 Satz 1 Nr. 1 HGB ausdrücklich genannt wird und für die eine Rückstellungsverpflichtung besteht, wenn die Instandhaltung innerhalb der ersten drei Monate des neuen Geschäftsjahres nachgeholt wird. Wird die Instandhaltung später, aber innerhalb des Folgegeschäftsjahres nachgeholt, besteht handelsrechtlich ein Passivierungswahlrecht.

Steuerlich ist entsprechend dem Maßgeblichkeitsgrundsatz eine Rückstellung für unterlassene Instandhaltung vorzunehmen, soweit diese handelsrechtlich zwingend ist (wenn die Instandhaltung innerhalb der ersten drei Monate des neuen Geschäftsjahres nachgeholt wird). Das Passivierungswahlrecht einer später nachgeholten Instandhaltung führt steuerlich zu einem Passivierungsverbot.

Für folgende Positionen müssen Rückstellungen gebildet werden:

✔ Unterlassene Instandhaltungen, die innerhalb von drei Monaten nachgeholt werden

✔ Unterlassene Instandhaltungen, die innerhalb eines Jahres, nicht aber innerhalb der ersten drei Monate nachgeholt werden (Wahlrecht)

✔ Abraumbeseitigung, die innerhalb eines Jahres nachgeholt wird

✔ Interne Jahresabschlusskosten

✔ Externe Jahresabschlusskosten

✔ Prüfungskosten für den Jahresabschluss

✔ Kosten für die betrieblichen Steuererklärungen

✔ Garantieleistungen; Kulanzleistungen

✔ Rechtstreitigkeiten (Prozesskosten, Prozessrisiken, Schadenersatz)

✔ Produkthaftpflichtrisiko

✔ Drohende Haftungs-Inanspruchnahmen

✔ Nachträglicher Rechnungseingang

✔ Rückstellung für nicht genommenen Urlaub

✔ Rückstellung aus Arbeitszeitkonten oder (noch) nicht abgegoltenen Überstunden

✔ Tantiemen und Gratifikationen, Jubiläen

✔ Abfindungen, Sozialpläne

✔ Altersteilzeit

✔ Berufsgenossenschaft

✔ Schwerbehindertenabgabe

✔ Provisionsverpflichtungen

✔ Rekultivierungskosten

✔ Drohende Verluste aus schwebenden Geschäften

Durch die Festlegung, wann eine unterlassene Instandhaltung nachgeholt werden soll, kann der Unternehmer Einfluss auf die Höhe der Rückstellungen, das Jahresergebnis und den Steueraufwand nehmen.

Beispiel:

An einem Fabrikgebäude ist eine Fassadenreparatur durchzuführen, da im abgelaufenen Geschäftsjahr beim Rangieren eines LKW ein Schaden entstanden ist. Die Reparatur konnte im alten Geschäftsjahr witterungsbedingt nicht erledigt werden.

Lösung, wenn das Jahresergebnis möglichst hoch sein soll:
Die Fassadenreparatur wird für den Monat April (wenn Geschäftsjahr = Kalenderjahr) oder später eingeplant und durchgeführt. Da eine Instandsetzung nicht innerhalb der ersten drei Monate nach Abschluss des alten Geschäftsjahres erfolgte, besteht handelsrechtlich ein Passivierungswahlrecht. Das handelsrechtliche Jahresergebnis wird nicht belastet. Allerdings ist eine Rückstellung steuerlich nicht möglich.

Lösung, wenn das Jahresergebnis möglichst gering sein soll:
Die Reparatur wird innerhalb der ersten drei Monate des neuen Geschäftsjahres durchgeführt. Es ist handels- und steuerrechtlich eine Rückstellung für unterlassene Instandhaltung zu bilden.

Bewertung

Die Bewertung der sonstigen Rückstellungen hat in Höhe der zu erwartenden Inanspruchnahme zu erfolgen. Bei Rückstellungen, deren Inanspruchnahme erst in weiter Zukunft liegt (Inanspruchnahme erst nach mehreren Jahren) ist gegebenenfalls eine Abzinsung auf den Barwert vorzunehmen. Der hierbei zu berücksichtigende Zinsfuß sollte zwischen 3 % und 6 % betragen. Die internen Jahresabschlusskosten sind an Hand der voraussichtlichen Personalkosten zu schätzen und zu passivieren. Zu den internen Jahresabschlusskosten gehören auch anteilige Abschreibungen auf die Bilanzierungssoftware, wenn es sich hierbei um einen nennenswerten Betrag handelt.

Bei der Bewertung von Risiken aus Rechtsstreitigkeiten bestehen regelmäßig Probleme. Das Risiko der Inanspruchnahme aus dem Streitgegenstand, die Prozess- und Anwaltskosten im Falle des Unterliegens und die Wahrscheinlichkeit des positiven oder negativen Ausgangs des Rechtsstreits ist zu beziffern. Die Wertfindung ist daher besonders sorgfältig zu dokumentieren. Der Aufwand, der durch nachträglichen Rechnungseingang (Rechnungen, die das alte Jahr betreffen, die aber erst nach dem Abschlussstichtag eingehen) ist gegebenenfalls zu schätzen. Der Betrag ist ohne Mehrwertsteuer anzusetzen. Bei der Bewertung der Urlaubsrückstellung ist stets auch der Arbeitgeberanteil zur Sozialversicherung zu berücksichtigen.

Ausweis

Der Ausweis der sonstigen Rückstellungen erfolgt unter Passiva B. 3. »Sonstige Rückstellungen«. Die wesentlichen Beträge, die in diesem Posten enthalten sind, sind im Anhang zu erläutern.

6.2.3.2   Verbindlichkeiten

Der Posten »Verbindlichkeiten« ist in der Bilanz wie folgt zu gliedern:

Passivseite

B. Rückstellungen

C. Verbindlichkeiten

  1. Anleihen, davon konvertibel

  2. Verbindlichkeiten gegenüber Kreditinstituten

  3. erhaltene Anzahlungen auf Bestellungen

  4. Verbindlichkeiten aus Lieferungen und Leistungen

  5. Verbindlichkeiten aus der Annahme gezogener Wechsel und der Ausstellung eigener Wechsel

  6. Verbindlichkeiten gegenüber verbundenen Unternehmen

  7. Verbindlichkeiten gegenüber Unternehmen, mit denen ein Beteiligungsverhältnis besteht

  8. sonstige Verbindlichkeiten,

    davon aus Steuern

    davon im Rahmen der sozialen Sicherheit

D. Rechnungsabgrenzungsposten

6.2.3.2.1   Anleihen, davon konvertibel

Anleihen sind langfristige, am organisierten Kapitalmarkt aufgenommene Verbindlichkeiten. Zu den Anleihen gehören die Schuldverschreibungen, Wandelschuldverschreibungen, Optionsschuldverschreibungen, Genussscheine und Gewinnschuldverschreibungen. Werden Schuldscheindarlehen nicht über den organisierten Kapitalmarkt aufgenommen, so zählen sie nicht zu den Anleihen. Derartige Verbindlichkeiten sind je nach ihrem Charakter unter den Verbindlichkeiten gegenüber Kreditinstituten oder den sonstigen Verbindlichkeiten auszuweisen. Da die Aufnahme von Verbindlichkeiten über den organisierten Kapitalmarkt sehr aufwendig ist, sind Anleihen bei kleinen und mittleren Unternehmen in der Regel nicht vorzufinden. *Anleihen*

Die Bewertung erfolgt grundsätzlich in der Höhe der Rückzahlungsverpflichtung. *Bewertung*

Der Ausweis der Anleihen erfolgt unter Passiva C. 1. »Anleihen, davon konvertibel«. Die Restlaufzeiten bis zu einem Jahr sind in der Bilanz zu diesem Posten anzugeben. Im Anhang hat darüber hinaus die Angabe zu erfolgen, welcher Teilbetrag der Anleihen eine Restlaufzeit von mehr als fünf Jahren hat. Die Angabe, welcher Betrag der Anleihen konvertibel ist, hat in der Bilanz zu dem Posten Anlei- *Ausweis* hen zu erfolgen; zulässig ist es aber auch, diese Angabe alternativ im Anhang vorzunehmen.

6.2.3.2.2 Verbindlichkeiten gegenüber Kreditinstituten

Ansatz

Unter diesem Posten sind sämtliche Verbindlichkeiten auszuweisen, welche gegenüber Kreditinstituten (Banken und Sparkassen) bestehen. Hierbei ist nicht zu differenzieren, ob es sich um langfristige Tilgungsdarlehen, Kontokorrentkredite oder andere Bankverbindlichkeiten handelt.

Bewertung

Die Bewertung erfolgt nach den üblichen Grundsätzen. Verbindlichkeiten sind gemäß § 253 Abs. 1 Satz 2 HGB mit dem Rückzahlungsbetrag anzusetzen.

Die Verbindlichkeiten gegenüber Kreditinstituten sind unter Passiva C. 2.»Verbindlichkeiten gegenüber Kreditinstituten« auszuweisen. Zu diesem Posten ist anzugeben, welcher Betrag davon eine Restlaufzeit bis zu einem Jahr hat. Zusätzlich kann diese Angabe im Anhang erfolgen, wobei es sich empfiehlt, dies für alle Verbindlichkeiten in dem sogenannten Verbindlichkeitenspiegel darzustellen (vgl. Arbeitshilfe in Anlage VII). Weiterhin ist im Anhang anzugeben, welcher Betrag eine Restlaufzeit von mehr als fünf Jahren hat. Darüber hinaus ist im Anhang darzulegen, in welcher Höhe die Verbindlichkeiten gegenüber Kreditinstituten besichert sind und in welcher Form die Besicherung erfolgte.

Beispiel:

Das Unternehmen hat bei einem Kreditinstitut am 1.1.1999 einen Kredit in Höhe von 100.000 € aufgenommen. Der Kredit ist jährlich zum 30.6., erstmalig am 30.6.1999 mit 10.000 € zu tilgen. Zur Sicherung des Kredits wurde für die Bank eine Grundschuld bestellt.
Welche Sachverhalte sind am Stichtag zum 31.12.2000 zu beachten?

Lösung:

Der Kredit valutiert am 31.12.2000 mit 80.000 € (Vorjahr: 90.000 €) Innerhalb eines Jahres nach Abschlussstichtag müssen 10.000 € getilgt werden. Dasselbe galt auch im Vorjahr. Der Betrag, der sich auf mehr als 5 Jahre beläuft, lautet 30.000 €.

● Angaben in der Bilanz:	31.12.2000	Vorjahr
Verbindlichkeiten gegenüber		
Kreditinstituten	*80.000 €*	*90.000 €*
Davon mit einer Restlaufzeit		
bis zu einem Jahr:	*10.000 €*	
	(Vorjahr: 10.000 €)	

● *Angaben im Anhang:*
Restlaufzeit der Verbindlichkeiten gegenüber Kreditinstituten mit einer Restlaufzeit von mehr als 5 Jahren: 30.000 € (Vorjahr: 40.000 €).
Die Besicherung erfolgt durch Grundschulden in einer Gesamthöhe von 80.000 €.

6.2.3.2.3 Erhaltene Anzahlungen auf Bestellungen

Nicht selten wird die Lieferung eines Produktes davon abhängig gemacht, dass der Besteller eine Anzahlung leistet. Solche Anzahlungen haben entweder den Hintergrund, dass auf diese Weise die Vertragsabwicklung gesichert werden soll oder bei aufwendigeren Aufträgen eine Anzahlung mit dem Kunden vereinbart wird, um die Finanzierungskosten zu reduzieren. **Erhaltene Anzahlungen**

Die erhaltenen Anzahlungen sind in der Höhe zu passivieren, in der sie geleistet wurden.

Der Ausweis erfolgt grundsätzlich unter Passiva C. 3. »Erhaltene Anzahlungen auf Bestellungen«. Auch für die erhaltenen Anzahlungen auf Bestellungen ist zu dem Bilanzposten eine Restlaufzeit bis zu einem Jahr anzugeben. Dies kann wie bei den anderen Verbindlichkeiten zusätzlich auch im Anhang im Verbindlichkeitenspiegel erfolgen. Ob es sich bei den erhaltenen Anzahlungen um Verbindlichkeiten handelt, die eine Restlaufzeit von weniger als einem Jahr haben, wird sich in der Regel danach richten, zu welchem Zeitpunkt das der Anzahlung zugrunde liegende Geschäft planmäßig bzw. vertragsgemäß abgeschlossen sein soll. **Ausweis**

Im Anhang ist auch der Betrag anzugeben, welcher eine Restlaufzeit von mehr als fünf Jahren hat. Derartig lange Restlaufzeiten einer erhaltenen Anzahlung dürften in der Praxis regelmäßig nicht vorkommen, so dass hier der Betrag mit 0 € anzugeben ist. Der Ausweis der erhaltenen Anzahlungen kann alternativ in der Bilanz statt unter den Verbindlichkeiten offen unter den Vorräten abgesetzt werden. Dies lässt § 268 Abs. 5 Satz 2 HGB ausdrücklich zu. Diese Vorschrift durchbricht also das Saldierungsverbot nach § 246 Abs. 2 HGB. **Saldierungsverbot**

Denkbar ist, dass die offene Absetzung der erhaltenen Anzahlungen insoweit erfolgt, wie entsprechende Werte im Vorratsvermögen, bezogen auf den Auftrag, welcher der Anzahlung zugrunde liegt, bereits entstanden sind. Dies würde dazu führen, dass erhaltene Anzahlungen sowohl auf der Aktivseite als auch auf der Passivseite der Bilanz ausgewiesen sein könnten. Es spricht aber auch nichts dagegen, dass die erhaltenen Anzahlungen in voller Höhe offen unter den Vorräten abgesetzt werden. Die aktivische, offene Saldierung mit den Vorräten entbindet nicht von der Verpflichtung, die Restlaufzeiten bis zu einem Jahr und von mehr als fünf Jahren anzugeben.

Tipp

Wenn Ihr Unternehmen viel mit erhaltenen Anzahlungen arbeitet, kann es unter bilanztaktischen Gründen sinnvoll sein, die Alternative der offenen Absetzung von den Vorräten zu wählen, da dies zu einer Kürzung der Bilanzsumme führen würde. Unter Umständen kann auf diese Weise auf die Größenkriterien nach § 267 HGB Einfluss genommen werden, so dass sich der Offenlegungsumfang für das Unternehmen reduziert und möglicherweise eine Prüfungspflicht des Jahresabschlusses legal umgangen werden kann. Die Absetzung der erhaltenen Anzahlungen von den Vorräten führt aber nicht dazu, dass die Angaben über die Restlaufzeiten unter dem Bilanzposten oder im Anhang unterbleiben könnten.

6.2.3.2.4 Verbindlichkeiten aus Lieferungen und Leistungen

Ansatz

Alle Verbindlichkeiten, die aus Lieferungen und Leistungen stammen, sind unter diesem Posten auszuweisen. Entscheidend für den Zeitpunkt des Ausweises ist, dass der andere Vertragsteil bereits geleistet hat. Hat bisher keine der Vertragsparteien ihre vertragliche Verpflichtung erbracht, liegt ein schwebendes Geschäft vor.

Schwebendes Geschäft

Ein schwebendes Geschäft ist nicht unter den Verbindlichkeiten zu passivieren. Hat der andere Vertragsteil (Lieferant) geleistet, liegt aber eine Schlechtleistung vor, so ändert dies zunächst nichts daran, dass für das empfangende Unternehmen eine Verpflichtung zur Zahlung des Kaufpreises entstanden ist. Hat der andere Vertragsteil jedoch eine Lieferung oder Leistung erbracht, die das empfangende Unternehmen abgelehnt hat, da die vertragsgemäße Erfüllung der anderen Seite nicht vorliegt, so ist zu prüfen, ob eine Verpflichtung überhaupt gegeben ist.

Beispiel:
Lieferant und bilanzierendes Unternehmen haben einen Vertrag über die Lieferung eines Gegenstandes abgeschlossen. Der Lieferant liefert aber nicht den gewünschten Artikel, sondern einen anderen, nicht dem Vertrag entsprechenden Gegenstand. Der bilanzierende Unternehmer sendet diesen Artikel daher zurück.

Lösung:
In diesem Fall ist davon auszugehen, dass eine Leistung seitens des Lieferanten nicht erfolgt ist. Infolgedessen ist eine Passivierung nicht erforderlich, auch dann nicht, wenn der Lieferant eine Rechnung gestellt hat. Gleichwohl hat der bilanzierende Unternehmer zu prüfen, ob gegebenenfalls eine Rückstellung (z. B. wegen drohender Rechtsstreitigkeit aus dem Sachverhalt) zu bilden ist.

Die Bewertung der Verbindlichkeit aus Lieferungen und Leistungen **Bewertung**
hat mit dem Brutto-Rechnungsbetrag zu erfolgen. Eine Kürzung
wegen beabsichtigter Skontierung ist nicht zulässig, da die Voraussetzungen für den Skontoabzug erst dann gegeben sind, wenn die
Rechnung fristgerecht (also innerhalb der Skontofrist) beglichen
wird. In einem solchen Fall würde der Buchungssatz lauten: Kreditor
an Bank an Skontoertrag.

Der Ausweis erfolgt unter Passiva C. 4. »Verbindlichkeiten aus Lie- **Ausweis**
ferungen und Leistungen«. Auch zu diesem Posten ist der Betrag mit
einer Restlaufzeit von weniger als einem Jahr anzugeben. Zusätzlich
kann diese Angabe auch im Anhang im Verbindlichkeitenspiegel
erfolgen. Im Anhang muss des Weiteren der Betrag angegeben werden, der eine Restlaufzeit von mehr als fünf Jahren hat. Hinsichtlich
Art und Höhe der Besicherung wird im Zweifel anzugeben sein, dass
handelsübliche Eigentumsvorbehalte in Höhe der Verbindlichkeiten
aus Lieferungen und Leistungen bestehen.

6.2.3.2.5 Verbindlichkeiten aus der Annahme gezogener Wechsel und der Ausstellung eigener Wechsel

Ein Wechsel ist ein Zahlungsversprechen, mit welchem sich der **Ansatz**
Schuldner verpflichtet, zu einem bestimmten Zeitpunkt einen bestimmten Betrag an denjenigen zu zahlen, der den Wechsel vorlegt.
Der Posten »Verbindlichkeiten aus der Annahme gezogener Wechsel
und der Ausstellung eigener Wechsel« steht in einer gewissen Konkurrenz zu den Verbindlichkeiten aus Lieferungen und Leistungen,
zumindest dann, wenn ein Handelswechsel vorliegt. Diese Konkurrenz begründet sich dadurch, dass bei einem Handelsgeschäft
zunächst der Zahlungsverpflichtete eine Verbindlichkeit aus Lieferungen und Leistungen hat, die grundsätzlich erst mit Erfüllung
(Zahlung) der Verbindlichkeit untergeht. Zwischen Lieferant und **Wechselarten**
Schuldner kann jedoch vereinbart werden, dass die Zahlung durch
Ziehen eines eigenen Wechsels des Schuldners oder durch Quer-
schreiben eines Wechsels erfolgt. In einem solchen Fall besteht
die Verbindlichkeit aus dem Grundgeschäft weiter. Es ist aber eine
Umbuchung der Verbindlichkeit aus den Verbindlichkeiten aus Lieferungen und Leistungen in den Posten Verbindlichkeiten aus der
Annahme gezogener Wechsel und der Ausstellung eigener Wechsel
vorzunehmen. Der Posten der Wechselverbindlichkeiten hat Vorrang
vor dem Posten Verbindlichkeiten aus Lieferungen und Leistungen.
Auch Gefälligkeitsakzepte sind unter diesem Posten auszuweisen. In
einem solchen Fall ist aber in gleicher Höhe eine Rückgriffsforderung
unter Aktiva B. II. 4. »Sonstige Vermögensgegenstände« zu aktivieren. Wird ein Kautions-, Sicherungs- oder Depotwechsel ausgestellt,
ist ein Ausweis unter den Wechselverbindlichkeiten grundsätzlich

nicht erforderlich, da solche Wechsel nur Sicherungszwecken dienen. Die dem Sicherungszweck zugrunde liegende Verbindlichkeit muss selbstverständlich passiviert sein.

Bewertung   Die Wechselverbindlichkeit ist stets in Höhe der Wechselsumme zu bewerten.

Ausweis   Der Ausweis der Wechselverbindlichkeiten erfolgt unter Passiva C. 5. »Verbindlichkeiten aus der Annahme gezogener Wechsel und der Ausstellung eigener Wechsel«. Auch zu diesem Posten sind die Restlaufzeitvermerke anzugeben, nämlich der Betrag mit einer Restlaufzeit von weniger als einem Jahr unter dem Bilanzposten oder im Anhang, und der Betrag mit einer Restlaufzeit von mehr als fünf Jahren im Anhang (im Verbindlichkeitenspiegel, vgl. Kapitel 10 Anlage VII).

6.2.3.2.6   Verbindlichkeiten gegenüber verbundenen Unternehmen

Ansatz   Hinsichtlich der Definition des verbundenen Unternehmens wird auf Kapitel 6.1.1.3.1 verwiesen. Unter den Verbindlichkeiten gegenüber verbundenen Unternehmen sind alle Verbindlichkeiten auszuweisen, die gegenüber verbundenen Unternehmen bestehen. Der Ausweis unter diesem Posten hat Vorrang vor den anderen Verbindlichkeitsposten.

Beispiel:
Konzernunternehmen A hat gegenüber Konzernunternehmen B Verbindlichkeiten aus Lieferungen und Leistungen in Höhe von 100.000 €.

Lösung:
Der Ausweis der Verbindlichkeit des Unternehmens A gegenüber dem Konzernunternehmen B hat unter den Verbindlichkeiten gegenüber verbundenen Unternehmen zu erfolgen.

Bewertung   Es gelten die üblichen Bewertungsgrundsätze. Hierzu wird auf Kap. 6.2.3.2.1 verwiesen.

Ausweis   Da bei den Verbindlichkeiten gegenüber verbundenen Unternehmen ein Vorrang vor dem Ausweis unter anderen Verbindlichkeitsposten besteht, muss unter dem Posten Verbindlichkeiten gegenüber verbundenen Unternehmen ein sogenannter Mitzugehörigkeitsvermerk gemacht werden, aus welchem sich ergibt, welche Art der Verbindlichkeit vorliegt.

Beispiel:

Das Unternehmen weist Verbindlichkeiten gegenüber verbundenen Unternehmen in Höhe von 100.000 € aus. Dabei handelt es sich in Höhe von 80.000 € um Verbindlichkeiten aus Lieferungen und Leistungen und in Höhe von 20.000 € um sonstige Verbindlichkeiten.

Lösung:

Verbindlichkeiten gegenüber verbundenen Unternehmen	*100.000 €*
• *davon mitzugehörig zu Verbindlichkeiten aus*	
Lieferungen und Leistungen	*80.000 €*
• *davon mitzugehörig zu sonstigen Verbindlichkeiten*	*20.000 €*

Da die Bilanz durch diese Mitzugehörigkeitsvermerke weiter »aufgebläht« wird, empfiehlt es sich, die Mitzugehörigkeitsvermerke im Anhang zu machen. Darüber hinaus müssen die Restlaufzeiten von weniger als einem Jahr (zusätzlich) und von mehr als fünf Jahren im Anhang angegeben werden, wobei der Betrag über die Restlaufzeit von weniger als einem Jahr immer auch unter dem Bilanzposten erfolgen muß.

Mitzugehörigkeits-vermerke

6.2.3.2.7 Verbindlichkeiten gegenüber Unternehmen, mit denen ein Beteiligungsverhältnis besteht

Was ein Unternehmen ist, mit welchem ein Beteiligungsverhältnis besteht und wie dieses von einem verbundenen Unternehmen abzugrenzen ist, wurde ausführlich unter Kapitel 6.1.1.3.1 und 6.1.1.3.3 behandelt.

Hinsichtlich des Ansatzes, der Bewertung und des Restlaufzeitenausweises kann auf die Ausführungen von Kapitel 6.2.3.2.6. Verbindlichkeiten gegenüber verbundenen Unternehmen verwiesen werden. Der Ausweis erfolgt unter dem Posten Passiva C. 7. »Verbindlichkeiten gegenüber Unternehmen, mit denen ein Beteiligungsverhältnis besteht«.

6.2.3.2.8 Sonstige Verbindlichkeiten

Bei den sonstigen Verbindlichkeiten handelt es sich um einen Sammelposten, unter welchem die Verbindlichkeiten auszuweisen sind, die nicht schon zu einem anderen Verbindlichkeitenposten gehören. Zu diesem Sammelposten gehören auch die Verbindlichkeiten aus Steuern und die Verbindlichkeiten im Rahmen der sozialen Sicherheit.

Ansatz

Die Bewertung erfolgt grundsätzlich in Höhe der Rückzahlungsverpflichtung.

Bewertung

Der Ausweis erfolgt unter Passiva C. 8. »Sonstige Verbindlichkeiten«. Die Verbindlichkeiten aus Steuern sind unter diesem Posten als Davon-Vermerk auszuweisen. Dasselbe gilt für die Verbindlichkeiten im Rah-

Ausweis

men der sozialen Sicherheit. Alternativ besteht die Möglichkeit, diese Davon-Vermerke auch im Anhang darzustellen. Auch zu diesem Posten ist der Betrag mit einer Restlaufzeit von weniger als einem Jahr in der Bilanz anzugeben. Es ist aber auch möglich, diese Angabe zusätzlich im Anhang vorzunehmen, in welchem auch der Betrag mit einer Restlaufzeit von mehr als fünf Jahren anzugeben ist (Verbindlichkeitenspiegel).

6.2.3.3   Passiver Rechnungsabgrenzungsposten

Ansatz

Liegen Einnahmen vor dem Abschlussstichtag vor, die erst Ertrag für eine bestimmte Zeit nach diesem Abschlussstichtag darstellen, so ist dieser Betrag unter dem passiven Rechnungsabgrenzungsposten auszuweisen.

Bewertung

Die Bewertung der passiven Rechnungsabgrenzungen wirft hinsichtlich des Zugangs in der Regel keine Probleme auf. Einzustellen ist zunächst der Betrag, den das Unternehmen erhalten hat und der die zukünftigen Geschäftsjahre betrifft. Schwierigkeiten entstehen dann, wenn der Zeitraum, für den die Zahlung an das Unternehmen geleistet wurde, nicht feststeht. Dann ist gegebenenfalls eine sachgerechte Schätzung des Mindestzeitraums vorzunehmen, auf den der jährliche Verbrauch zu verteilen ist.

Ausweis

Der Ausweis erfolgt unter Passiva D. »Rechnungsabgrenzungsposten«. Wenn der Posten erheblich ist, kann es geboten sein, eine entsprechende Erläuterung im Anhang vorzunehmen.

6.2.3.4   Ansatz von Posten auf der Passivseite der Bilanz, die im Gliederungsschema des § 266 HGB nicht vorgesehen sind

Ausnahmefälle zu Gliederung nach § 266 HGB

Das Gesetz sieht eine Reihe von Sondertatbeständen vor, die dazu führen, dass ein zusätzlicher Posten in die Bilanz einzustellen ist. Der Gesetzgeber hat diese Posten, die nur in Ausnahmefällen zum tragen kommen, aus Gründen der Übersichtlichkeit nicht in das Gliederungsschema des § 266 HGB aufgenommen.

6.2.3.4.1   Ausgleichsposten für aktivierte eigene Anteile (§ 264c Abs. 4 Satz 2 HGB)

Ansatz

Der Ansatz der Ausgleichsposten für aktivierte eigene Anteile ist wie folgt vorzunehmen:

Definition des Ausgleichsposten

Dieser Posten kann nur bei einer Personengesellschaft zum Ansatz kommen, und zwar immer dann, wenn die Kapital & Co. Anteile an der Komplementär-GmbH hält. Werden alle Anteile an der Komplementär-GmbH oder der Komplementär-AG von der Kommanditgesellschaft gehalten, spricht man von einer Einheitsgesellschaft. In einem solchen Fall, in welchem die Kommanditgesellschaft Anteile an der Komplementär-Gesellschaft hält, könnte das Risiko bestehen, dass das in der Bilanz ausgewiesene Eigenkapital nicht vollständig vorhanden ist. Dieser Sachverhalt entsteht dann, wenn die Kommanditgesellschaft die Komplementär-Gesellschaft gründet, das gezeichnete Kapital dort einzahlt und die Komplementärin dieses Geld dazu verwendet, bei der Kommanditgesellschaft eine Einlage zu leisten.

Beispiel:

Die ABC-KG gründet die D-GmbH und zahlt das Stammkapital in Höhe von 25.000 € auf das Geschäftskonto der D-GmbH ein. In der Bilanz der ABC-KG wirkt sich dies durch einen Aktivtausch aus. Die liquiden Mittel sinken um 25.000 €, dafür werden 25.000 € unter den Finanzanlagen aktiviert.

Nun beteiligt sich die D-GmbH als persönlich haftende Gesellschafterin an der ABC-KG, die sodann als ABCD-GmbH & Co. KG firmiert. Die D-GmbH zahlt die 25.000 € als Kapitaleinlage an die ABCD-GmbH & Co. KG. Die Folge ist eine Bilanzverlängerung. Die liquiden Mittel wachsen wieder um 25.000 € an und der Eigenkapitalausweis steigt um 25.000 €.

Lösung:

Im Ergebnis weist die ABCD-GmbH & Co. KG auf der Aktivseite eine Beteiligung in Höhe von 25.000 € aus, was zu einer Erhöhung des Eigenkapitals in dieser Höhe geführt hat. Die Gesellschaft hat per Saldo hierfür nichts aufgewendet. § 264c Abs. 4 Satz 2 HGB schreibt daher vor, dass in der Höhe einer Beteiligung an der Komplementär-Gesellschaft ein Ausgleichsposten für aktivierte Anteile zu bilden ist.

Denkbar ist, dass die liquiden Mittel im Fall einer Rückbeteiligung nicht zurückfließen. In einem solchen Fall wäre ein Ausgleichsposten eigentlich nicht gerechtfertigt. Gleichwohl lässt die Gesetzesformulierung hier keine Wahl: Der Posten ist unabhängig davon zu bilden, ob das Geld zurückfließt oder nicht.

Der Ausgleichsposten ist in Höhe des aktivierten Betrags anzusetzen. Wird die Beteiligung an der Komplementärin später abgeschrieben oder teilweise veräußert, so ist auch der Ausgleichsposten entsprechend abzuwerten. Es handelt sich um einen korrespondierenden Posten. Die Bildung des Postens soll grundsätzlich zu Lasten freier Rücklagen gebucht werden. Ist das nicht möglich, ist der Posten zu Lasten der Gewinnverteilung zu bilden. Hiergegen ist kritisch anzumerken, dass es nicht einleuchtend ist, warum den Kommanditisten Gewinnanteile vorenthalten werden sollen, obwohl sie ihre Einlagen voll erbracht haben. Konsequenter wäre es hier, die Bildung der Rücklage zu Lasten des Kapitalkontos der Komplementärin vorzunehmen. Bei einer Auflösung des Posten sollte entsprechend der Vorgehensweise bei der Bildung des Postens verfahren werden.

Bewertung

Ausweis

Der Posten »Ausgleichsposten für aktivierte eigene Anteile« ist in der Bilanz wie folgt zu gliedern:

Passivseite

A. Eigenkapital

   I. Kapitalanteile

   II. Rücklagen

   III. Gewinnvortrag/Verlustvortrag

   IV. Jahresüberschuss/Jahresfehlbetrag

   –. Ausgleichsposten für aktivierte eigene Anteile

B. Rückstellungen

   1. Rückstellungen für Pensionen und ähnliche Verpflichtungen

   2. Steuerrückstellungen

   3. sonstige Rückstellungen

C. Verbindlichkeiten

6.2.3.4.2 Sonderposten für aktivierte Bilanzierungshilfen (§ 264c Abs. 4 Satz 3 HGB)

Ansatz

Dieser Posten betrifft nur die Personenhandelsgesellschaften. Da es bei Personengesellschaften nicht das Institut der Gewinnausschüttung gibt und es auch nicht ohne Weiteres möglich ist, eine gesetzliche Ausschüttungssperre zu normieren, hat sich der Gesetzgeber dazu entschieden, für in Anspruch genommene Bilanzierungshilfen in gleicher Höhe einen Sonderposten auf der Passivseite zu bilden, um entsprechende Entnahmen zu verhindern. Dies soll erfolgsneutral dadurch geschehen, dass aus dem Jahresergebnis ein entsprechender Betrag in den Sonderposten eingestellt wird.

Bewertung

Als Bilanzierungshilfen kommen lediglich die »Ingangsetzung oder Erweiterung des Geschäftsbetriebs« und der »Abgrenzungsposten wegen voraussichtlicher Steuerentlastungen nachfolgender Geschäftsjahre« in Betracht.

Ziel des Sonderpostens soll es sein, eine temporär entstehende Gewinnerhöhung durch Nutzung einer Bilanzierungshilfe von der Möglichkeit der Gewinnentnahme auszuschließen. Dieses gesetzgeberische Ziel wird meines Erachtens nicht zutreffend realisiert. Richtig ist, dass durch Aktivierung einer Bilanzierungshilfe der Gewinn des Geschäftsjahres erhöht wird. Das hat aber bereits zur Folge, dass eine entsprechende Rückstellung für latente Steuern zu bilden ist, da der Steueraufwand für das Abschlussjahr gemessen am handelsrechtlichen Ergebnis zu niedrig war und in den folgenden Jahren entsprechend höher sein wird. Bei einer Personengesellschaft werden die latenten Steuern nur aus der Gewerbeertragsteuer bestehen, da eine Einkommensteuer von der Personengesellschaft nicht geschuldet wird (zur Steuersystematik siehe Handelsblatt Mittelstands-Bibliothek, Band 12, Unternehmenssteuern, Kapitel 3.2). Die Bildung einer Rückstellung für latente Steuern führt dazu, dass der Gewinn, der durch die Aktivierung einer Bilanzierungshilfe entstanden ist, um die Steuerbelastung reduziert wird. Trotzdem schreibt das Gesetz vor, dass der Sonderposten für aktivierte Bilanzierungshilfen in Höhe der Bilanzierungshilfe zu passivieren ist. Meines Erachtens schießt der Gesetzgeber damit über das Ziel, den durch die Bilanzierungshilfe entstandenen Gewinn vor einer Entnahme zu schützen, hinaus.

Der Posten ist korrespondierend mit der Bilanzierungshilfe aufzulösen. Die Auflösungsbeträge sind erfolgsneutral auf den Kapitalkonten der Gesellschafter zu verbuchen.

Der Ausweis des »Sonderpostens für aktivierte Bilanzierungs-   Ausweis
hilfen« ist auf der Passivseite hinter dem Eigenkapital auszuweisen. Besondere Anhangsangaben sind nicht vorzunehmen.

Passivseite

A. Eigenkapital
   I. Kapitalanteile
   II. Rücklagen
   III. Gewinnvortrag/Verlustvortrag
   IV. Jahresüberschuss/Jahresfehlbetrag
   –. Sonderposten für aktivierte Bilanzierungshilfen
B. Rückstellungen
   1. Rückstellungen für Pensionen und ähnliche Verpflichtungen
   2. Steuerrückstellungen
   3. sonstige Rückstellungen
C. Verbindlichkeiten

6.2.3.4.3 Sonderposten aus der Währungsumstellung auf den Euro (Art. 43 Abs. 1 Satz 2 und 3 EGHGB)

Bei Umstellung des Jahresabschlusses auf den Euro können Erträge aus Umrechnungsdifferenzen bei den Forderungen und Verbindlichkeiten entstehen. Die aus der Umrechnung entstandenen Erträge können in den »Sonderposten aus der Währungsumstellung auf den Euro«, welcher nach dem Eigenkapital auszuweisen ist, passiviert werden. Der Posten ist entsprechend aufzulösen, wenn die dazugehörige Forderung oder Verbindlichkeit getilgt oder ausgebucht wird. Spätestens zum 31.12.2003 ist die Auflösung des Postens vorzunehmen.

6.2.3.4.4 Sonderposten mit Rücklageanteil (§ 273 HGB)

Ansatz

Hinsichtlich des Ansatzes wird zunächst auf die Ausführungen unter Kapitel 4.2.5 verwiesen. Die dortigen Ausführungen gelten grundsätzlich für alle Unternehmen, die nach handelsrechtlichen Vorschriften zu bilanzieren haben. Die Unternehmen, die den Jahresabschluss nach den ergänzenden Vorschriften (Zweiter Abschnitt des Dritten Buches, §§ 264 ff. HGB) aufzustellen haben, müssen darüber hinaus den § 273 HGB beachten. Während § 247 Abs. 3 HGB die Bildung eines Sonderpostens mit Rücklageanteil für steuerliche Zwecke zulässt, verlangt § 273 HGB zusätzlich, dass das Steuerrecht den Steuervorteil nur unter der Bedingung zulässt, dass die Bilanzierung auch in der Handelsbilanz vorgenommen wird. In der Praxis kann man heute davon ausgehen, dass diese Bedingung vom Steuergesetzgeber stets aufgestellt wird. Der letzte Fall, in welchem dies nicht so war, war die sogenannte Preissteigerungsrücklage, deren Bildung seit dem 1.1.1990 nicht mehr zulässig ist. Zu beachten ist, dass die Gewährung eines Baukostenzuschusses keine Bildung eines Sonderpostens mit Rücklageanteil rechtfertigt.

Sonderposten mit Rücklageanteil

Von beachtlicher Wirkung kann die Bildung des Sonderpostens mit Rücklageanteil im Fall der steuerlichen Sonderabschreibung sein. Die Abschreibung kann direkt vom Anlagevermögen erfolgen oder durch Bildung eines Sonderpostens mit Rücklageanteil. Die Bildung des Sonderposten mit Rücklageanteil führt zu einer Bilanzverlängerung, was bei der Festlegung der Größenklasse des Unternehmens nach § 267 HGB entscheidende Bedeutung haben kann (siehe Kapitel 5.2). Umstritten ist die Frage, ob es zulässig ist, den Sonderposten in einem Jahresabschluss unplanmäßig vollständig aufzulösen und gegen das Anlagevermögen zu verrechnen oder ob dadurch die Ausweisstetigkeit gemäß § 265 Abs. 1 HGB durchbrochen wird (siehe Kapitel 5.5.1). Bei erstmaliger Anwendung der ergänzenden Vorschriften nach dem KapCoRiLiG dürfte es nicht zu beanstanden sein, wenn eine Auflösung des Sonderpostens durch Verrechnung mit dem Anlagevermögen vorgenommen wird, da die Vorschrift des § 265 HGB für diese Fälle erstmalig anzuwenden ist und das bilanzierende Unternehmen somit überhaupt jedes Wahlrecht erstmalig auszuüben hat.

Bewertung

Für die Bewertung des Sonderposten mit Rücklageanteil kommen regelmäßig die einschlägigen steuerlichen Vorschriften zum Ansatz. Bei der Übertragung stiller Reserven bei der Veräußerung bestimmter Wirtschaftsgüter nach § 6b EStG ist Folgendes zu beachten: Bei dem Verkauf von Grund und Boden, Gebäuden sowie Anlagen im Grund und Boden und von Aufwuchs kann der Veräußerungsgewinn von den Anschaffungskosten des Ersatzwirtschaftsguts abgezogen werden. Wird ein Ersatzwirtschaftsgut nicht in demselben Jahr angeschafft, in welchem der Veräußerungsgewinn anfällt, kann eine Rücklage nach § 6b EStG in Höhe des Veräußerungsgewinns vorgenommen werden. Diese Rücklage kann immer gebildet werden, um eine entsprechende Ersatzinvestition vorzunehmen. Die Übertragung erfolgt dadurch, dass nach Anschaffung des Ersatzwirtschaftsguts die Rücklage von den Anschaffungskosten abgezogen wird. Entscheidend ist, dass mit der Ersatzinvestition spätestens vor Ablauf des vierten Jahres der Bildung der Rücklage begonnen wird und vor Ablauf des sechsten Jahres abgeschlossen ist. Werden diese Voraussetzungen nicht erfüllt, ist insoweit eine gewinnerhöhende Auflösung des Posten vorzunehmen. Der zurückgestellte Betrag ist mit 6 % zu verzinsen.

Geht ein Wirtschaftsgut durch Brand, Diebstahl oder Naturkatastrophen unter und erhält das Unternehmen hierfür eine Entschädigung, so kann die Entschädigung von den Anschaffungskosten des Ersatzwirtschaftsguts abgezogen werden. Der Effekt besteht darin, dass die Entschädigung nicht als Ertrag gebucht werden muss, sondern direkt auf der Vermögensebene ergebnisneutral verbucht wird. Erfolgt die Ersatzbeschaffung nicht in dem selben Jahr, in welchem die Entschädigung geleistet wird, kann eine Rücklage für Ersatzbeschaffung gebildet werden. Die Rücklage kann in Höhe der Differenz der Entschädigung und des Buchwertes des untergegangenen Wirtschaftsgutes gebildet werden, auch dann, wenn die Entschädigung höher war als der Teilwert des ausgeschiedenen Wirtschaftsguts.

Bei Sonderabschreibungen, die in Form der Bildung eines Sonderpostens mit Rücklageanteil vorgenommen wurden, ist die anteilige Auflösung in den Folgejahren korrespondierend mit der Abschreibung des geförderten Wirtschaftsguts zu beachten.

Der Sonderposten mit Rücklageanteil ist auf der Passivseite nach dem Eigenkapital auszuweisen.

Rücklage
nach § 6b EStG

Ausweis

Passivseite

A. Eigenkapital

   I. Kapitalanteile

   II. Rücklagen

   III. Gewinnvortrag/Verlustvortrag

   IV. Jahresüberschuss/Jahresfehlbetrag

   -. Sonderposten mit Rücklageanteil

B. Rückstellungen

   1. Rückstellungen für Pensionen und ähnliche Verpflichtungen

   2. Steuerrückstellungen

   3. sonstige Rückstellungen

C. Verbindlichkeiten

Die steuerlichen Vorschriften, nach welchen die Bildung des Postens erfolgt, müssen im Anhang angegeben werden. Beruht der Posten auf mehreren steuerlichen Vorschriften, so ist im Anhang eine Aufgliederung vorzunehmen, aus der sich die jeweiligen Beträge ergeben. Das gilt auch hinsichtlich der Vorjahresangaben. Handelt es sich bei dem Sonderposten um Sonderabschreibungen, so ist im Anhang der Betrag der Sonderabschreibung (Abschreibungen auf Grund steuerrechtlicher Vorschriften) anzugeben, wenn nicht ein offener Ausweis in einer Vorspalte oder als Davon-Vermerk zu den Abschreibungen (§ 275 Abs. 2 Nr. 7a HGB) in der Gewinn- und Verlustrechnung erfolgt.

6.2.3.4.5 Rückstellung für latente Steuern (§ 274 HGB)

Ansatz

Die grundsätzliche Systematik der Steuerabgrenzung wurde bereits unter Kapitel 6.1.4.9 ausführlich dargestellt. Für passive latente Steuern besteht nach § 274 Abs. 1 HGB eine Passivierungspflicht immer dann, wenn der Steueraufwand gemessen am Handelsbilanzergebnis geringer ist als gemessen am Steuerbilanzergebnis.

Beispiel:

Das Unternehmen aktiviert Kosten für die Ingangsetzung des Geschäftsbetriebs nach § 269 HGB. Da eine solche Aktivierung von Ingangsetzungskosten steuerlich unzulässig ist, ist der Handelsbilanzgewinn höher als der Steuerbilanzgewinn. Da in den Folgejahren die Ingangsetzungskosten abzuschreiben sind, wird in diesen Jahren das Handelsbilanzergebnis niedriger sein als das steuerliche Ergebnis. Der Effekt kehrt sich also in den Folgejahren um. Es ist daher eine Rückstellung für latente Steuern zu bilden.

Die Bewertung der Rückstellung für latente Steuern erfolgt nach **Bewertung**
denselben Grundsätzen wie bei dem aktiven Abgrenzungsposten. Es
wird daher auf diese Ausführungen verwiesen (siehe Kapitel 6.1.4.9).

Der Ausweis kann gesondert unter den Rückstellungen nach den **Ausweis**
Steuerrückstellungen oder nach den sonstigen Rückstellungen erfolgen. Dem Ausweis nach den Steuerrückstellungen dürfte der Vorzug
zu geben sein, da diese Posten inhaltlich zusammengehören. Nicht
zu beanstanden ist es, wenn die Rückstellung für latente Steuern in
die Steuerrückstellungen (§ 266 Abs. 3 B.2. HGB) einbezogen wird
und zu diesem Posten ein Davon-Vermerk (davon Rückstellung für
latente Steuern) aufgenommen wird. Die Davon-Angabe kann alternativ im Anhang erfolgen.

6.2.3.4.6 Verbindlichkeiten gegenüber Gesellschaftern (§ 42 Abs. 3 GmbHG; § 264c Abs. 1 HGB)

Gesellschafter können gegenüber der Gesellschaft Forderungen ha- **Ansatz**
ben, deren Herkunft unterschiedlicher Natur ist. Bei einer GmbH
sind solche Verbindlichkeiten gegenüber Gesellschaftern gemäß § 42
Abs. 3 GmbHG gesondert auszuweisen. Dabei ist es völlig unerheblich, ob der Gesellschafter nur eine sehr kleine Beteiligung hält oder
ob er Mehrheitsgesellschafter ist. Das Darlehensverhältnis ist wie
unter fremden Dritten zu beurteilen. Der Unterschied besteht nur
im Ausweis.

Bei Personengesellschaften ist der Sachverhalt etwas schwieriger
zu beurteilen. Der Posten muss in Zusammenhang mit den Gesell-
schafterkonten gesehen werden. Häufig wird gesellschaftsvertraglich vereinbart, dass neben dem Festkapitalkonto ein Kapitalkonto
I, auch variables Gesellschafterkonto oder Darlehnskonto genannt,
geführt wird (siehe hierzu auch Kapitel 6.2.2.2). Entscheidend für die
Beurteilung, ob Eigenkapital oder Fremdkapital vorliegt, ist die Natur
dieser Konten. Hat das Konto Eigenkapitalcharakter, so ist der Ausweis nicht hier, sondern unter den Kapitalanteilen im Eigenkapital
vorzunehmen. Liegt Fremdkapitalcharakter vor, ist der Ausweis unter
den Verbindlichkeiten gegenüber Gesellschaftern vorzunehmen.

Die Bewertung erfolgt wie bei allen Verbindlichkeiten. Es ist der **Bewertung**
Rückzahlungsbetrag anzusetzen. Das gilt auch dann, wenn die Verbindlichkeit eigenkapitalersetzenden Charakter hat. Für die Bilanzierung spielt das keine Rolle.

Hinsichtlich des Ausweises bestehen verschiedene Möglichkeiten. **Ausweis**
Für die GmbH und die Kapital & Co. ist der Sachverhalt identisch.
Der Ausweis hat gesondert zu erfolgen. Wo der Ausweis genau vor- **Eingruppierung**
zunehmen ist, lässt das Gesetz offen. Systematisch dürfte es wohl **der Verbindlich-**
zutreffend sein, die Verbindlichkeiten gegenüber Gesellschaftern **keiten gegenüber**
nach den Verbindlichkeiten gegenüber Unternehmen, mit denen ein **Gesellschaftern**

Beteiligungsverhältnis besteht (Passiva C. 7.) und vor den sonstigen Verbindlichkeiten (Passiva C. 8.) auszuweisen. Zu beachten ist, dass der Ausweis unter den Verbindlichkeiten gegenüber verbundenen Unternehmen oder gegenüber Unternehmen, mit denen ein Beteiligungsverhältnis besteht, Vorrang hat.

Alternativ zu einem eigenen Posten können die Verbindlichkeiten gegenüber Gesellschaftern auch unter anderen Verbindlichkeitsposten ausgewiesen werden. Dann ist jedoch ein entsprechender Davon-Vermerk (davon gegenüber Gesellschaftern) unter dem Posten vorzunehmen oder es ist eine Anhangsangabe zu machen. Die Restlaufzeit bis zu einem Jahr und die Restlaufzeit von mehr als fünf Jahren ist für die Verbindlichkeiten gegenüber Gesellschaftern anzugeben. Das gilt ebenso für die Angaben über die Besicherung.

Tipp

In der Praxis wird es häufig sinnvoll sein, die Verbindlichkeiten gegenüber Gesellschaftern gesondert auszuweisen, da die übrigen Angaben dann übersichtlich in einen Verbindlichkeitenspiegel integriert werden können.

6.2.3.5   Haftungsverhältnisse

Ansatz

Die Haftungsverhältnisse wurden bereits unter Kapitel 4.2.8 beschrieben. Es handelt sich um latente Verpflichtungen des Unternehmens, für die eine Rückstellung oder eine Verbindlichkeit nicht zu passivieren ist. Hierbei kann es sich handeln um Verbindlichkeiten

- aus der Begebung und Übertragung von Wechseln (Wechselobligo),
- aus Bürgschaften, Wechsel- und Scheckbürgschaften,
- aus Gewährleistungsverträgen und
- aus Haftungsverhältnissen aus der Bestellung von Sicherheiten für fremde Verbindlichkeiten.

Das Scheckobligo braucht nicht genannt zu werden.

Bewertung

Die Haftungsverhältnisse sind in voller Höhe anzusetzen. Die Bonität spielt, wie in Kapitel 4.2.8 bereits erörtert, keine Rolle für die Höhe des Ausweises, es sei denn, dass Rückstellungen gebildet werden. In diesem Fall vermindert sich der Ausweis entsprechend.

Ausweis

Während die Unternehmen, die nicht nach den Vorschriften für Kapitalgesellschaften zu bilanzieren haben, die Haftungsverhältnisse gemäß § 251 HGB in einer Summe ausweisen dürfen, müssen die Kapitalgesellschaften und die Kapital & Co. gemäß § 268 Abs. 7 HGB die Haftungsverhältnisse jeweils gesondert unter der Bilanz oder im Anhang anzugeben. Nicht zu beanstanden ist, wenn die Haftungsverhältnisse unter der Bilanz in einer Summe und detailliert

im Anhang angegeben werden. Sofern in den Beträgen Haftungsverhältnisse gegenüber Konzernunternehmen enthalten sind, ist
dies jeweils gesondert anzugeben. Auch hierfür können die entsprechenden Davon-Vermerke unter dem Ausweis der Haftungsverhältnisse in der Bilanz oder alternativ im Anhang erfolgen.

7   Die Aufstellung der Gewinn- und Verlustrechnung [1]

7.1   Umsatzerlöse

Ansatz

Als Umsatzerlöse sind die Erlöse auszuweisen, die durch die eigentliche Betriebsleistung des Unternehmens entstanden sind. Was zu den Umsatzerlösen zählt, ist in § 277 Abs. 1 HGB beschrieben. Als Umsatzerlöse sind die Erlöse aus dem Verkauf und der Vermietung und Verpachtung von für die gewöhnliche Geschäftstätigkeit der Gesellschaft typischen Erzeugnissen und Waren sowie aus von für die gewöhnliche Geschäftstätigkeit der Gesellschaft typischen Dienstleistungen nach Abzug von Erlösschmälerungen und der Umsatzsteuer anzusetzen. Man wird (zur Abgrenzung zu den sonstigen betrieblichen Erträgen und den außerordentlichen Erträgen) hier alle Erlöse erfassen, die für das Unternehmen typisch sind. Welche Erlöse für das Unternehmen typisch sind, sollte nicht zu eng definiert werden. Ob bestimmte Umsätze typisch oder untypisch sind, richtet sich danach, ob diese Umsätze regelmäßig oder nur selten oder unregelmäßig vorkommen. Die Beurteilung hat sich nach dem tatsächlich praktizierten Unternehmensgegenstand zu richten. Der im Gesellschaftsvertrag bzw. in der Satzung definierte Unternehmensgegenstand ist zur Beurteilung nicht heranzuziehen.

Definition der Umsatzerlöse

Die Definition der Umsatzerlöse ist also nicht identisch mit der Definition der Umsatzerlöse im Umsatzsteuergesetz. Allein ausschlaggebend ist, dass die Erlöse für die gewöhnliche Geschäftstätigkeit als typisch angesehen werden können. Neben den typischen Erlösen aus dem Verkauf oder der Vermietung von Erzeugnissen, Waren und Dienstleistungen nach Abzug von Erlösschmälerungen und der Umsatzsteuer (§ 277 Abs. 1 HGB) sind folgende weitere Erlöse unter dieser Position zu fassen:

- Erträge aus Dienstleistungen, wenn diese im Rahmen des typischen Tätigkeitsbereichs liegen, z. B. Reparaturen o. Ä.,
- Erträge aus der Einräumung von Lizenzen,
- betriebstypische Nebenerlöse (z. B. Tankstelle verkauft Getränke).

---

[1] Es wird hier nur das Gesamtkostenverfahren erläutert.

Abzuziehen sind

- Skonti,
- Boni,
- Gutschriften für Reklamationen, Rückwaren o. Ä.

Die Umsatzerlöse sind ohne Mehrwertsteuer auszuweisen. Darüber hinaus sind die Erlösschmälerungen abzuziehen. Zu den Erlösschmälerungen gehören gewährte Mengenrabatte, Boni, Skonto und andere Preisnachlässe.

Grundsätzlich liegt bei dieser Definition der Umsatzerlöse eine Saldierung vor, die jedoch vom Gesetz durch ausdrückliche Definition in § 277 Abs. 1 HGB so gewollt ist.

Der Ausweis der Umsatzerlöse erfolgt in der Gewinn- und Verlustrechnung unter 1. Umsatzerlöse. Gegen die Absicht, die Umsatzerlöse zunächst ohne die Erlösschmälerungen darzustellen, ist grundsätzlich nichts einzuwenden. Dies darf durch Bildung einer Vorspalte erfolgen, in welcher die Erlösschmälerungen offen ausgewiesen werden. Große Kapital- und Kapital & Co.-Gesellschaften müssen nach § 285 Nr. 4 HGB im Anhang die Umsatzerlöse nach Tätigkeitsbereichen sowie nach geographisch bestimmten Märkten aufgliedern. Diese Anhangsverpflichtung entfällt nach § 288 HGB für die kleinen und mittelgroßen Gesellschaften.

Ausweis

7.2 Erhöhung oder Verminderung des Bestands an fertigen und unfertigen Erzeugnissen

Der Posten »Erhöhung oder Verminderung des Bestands an fertigen und unfertigen Erzeugnissen« ist ein Regulativ zu den Umsatzerlösen und dem Materialaufwand. Die Gewinn- und Verlustrechnung soll die Aufwendungen und Erträge periodengerecht darstellen. Da es normal ist, dass in einem Unternehmen nicht alle Produkte, die innerhalb eines Geschäftsjahres produziert wurden, auch in demselben Geschäftsjahr zu Umsatzerlöse werden (also verkauft werden), ist eine entsprechende »Abgrenzung« vorzunehmen. Die Produkte, die hergestellt, aber nicht verkauft wurden, führen daher zwangsläufig zu einer Bestandserhöhung im Vorratsvermögen. Diese Bestandsveränderung ist in der Gewinn- und Verlustrechnung als Erhöhung des Bestands an fertigen Erzeugnissen darzustellen, die ergebniserhöhend wirkt und dafür sorgt, dass das Verhältnis zwischen Umsatzerlös und Materialaufwand richtig dargestellt wird. Dadurch, dass hergestellte Produkte nicht im selben Geschäftsjahr veräußert wurden, ist nämlich der Materialaufwand eigentlich zu hoch ausgewiesen, da das eingesetzte Material nicht vollständig

Ansatz

Bestandsveränderung

zu Umsatz geführt hat. Die Bestandsveränderung an fertigen und unfertigen Erzeugnissen stellt somit faktisch eine Korrektur des Materialaufwands dar.

Fertige Erzeugnisse

Umgekehrt werden in einem Geschäftsjahr Erzeugnisse verkauft (sie werden Umsatzerlös), die in einem früheren Geschäftsjahr hergestellt wurden, die also aus vorhandenem Bestand veräußert wurden. Es liegt also eine Bestandsminderung vor, die unter diesem Posten in der Gewinn- und Verlustrechnung darzustellen ist. Diese Bestandsverminderung korrigiert ebenfalls das Verhältnis zwischen Umsatzerlös und Materialaufwand. Der Materialaufwand ist nämlich im Vergleich zum Umsatz des Geschäftsjahres in diesem Fall zu niedrig ausgewiesen.

Unfertige Erzeugnisse

Derselbe Sachverhalt gilt für die unfertigen Erzeugnisse, also für die Produkte, mit deren Herstellung innerhalb des Geschäftsjahres begonnen, die aber noch nicht fertiggestellt wurden. Für die Roh-, Hilfs- und Betriebsstoffe sowie für die Handelswaren eines Unternehmens ist die Bestandsveränderung unter diesem Posten nicht auszuweisen. Erworbene Handelswaren, die nicht im selben Geschäftsjahr weiter veräußert wurden, sind mit ihren Anschaffungskosten im Vorratsvermögen zu aktivieren, mit der Folge, dass ein Materialaufwand nicht vorliegt. Materialaufwand entsteht bei Handelswaren erst dann, wenn die Handelsware veräußert wird. Insoweit erübrigt sich also das Regulativ der Bestandsveränderung in der Gewinn- und Verlustrechnung für die Handelswaren.

Roh-, Hilfs- und Betriebsstoffe

Roh-, Hilfs- und Betriebsstoffe führen an sich nicht zu Umsatzerlösen. Sie gehen lediglich in die zu produzierenden Produkte ein oder sie werden zur Produktion der Produkte als Verbrauchsmaterial eingesetzt. Aus diesem Grunde sind die Roh-, Hilfs- und Betriebsstoffe nicht bei den Bestandsveränderungen in der Gewinn- und Verlustrechnung zu zeigen. Soweit, und das dürfte in der Praxis üblich sein, die Roh-, Hilfs- und Betriebsstoffe zum Zeitpunkt ihrer Anschaffung als Materialaufwand gebucht werden, sind die sich bei der Inventur ergebenden Bestandsveränderungen direkt unter dem Posten Materialaufwand zu verrechnen.

Bewertung

Die Höhe der Erhöhung oder Verminderung des Bestands an fertigen und unfertigen Erzeugnissen ergibt sich aus der Gegenüberstellung des bewerteten Vorratsbestands an unfertigen und fertigen Erzeugnissen des Geschäftsjahres mit dem des Vorjahres.

Ausweis

Die Bestandsveränderung an fertigen und unfertigen Erzeugnissen ist in der Gewinn- und Verlustrechnung unter »2. Erhöhung oder Verminderung des Bestands an fertigen und unfertigen Erzeugnissen« auszuweisen. Besondere Angabe- oder Erläuterungspflichten im Anhang gibt es nicht.

7.3   Andere aktivierte Eigenleistungen

Der Posten »Andere aktivierte Eigenleistungen« ist ähnlicher Natur   Ansatz
wie der Posten »Erhöhung oder Verminderung des Bestands an fertigen und unfertigen Erzeugnissen«. Während es bei der Erhöhung
des Bestands an fertigen und unfertigen Erzeugnissen darum geht,
den in der Gewinn- und Verlustrechnung verbuchten (Material-)
Aufwand zu korrigieren, geht es bei den aktivierten Eigenleistungen
darum, eine Aufwandskorrektur für geschaffene Werte des Anlagevermögens vorzunehmen.

Beispiel:
*Das Unternehmen hat im Geschäftsjahr mit eigenem Personal auf dem
Betriebsgrundstück einen PKW-Parkplatz errichtet.*

Lösung:
*Der errichtete PKW-Parkplatz stellt eine Außenanlage dar und ist da-
her im Anlagevermögen zu aktivieren. Die Aktivierung des Parkplatzes
führt dazu, dass kein Aufwand vorliegt. Da das Unternehmen jedoch
eigene Leute eingesetzt hat, die den Parkplatz gepflastert haben, ist eine
Aufwandskorrektur vorzunehmen, da die Kosten für die Arbeitnehmer,
die den Parkplatz gepflastert haben, unter dem Personalaufwand erfasst
wurden. Der Personalaufwand ist nicht zu korrigieren. Vielmehr wird
die Korrektur des Personalaufwands durch die ergebniserhöhende Verbuchung der aktivierten Eigenleistungen korrigiert.*

Zu berücksichtigen ist, dass die für die Herstellung des PKW-Park-
platzes verwendeten Pflastersteine nicht in die aktivierten Eigenleistungen aufzunehmen sind. Die Pflastersteine, die zur Errichtung des
Parkplatzes erworben wurden, sind direkt zu aktivieren und stellen
keinen Materialaufwand dar. Insoweit kommt eine Korrektur des
Materialaufwands unter dem Posten »andere aktivierte Eigenleistungen« nicht in Betracht.

Die Bewertung der aktivierten Eigenleistungen ergibt sich aus der   Bewertung
Ermittlung der Herstellungskosten des zu aktivierenden Vermögensgegenstands, für welchen die Eigenleistungen erbracht wurden.

Fortführung des Beispiels:

In dem vorgenannten Beispiel wurde auf dem Betriebsgelände ein PKW-Parkplatz errichtet. Hierbei fielen Materialkosten, Kosten für Maschinenmieten und Personalkosten an. Aus der Kalkulation der Herstellungskosten sind die Kosten unter dem Posten »Andere aktivierte Eigenleistungen« aufzunehmen, die in der Gewinn- und Verlustrechnung als Aufwand verbucht wurden, und zwar exakt in dieser Höhe. Wenn also der Personalaufwand im vorgenannten Beispiel mit 100.000 € in die Herstellungskosten eingegangen ist, so ist der Betrag von 100.000 € ergebniserhöhend unter dem Posten »andere aktivierte Eigenleistungen« zu erfassen.

Ausweis

Sie sind in der Gewinn- und Verlustrechnung unter »3. Andere aktivierte Eigenleistungen« auszuweisen. Besondere Angabepflichten im Anhang bestehen grundsätzlich nicht.

7.4   Sonstige betriebliche Erträge

Ansatz

Der Posten »Sonstige betriebliche Erträge« ist im Zusammenhang mit dem Posten Umsatzerlöse zu sehen. Alle Erträge, die im Rahmen der gewöhnlichen Geschäftstätigkeit dem Betriebsergebnis zuzuordnen sind und nicht zu den Umsatzerlösen gehören, sind unter dem Posten »Sonstige betriebliche Erträge aufzunehmen. Nicht zu den Erträgen des Betriebsergebnisses gehören die Finanzerträge und die außerordentlichen Erträge.

Sonstige betriebliche Erträge

Zu den sonstigen betrieblichen Erträgen zählen insbesondere:
- Mieterträge aus Werkwohnungen,
- Einnahmen aus Versicherungsleistungen (Schadenersatz),
- Erträge aus Anlagenabgängen,
- Erträge aus der Zuschreibung zu Forderungen,
- Kursgewinne aus Währungsgeschäften,
- Erträge aus der Auflösung von Rückstellungen/Rücklagen,
- Erträge aus der Zuschreibung zu Vermögensgegenständen des Anlagevermögens,
- Erlöse aus Kantinenbetrieb,
- Erträge aus der Veräußerung von Wertpapieren,
- Patent- und Lizenzerlöse (soweit es sich nicht um Umsatzerlöse handelt).

Bewertung

Die Bewertung sonstiger betrieblicher Erträge ergibt sich aus den einzelnen Geschäftsvorfällen. Liegt dem Ertrag ein Geschäftsvorfall zugrunde, sind grundsätzlich die Bewertungsregeln anzuwenden, die zu den Umsatzerlösen erläutert wurden. In den anderen Fällen ergibt sich der Wert des Ertrages regelmäßig aus dem Sachverhalt.

Geht z.B. eine früher bereits abgeschriebene Forderung ein, so ergibt sich der Ertrag aus dem Saldo des Zahlungseingangs abzüglich des noch in den Büchern geführten, wertberichtigten Betrages.

Der Ausweis hat unter »4. Sonstige betriebliche Erträge« zu erfolgen. Besondere Angaben im Anhang sind nicht erforderlich.   **Ausweis**

7.5 Materialaufwand

7.5.1 Aufwendungen für Roh-, Hilfs- und Betriebsstoffe und für bezogene Waren

Unter diesem Posten ist der gesamte Materialverbrauch an Roh-, Hilfs- und Betriebsstoffen auszuweisen, welcher dem Fertigungsbereich des Unternehmens zuzuordnen ist. Der Materialverbrauch für die Verwaltung und den Vertrieb des Unternehmens kann ebenfalls hier erfasst werden, insbesondere dann, wenn eine eindeutige Aufteilung nicht möglich ist.   **Ansatz**

Beispiel:
In einem Unternehmen wird Erdgas für den Betrieb bestimmter technischer Anlagen eingesetzt. Die entstehende Abwärme wird in das Heizungsnetz des Unternehmens eingespeist und trägt somit zur Wärmeversorgung sowohl anderer Betriebsräume als auch der Verwaltungsräume bei.

Lösung:
Grundsätzlich gehören die Heizkosten zu den sonstigen betrieblichen Aufwendungen. Energiekosten, die aufgewendet werden, um technische Anlagen zu betreiben, sind Betriebskosten und gehören daher in den Materialaufwand. Ist eine Trennung – wie im vorangehenden Beispiel dargestellt – des Aufwands nicht oder nur durch sehr aufwendige Berechnungen möglich, so spricht nichts dagegen, den gesamten Energieaufwand unter den Roh-, Hilfs- und Betriebsstoffen zu erfassen, sofern der Energieaufwand für den betrieblichen Bereich deutlich überwiegt.

Aufwendungen für bezogene Waren liegen bei dem Erwerb von Handelswaren vor. Diese Handelswaren gehen erst dann in den Aufwand ein, wenn sie verkauft wurden und somit in den Umsatzerlösen dargestellt werden. Hierzu gehören:

- Fertigungs-, Reparaturstoffe,
- Baumaterial,
- Reinigungsmaterial,
- Bewertungs- und Inventurdifferenzen bezüglich Roh-, Hilfs- und Betriebsstoffen.

Bewertung

Die Bewertung des Aufwands für Roh-, Hilfs- und Betriebsstoffe erfolgt mit den tatsächlichen Anschaffungskosten. Erhaltene Skonti, Boni und andere Nachlässe sind aufwandsmindernd zu berücksichtigen. Die Bewertung der bezogenen Waren richtet sich nach dem Wert, mit welchem die Handelswaren, die veräußert wurden, im Vorratsvermögen angesetzt wurden.

Ausweis

Der Ausweis erfolgt in der Gewinn- und Verlustrechnung unter »5. Materialaufwand a) Aufwendungen für Roh-, Hilfs- und Betriebsstoffe und für bezogene Waren«. Besondere Angabepflichten im Anhang bestehen nicht.

7.5.2   Aufwendungen für bezogene Leistungen

Ansatz

Aufwendungen für bezogene Leistungen liegen vor, wenn das Unternehmen von anderen Unternehmen Leistungen in Anspruch nimmt, die der Herstellung der eigenen Produkte oder Dienstleistung dienen. Im Bereich eines Produktionsunternehmens kann dies z.B. bei Lohnfertigungen der Fall sein, bei denen das bilanzierende Unternehmen das Material zur Verfügung stellt, welches durch fremde Dritte bearbeitet oder weiter verarbeitet wird. Bezogene Leistungen können z.B. das Härten, das Lackieren oder das Verzinken von Produkten durch andere Unternehmer sein.

Beispielhaft können genannt werden:

- Aufwendungen für Leistungen Dritter für den eigenen Fertigungs- oder Leistungsbereich wie Lohnbe- oder -verarbeitung,
- Strom- und Energieaufwendungen,
- Reparaturen,

aber nicht Leistungen, die lediglich zur Gesamtleistung des Unternehmens beigetragen haben.

Keine bezogenen Leistungen liegen bei Fremdreparaturen vor, welche grundsätzlich in den Bereich der sonstigen betrieblichen Aufwendungen gehören. Betreffen die Reparaturen eindeutig den Produktionsbereich, so wird eine Verbuchung dieser Fremdreparaturaufwendungen unter den bezogenen Leistungen teilweise als zulässig angesehen. Diese Auffassung ist jedoch durchaus umstritten, da die Aufwendungen für bezogene Leistungen als Unterposten zum Materialaufwand nur direkt mit der Herstellung der Produkte des Unternehmens im Zusammenhang stehen.

Bewertung

Die Bewertung der bezogenen Leistungen erfolgt nach den gleichen Grundsätzen wie die Bewertung der Aufwendungen für Roh-, Hilfs- und Betriebsstoffe.

Ausweis

Die Aufwendungen für bezogene Leistungen sind in der Gewinn- und Verlustrechnung unter dem Posten »5. Materialaufwand b) Aufwendungen für bezogene Leistungen« gesondert auszuweisen. Wird auf den gesonderten Ausweis in der Gewinn- und Verlustrechnung unter dem Posten »Materialaufwand« verzichtet, so ist die Aufteilung des Materialaufwands in die Aufwendungen für Roh-, Hilfs- und Betriebsstoffe und bezogene Waren einerseits und die Aufwendungen für bezogene Leistungen andererseits im Anhang anzugeben und zu berücksichtigen, dass die entsprechenden Zahlen nicht nur für das abgeschlossene Geschäftsjahr, sondern auch für das entsprechende Vorjahr darzustellen sind.

7.6   Personalaufwand

7.6.1   Löhne und Gehälter

Unter den Löhnen und Gehältern sind die Bezüge der gesamten Belegschaft zu erfassen, unabhängig davon, ob es sich bei dem Belegschaftsmitglied um einen Arbeiter, einen Angestellten oder ein Mitglied der Geschäftsführung handelt. Wesentlich ist lediglich, dass unter dem Posten Löhne und Gehälter die Bezüge erfasst werden, für die der Lohn- bzw. Gehaltsempfänger eine Leistung im abgeschlossenen Geschäftsjahr erbracht hat. Ebenfalls sind hier diejenigen Bezüge zu erfassen, die für frühere Geschäftsjahre nachgezahlt werden, soweit hierfür in den Vorjahren keine ausreichende Rückstellung gebildet wurde. Zu den Löhnen und Gehältern gehören alle Arbeitsentgelte, unabhängig davon, ob diese in einer Geld- oder in einer Sachleistung bestanden haben. Auch die Abfindungen gehören unter diesen Posten. Nicht unter den Posten Löhne und Gehälter gehören die Zahlungen, für die eine Gegenleistung nicht mehr zu erwarten ist.

Ansatz

Definition der Löhne und Gehälter

Beispiel:

Mit einem Arbeitnehmer wird nach einem langjährigen Arbeitsverhältnis ein Aufhebungsvertrag geschlossen. In dem Aufhebungsvertrag wird im November 01 vereinbart, dass der Arbeitnehmer zum 31.3.02 aus dem Unternehmen ausscheidet. Weiterhin wird vereinbart, dass der Arbeitnehmer vom Zeitpunkt des Abschlusses der Aufhebungsvereinbarung von allen Arbeitsleistungen bei unvermindertem Fortlauf der Bezüge bis zu seinem Ausscheiden am 31.3.02 freigestellt wird. Darüber hinaus wurde dem Arbeitnehmer eine Abfindung in Höhe von 50.000 € zugesagt.

Lösung:

Die Abfindungsleistungen werden als Entlohnung für die in der Vergangenheit erbrachte Arbeitsleistung des Arbeitnehmers angesehen und sind daher unter den Löhnen und Gehältern zu erfassen. Darüber hinaus sind auch die Bezüge für Dezember 00 als Personalaufwand unter den Löhnen und Gehältern zu erfassen, obwohl eine Gegenleistung für diese Zahlung nicht mehr zu erwarten ist. Diese Zahlung hat Abfindungscharakter.

Die Zahlungen für Januar bis März 01 stellen ebenfalls Personalaufwand (Löhne und Gehälter) dar, obwohl eine Gegenleistung nicht mehr zu erwarten ist. Da der Abfindungsanspruch ursächlich im Geschäftsjahr 00 entstanden ist und von dem Arbeitnehmer im Jahr 01 keine Leistung mehr erbracht wird, sind auch die Lohn- bzw. Gehaltszahlungen für Januar bis März 01 aufwandsmäßig im Geschäftsjahr 00 zu berücksichtigen, indem eine entsprechende sonstige Rückstellung gebildet wird.

Urlaubsrückstellung und Erfolgsvergütungen

Alle Lohn- und Gehaltsaufwendungen, die wirtschaftlich in das Geschäftsjahr gehören und die in einem Folgejahr noch an die Beschäftigten zu leisten sind, sind unter den Löhnen und Gehältern zu erfassen, wenn die Beschäftigten hierfür ihre Leistung erbracht haben. Hierfür sind die entsprechenden Rückstellungen zu bilden. Hierzu gehören insbesondere die Urlaubsrückstellungen und die vertraglich vereinbarten oder in anderer Form zugesagten Erfolgsvergütungen für die Beschäftigten, soweit sie noch nicht in Anspruch genommen bzw. ausgezahlt wurden.

Zum Personalaufwand gehören unter anderem:

- Bruttolöhne- und -gehälter,
- Lohn- und Kirchensteuer, Solidaritätszuschlag,
- Arbeitnehmeranteil zur Sozialversicherung,
- Geschäftsführergehälter,
- Zuschüsse,
- Urlaubs- und Feiertagslohn,
- Lohnfortzahlungen,
- Erfindervergütungen,
- Prämien,
- vertragliche Gewinnbeteiligungen der Arbeitnehmer,
- Leistungen nach dem Vermögensbildungsgesetz,
- Jubiläumsgelder,
- Sachbezüge,
- Kindergeld.

Nicht dazu gehören:

- Auslageerstattungen,
- Zahlungen an den Aufsichtsrat (sonstiger betrieblicher Aufwand) und
- Provisionszahlungen an selbständige Vertreter.

Die Bewertung der Löhne und Gehälter wirft keine besonderen Probleme auf. Es sind die Bruttolöhne bzw. die Bruttogehälter in voller Höhe zu bewerten. Nicht in die Bewertung gehören die Arbeitgeberanteile zur Sozialversicherung, da die Zahlungen dieser Beträge auf einer gesetzlichen Verpflichtung beruhen und nicht Bestandteil des Lohnes bzw. des Gehaltes sind. Etwas anderes gilt hinsichtlich der pauschalen Einkommen- und Kirchensteuer sowie der Sozialabgaben auf die Bezüge geringfügig Beschäftigter, da diese Abgaben eigentlich vom Arbeitnehmer zu tragen wären und daher als Lohnbestandteil anzusehen sind.

Bewertung

Die Löhne und Gehälter sind in der Gewinn- und Verlustrechnung unter »6. Personalaufwand Löhne und Gehälter« gesondert auszuweisen. Wenn in diesem Posten größere Beträge für Abfindungen enthalten sind, ist gegebenenfalls eine entsprechende Angabe im Anhang zu machen, insbesondere dann, wenn die Abfindungen der Höhe nach nicht unbedeutend sind und aperiodischen Charakter haben.

Ausweis

7.6.2 Soziale Abgaben und Aufwendungen für Altersversorgung und für Unterstützung

Zu den sozialen Abgaben gehören ausschließlich die gesetzlichen Abgaben, die vom Arbeitgeber zu leisten sind. Die Arbeitnehmeranteile zur Sozialversicherung sind Bestandteil der Löhne und Gehälter und sind in den Bruttolöhnen bzw. Bruttogehältern mit zu erfassen. Diese Beträge werden vom Arbeitgeber lediglich einbehalten und an das Finanzamt bzw. die Sozialversicherungsträger abgeführt.

Ansatz

Aus dem Begriff »Abgaben« ergibt sich, dass unter dieser Position nur gesetzliche Sozialaufwendungen zu erfassen sind, nicht jedoch freiwillige oder auf Tarifvertrag oder auf anderer Vereinbarung beruhende Sozialleistungen zu erfassen sind. Derartige freiwillige Sozialleistungen sind Bestandteil der Löhne und Gehälter und nicht der sozialen Abgaben.

Definition Abgaben

Auch die Schwerbehindertenabgaben gehören nicht unter die sozialen Abgaben, da sie nicht primär mit dem Personalaufwand der bei dem Unternehmen Beschäftigten im Zusammenhang stehen. Hierbei handelt es sich vielmehr um eine gesetzliche Ausgleichsabgabe, die dann erhoben wird, wenn das Unternehmen nicht im ausreichenden Umfang schwerbehinderte Arbeitnehmer beschäftigt. Die Schwerbehindertenausgleichsabgabe gehört auch nicht zu den Löhnen und Gehältern und ist daher unter den sonstigen betrieblichen Aufwendungen zu erfassen.

Zu den Aufwendungen für Altersversorgung gehören die Pensionszahlungen, unabhängig davon, ob sie freiwillig oder aufgrund eines Rechtsanspruchs gewährt werden, soweit die Pensionszahlungen nicht durch entsprechende Verminderung der Pensionsrückstellung

Pensionsverpflichtungen

Periodengerechter Ausweis

abgedeckt sind. Hieraus folgt, dass die Pensionszahlungen über den Personalaufwand (Aufwendungen für Altersversorgung) gebucht werden und dass im Gegenzug die anteilige Auflösung der Pensionsrückstellung in diesen Posten gegen zu buchen ist. Diese Vorgehensweise verstößt nicht gegen das Saldierungsverbot. Die Vorgehensweise dient lediglich dazu, im Personalaufwand ausschließlich den Aufwand darzustellen, der in der Abrechnungsperiode entstanden ist. Dies ist der Aufwand, für den in der Vergangenheit eine Pensionsrückstellung nicht im ausreichenden Umfang gebildet wurde.

Aufwendungen für Unterstützung sind solche Aufwendungen, die an tätige oder ehemalige Mitarbeiter geleistet werden, ohne dass dem Empfänger der Leistung eine konkrete Gegenleistung gewährt wird. Hierbei kann es sich um Erholungsbeihilfen, Heirats- und Geburtsbeihilfen, um Zuschüsse zu Kuren usw. handeln. Es kommen insbesondere in Betracht:

- Arbeitgeberanteile zur Sozialversicherung,
- Beihilfen,
- Krankheits- und Unfallunterstützung,
- Zuführung zu Unterstützungskassen,
- Pensionszahlungen,
- Zuführung zu Pensionsrückstellungen,
- Beiträge zu Lebensversicherungen der Arbeitnehmer,
- Beiträge an den Pensionssicherungsverein,
- Beiträge zur Berufsgenossenschaft.

Bewertung

Die Bewertung wirft keine besonderen Probleme auf. Die sozialen Abgaben sind nach den jeweils gesetzlichen Vorschriften zu ermitteln. Die Aufwendungen für Altersversorgung sind bei den laufenden Leistungen in Höhe der Zahlungen abzüglich der bei den Pensionsrückstellungen aufzulösenden Teilbeträge anzusetzen. Hinsichtlich der Bewertung der Anwartschaften ist die Saldogröße, die sich aus der Bewertung der Anwartschaft zum Bilanzstichtag abzüglich der Höhe der Anwartschaft zum Ablauf des Vorjahres zu den Pensionsrückstellungen vorzunehmen.

Ausweis

Die sozialen Abgaben und Aufwendungen für Altersversorgung und für Unterstützung sind in einem Betrag in der Gewinn- und Verlustrechnung unter »6. Personalaufwand« gesondert nach den Löhnen und Gehältern auszuweisen. Darüber hinaus sind die Aufwendungen für Altersversorgung unter diesem Posten als Davon-Vermerk gesondert auszuweisen. Zu beachten ist, dass der Davon-Vermerk auch für das Vorjahr abzubilden ist. Die Angabe des Davon-Vermerks kann unterbleiben, wenn die entsprechenden Angaben alternativ im Anhang erfolgen.

7.7 Abschreibungen

7.7.1 Abschreibungen auf immaterielle Vermögensgegenstände des Anlagevermögens und Sachanlagen sowie auf aktivierte Aufwendungen für die Ingangsetzung und Erweiterung des Geschäftsbetriebs

Der Posten Abschreibungen ist untergliedert in die Abschreibungen auf das Anlagevermögen und in die Abschreibungen auf das Umlaufvermögen. Alle Abschreibungen, die auf Vermögensgegenstände des Anlagevermögens vorgenommen werden, sind aufwandsmäßig unter diesem Posten zu erfassen. Hierzu gehören die immateriellen Vermögensgegenstände und die Sachanlagen. Auch hinzu gerechnet werden die Aufwendungen für die Ingangsetzung und Erweiterung des Geschäftsbetriebs, obwohl es sich hierbei expressis verbis nicht um Vermögensgegenstände handelt. Gleichwohl sind die Ingangsetzungskosten gemäß § 269 HGB vor dem Anlagevermögen in der Bilanz auszuweisen und die Entwicklung dieses Postens im Anlagenspiegel darzustellen.

Ansatz

Der betragsmäßige Ausweis erfolgt in Höhe der gesamten Jahresabschreibung, die auf immaterielle Vermögensgegenstände des Anlagevermögens, die Sachanlagen sowie die Ingangsetzungs- und Erweiterungsaufwendungen angefallen sind.

Bewertung

Die Abschreibungen auf immaterielle Vermögensgegenstände des Anlagevermögens und Sachanlagen sowie auf aktivierte Aufwendungen für die Ingangsetzung und Erweiterung des Geschäftsbetriebs sind in der Gewinn- und Verlustrechnung unter dem Posten »7. Abschreibungen« gesondert auszuweisen. Zu beachten ist, dass der Ausweis mit dem Anlagenspiegel, welcher die Jahresabschreibung anzugeben hat, übereinstimmt. Etwaige Abweichungen weisen auf einen sachlichen Fehler hin. Weiterhin sind außerplanmäßige Abschreibungen, die ebenfalls unter diesem Posten auszuweisen sind, im Anhang gesondert anzugeben und zu erläutern, sofern die außerplanmäßigen Abschreibungen der Höhe nach nicht unwesentlich sind. In der Gewinn- und Verlustrechnung sind Sonderabschreibungen, die nach steuerrechtlichen Vorschriften vorgenommen werden durften, ebenfalls gesondert darzustellen. Dies kann in der Weise erfolgen, dass das Gliederungsschema im Bereich des Postens Abschreibungen um den Unterposten »Sonderabschreibungen aufgrund steuerrechtlicher Vorschriften« erweitert wird. Alternativ ist denkbar, innerhalb der Gewinn- und Verlustrechnung unter den Abschreibungen den Betrag anzugeben, welcher auf Sonderabschreibungen aufgrund steuerrechtlicher Vorschriften entfällt (Davon-Vermerk). Es kann aber auch erwogen werden, die Darstellung der

Ausweis

Außerplanmäßige Abschreibungen

Sonderabschreibungen

Sonderabschreibungen aus Gründen der Übersichtlichkeit in den Anhang zu verlagern.

7.7.2 Abschreibungen auf Vermögensgegenstände des Umlaufvermögens, soweit diese die in dem Unternehmen üblichen Abschreibungen überschreiten

Ansatz

Unter den Posten 7.b) sind die Abschreibungen auf Vermögensgegenstände des Umlaufvermögens auszuweisen, soweit diese die in dem Unternehmen üblichen Abschreibungen überschreiten. Aufwendungen, die unter diesem Posten ausgewiesen werden, sind also nur Beträge, die über den üblichen Betrag der Abschreibungen auf Gegenstände des Umlaufvermögens entfallen. Die Wertberichtigungen zu Forderungen sind grundsätzlich unter den sonstigen betrieblichen Aufwendungen zu erfassen, soweit sie das übliche Maß der jährlich vorzunehmenden Wertberichtigungen nicht überschreiten. Abwertungen im Vorratsvermögen wegen Alters, wegen Überbeständen oder aufgrund von Schwund sind unter dem Materialaufwand zu erfassen, soweit die Abwertungen im üblichen Rahmen des Unternehmens liegen. Nur wenn die Höhe der Abwertungen das übliche Maß überschreitet, ist der Betrag unter den Abschreibungen auf Vermögensgegenstände des Umlaufvermögens auszuweisen.

Bewertung

Die Frage, in welcher Höhe die Abschreibungen auf Gegenstände des Umlaufvermögens unter diesem Posten darzustellen sind, ist nicht leicht zu beantworten. Zunächst einmal stellt sich die Frage, ob die Wertberichtigungen, die innerhalb eines Postens des Umlaufvermögens anfallen und den gewöhnlichen Rahmen überschreiten, in voller Höhe unter den Abschreibungen auf das Umlaufvermögen darzustellen sind oder ob der Betrag auszuweisen ist, der über das übliche Maß hinausgeht. Bei sachgerechter Auslegung des Gesetzeswortlautes wird nur der Betrag unter dem Posten Abschreibungen auszuweisen sein, der über das übliche Maß hinausgeht. Dies ergibt sich aus der gesetzlichen Definition »soweit diese die üblichen Abschreibungen überschreiten«. Die Abgrenzung, bei welchem Betrag das übliche Maß überschritten wird, ist nicht eindeutig zu ziehen und ermöglicht dem Bilanzierenden einen gewissen Gestaltungsspielraum.

Ausweis

Der Ausweis hat in der Gewinn- und Verlustrechnung unter »7.b) Abschreibungen« gesondert zu erfolgen.

Tipp

> § 277 Abs. 3 HGB fordert, dass außerplanmäßige Abschreibungen gesondert auszuweisen oder im Anhang anzugeben sind. Da es sich bei diesem Posten hier regelmäßig um außerplanmäßige Abschreibungen handelt, ist zu prüfen, ob sich ein weiterer Ausweis erübrigt.

7.8 Sonstige betriebliche Aufwendungen

Bitte betrachten Sie an dieser Stelle noch einmal den grundsätzlichen **Ansatz** Aufbau der Gewinn- und Verlustrechnung. Die Gewinn- und Verlustrechnung ist systematisch unterteilt in den betrieblichen Bereich, in den Finanzteil und den steuerlichen Teil. Die sonstigen betrieblichen Aufwendungen sind der letzte Posten in dem betrieblichen Block. Auch wenn der Umfang des Postens regelmäßig erheblich ist, handelt es sich gewissermaßen um einen Auffangposten, in welchem alle betrieblichen Aufwendungen zu erfassen sind, die nicht unter einen der Posten 1. bis 7. der Gewinn- und Verlustrechnung zu subsumieren sind. Danach gehört zu den sonstigen betrieblichen Aufwendungen all jener betriebliche Aufwand, der nicht Materialaufwand, Personalaufwand oder Abschreibungsaufwand darstellt und darüber hinaus aber auch kein außerordentlicher Aufwand ist.

Aus Gründen der Übersichtlichkeit und der Möglichkeiten der **Untergliederung** internen Analyse empfiehlt es sich, für eigene Zwecke den sonstigen **der sonstigen** betrieblichen Aufwand zu untergliedern in Betriebsaufwand, Ver- **betrieblichen** waltungsaufwand und in Vertriebsaufwand. Diese Aufgliederung **Aufwendungen** muss jedoch nicht in der eigentlichen Gewinn- und Verlustrechnung erfolgen.

Zu den sonstigen betrieblichen Aufwendungen gehören auch die Zuführungen zu Rückstellungen, wenn dieser Aufwand nicht konkret einem anderen Posten im betrieblichen Bereich der Gewinn- und Verlustrechnung zugeordnet werden kann.

Typische Aufwendungen sind:

- Zuführung zu Rückstellungen,
- Zuführung zu den Sonderposten mit Rücklageanteil,
- Verluste aus dem Abgang von Vermögensgegenständen des Anlagevermögens,
- übliche Forderungsabschreibungen,
- Telefon-, Telefax-, Postgebühren,
- Beiträge,
- Versicherungen,
- Spenden,
- Gebühren,
- Reisekosten,
- Ausgangsfrachten,
- Werbekosten,
- Provisionen,
- Bücher, Zeitschriften,
- Büromaterial,
- Mieten/Pachten,
- Transportkosten.

Bewertung

Die sonstigen betrieblichen Aufwendungen sind in der Höhe auszuweisen, die dem Aufwand des Geschäftsjahres entspricht. Sind in dem Posten Aufwendungen für spätere Geschäftsjahre enthalten, so ist zu prüfen, ob ein aktiver Rechnungsabgrenzungsposten zu bilden ist, um eine periodengerechte Abgrenzung der sonstigen betrieblichen Aufwendungen sicherzustellen.

Ausweis

Der Ausweis der sonstigen betrieblichen Aufwendungen erfolgt in der Gewinn- und Verlustrechnung unter »8. Sonstige betriebliche Aufwendungen«. Besondere Angabeverpflichtungen im Anhang bestehen nicht. Es ist aber zu beachten, dass Zuführungen zum Sonderposten mit Rücklageanteil in der Gewinn- und Verlustrechnung mit einem Davon-Vermerk zu den sonstigen betrieblichen Aufwendungen der Höhe nach anzugeben ist. Alternativ kann der Betrag der Zuführung zum Sonderposten mit Rücklageanteil auch im Anhang angegeben werden. Die Angabe muss sich immer auf das abgeschlossene Geschäftsjahr und auf das jeweilige Vorjahr beziehen.

7.9 Betriebsergebnis

Definition des Betriebsergebnisses

Das Betriebsergebnis ist die Zwischensumme aus den Posten 1. bis 8. der Gewinn- und Verlustrechnung. Es handelt sich hierbei um eine rechnerische Größe, welche sich problemlos aus der Gewinn- und Verlustrechnung ermitteln lässt. Gleichwohl ist das Betriebsergebnis als Zwischenergebnis der Gewinn- und Verlustrechnung im gesetzlichen Gliederungsschema nicht vorgesehen. Es spricht jedoch nichts dagegen, zur Verbesserung der Übersichtlichkeit dieses Zwischenergebnis in der Gewinn- und Verlustrechnung darzustellen. Eine gesetzliche Grundlage für die Bildung dieses Zwischensaldos gibt es allerdings nicht. In § 265 Abs. 5 Satz 2 HGB heißt es sogar, dass neue Posten nur hinzugefügt werden dürfen, wenn ihr Inhalt nicht von einem vorgeschriebenen Posten gedeckt wird. Wir vertreten jedoch die Auffassung, dass das Betriebsergebnis eine Zwischensumme ist und kein Posten im Sinne des Gesetzes.

Das Betriebsergebnis setzt sich rechnerisch wie folgt zusammen:

	Umsatzerlöse
+/./.	Erhöhung/Verminderung des Bestands an fertigen und unfertigen Erzeugnissen
+	andere aktivierte Eigenleistungen
+	sonstige betriebliche Erträge
=	Gesamtleistung (Zwischensumme)
./.	Materialaufwand
=	Rohergebnis (Zwischensumme)
./.	Personalaufwand
./.	Abschreibungen
./.	sonstige betriebliche Aufwendungen
=	Betriebsergebnis (Zwischensumme)

7.10 Erträge aus Beteiligungen

Unter dem Posten Erträge aus Beteiligungen sind alle Beträge aufzunehmen, die aus Gewinnausschüttungen von Kapitalgesellschaften stammen sowie Gewinne von Personengesellschaften und Zinsen auf beteiligungsähnliche Darlehen von Personengesellschaften, wenn es sich bei diesen Gesellschaften um solche handelt, deren Beteiligung im Finanzanlagevermögen des Unternehmens aktiviert wird. Zu den Beteiligungserträgen gehören nicht nur diejenigen Erträge, die von Unternehmen stammen, mit denen ein Beteiligungsverhältnis besteht, sondern auch die Beteiligungserträge von verbundenen Unternehmen.

Die Beteiligungserträge sind bei Kapitalgesellschaften brutto, also ohne Abzug der Kapitalertragsteuer, anzusetzen. Die einbehaltene Kapitalertragsteuer ist in der Gewinn- und Verlustrechnung unter Posten »18. Steuern vom Einkommen und vom Ertrag« auszuweisen. Wird die Kapitalertragsteuer zu einem späteren Zeitpunkt angerechnet bzw. erstattet, so ist der Erstattungsbetrag in dieser Höhe unter den sonstigen Vermögensgegenständen zu aktivieren. Bei einer Personengesellschaft sind die Beteiligungserträge ebenfalls einschließlich der einbehaltenen Kapitalertragsteuer zu bewerten. Da im Anrechnungsverfahren die einbehaltene Kapitalertragsteuer bei den jeweiligen Gesellschaftern wie eine Steuervorauszahlung abgerechnet wird, gilt dieser Betrag von den Gesellschaftern im gleichen Zuge als entnommen.

Bei dem Ausweis, der in der Gewinn- und Verlustrechnung unter »9. Erträge aus Beteiligungen« erfolgt, sind einige Besonderheiten zu beachten. Soweit die Beteiligungserträge von verbundenen Unter-

Ansatz

Bewertung

Ausweis

Ergebnisab-
führungsverträge/
Gewinn-
gemeinschaften

nehmen stammen, ist dies unter dem Posten durch einen Davon-Vermerk darzustellen. Der Davon-Vermerk kann unterbleiben, wenn der Ausweis im Anhang erfolgt. In beiden Fällen ist die Angabe für das abgeschlossene Geschäftsjahr sowie für das Vorjahr erforderlich.

Soweit Gewinne aus Ergebnisabführungsverträgen und Gewinngemeinschaften stammen, sind diese Erträge gemäß § 277 Abs. 3 Satz 2 HGB in einem gesonderten Posten hinter den Erträgen aus Beteiligungen auszuweisen. Wie der Posten lauten muss, ist im Gesetz nicht definiert. Dort heißt es lediglich, dass diese Gewinne gesondert unter entsprechender Bezeichnung auszuweisen sind. Der Posten könnte hierbei heißen: »Aufgrund einer Gewinngemeinschaft, eines Gewinnabführungs- oder eines Teilgewinnabführungsvertrages erhaltene Gewinne«.

Da das Gesetz hier explizit einen besonderen Posten in der Gewinn- und Verlustrechnung verlangt, ist eine alternative Angabe im Anhang grundsätzlich nicht zulässig. Mit Hinweis auf § 265 Abs. 7 HGB dürfen Posten mit arabischen Zahlen zusammengefasst ausgewiesen werden, wenn sie einen Betrag enthalten, der für die Vermittlung eines den tatsächlichen Verhältnissen entsprechenden Bildes im Sinne von § 264 Abs. 2 HGB (true and fair view) nicht erheblich ist oder wenn dadurch die Klarheit der Darstellung vergrößert wird. Sollte mit Bezug auf diese Rechtsvorschrift ein gesonderter Ausweis der Erträge aufgrund eines Unternehmensvertrages nicht in der Gewinn- und Verlustrechnung gesondert ausgewiesen werden, so sind diese Angaben im Anhang zu machen.

7.11   Erträge aus anderen Wertpapieren und Ausleihungen des Finanzanlagevermögens

Unter diesem Posten sind, wie sich aus der Bezeichnung bereits ergibt, die Erträge aus anderen Wertpapieren und Ausleihungen des Finanzanlagevermögens auszuweisen. Unter diesem Posten werden einerseits die Erträge aus Ausleihungen des Finanzanlagevermögens erfasst sowie andererseits die Erträge aus anderen Wertpapieren, welche kein Beteiligungsverhältnis begründen. Hinsichtlich der Definition des verbundenen Unternehmens und des Beteiligungsunternehmens wird auf Kap. 6.1.1.3.1 verwiesen. Erträge aus Ausleihungen des Finanzanlagevermögens können von verbundenen Unternehmen, von Unternehmen, mit denen ein Beteiligungsverhältnis besteht und aus anderen Ausleihungen herrühren.

Beispiel:

- *Zins- und Dividendenerträge aus Wertpapieren des Anlagevermögens,*
- *Zinsen aus Darlehen (einschließlich Darlehen an Gesellschafter),*
- *Dividenden von eingetragenen Genossenschaften.*

Hinsichtlich der Bewertung gelten die Grundsätze, die unter Kapitel 7.10 (Bewertung der Erträge aus Beteiligungen) dargelegt wurden.

Der Ausweis erfolgt in der Gewinn- und Verlustrechnung unter dem Posten »10. Erträge aus anderen Wertpapieren und Ausleihungen des Finanzanlagevermögens«. Soweit die Erträge aus Ausleihungen aus verbundenen Unternehmen stammen, ist dies durch einen Davon-Vermerk zu diesem Posten in der Gewinn- und Verlustrechnung anzugeben. Dasselbe gilt für den entsprechenden Vorjahresbetrag. Alternativ kann der Davon-Vermerk im Anhang dargestellt werden.

Bewertung

Ausweis

7.12   Sonstige Zinsen und ähnliche Erträge

Ansatz

Aus dem Titel des Postens ergibt sich bereits, dass es sich hier um einen Sammelposten handelt, in dem diejenigen Zins- und anderen Finanzerträge auszuweisen sind, die nicht unter die Erträge aus Beteiligungen oder aus anderen Wertpapieren und Ausleihungen des Finanzanlagevermögens gehören:

- Zinsen aus Bankguthaben,
- Zinsen aus Festgeldanlagen,
- Forderungen gegen andere Schuldner,
- Diskonterträge aus Wechselforderungen,
- Zinsen und Dividenden auf Wertpapiere des Umlaufvermögens,
- Aufzinsungsbeträge für unverzinsliche oder niedrig verzinsliche Forderungen,
- Agios,
- Disagios,
- weiterberechnete Diskonte auf Kundenwechsel.

Nicht unter diesen Posten gehören die Lieferantenskonti, da die Skontoerträge direkt die Anschaffungskosten des gelieferten Gegenstandes vermindern.

Hinsichtlich der Bewertung wird auf Kapitel 7.10 verwiesen.

Die sonstigen Zinsen und ähnlichen Erträge sind in der Gewinn- und Verlustrechnung unter dem Posten Nr. 11. auszuweisen. Wie bei den anderen Finanzertragsposten ist ein Davon-Vermerk aufzunehmen, welcher den Teil der sonstigen Zinsen und ähnlichen Erträge aufzeigt, der von verbundenen Unternehmen stammt. Der entspre-

Bewertung

Ausweis

chende Vorjahresbetrag ist ebenfalls anzugeben. Alternativ können die Davon-Vermerke im Anhang dargestellt werden.

7.13 Abschreibungen auf Finanzanlagen und auf Wertpapiere des Umlaufvermögens

Ansatz   Unter diesem Posten sind alle Abschreibungen auf Finanzanlagen (also die Anteile an verbundenen Unternehmen, Beteiligungen, Ausleihungen und Wertpapiere des Anlagevermögens) sowie auf Wertpapiere des Umlaufvermögens zu erfassen. Bei den Wertpapieren des Umlaufvermögens sind hier aber nur die Abschreibungen vorzunehmen, die die für die Gesellschaft üblichen Abschreibungen nicht überschreiten. Wenn auf Wertpapiere des Umlaufvermögens Abschreibungen vorgenommen werden müssen, die über das übliche Maß hinausgehen, so sind diese unter dem Posten Nr. 7. b) der Gewinn- und Verlustrechnung auszuweisen (Abschreibungen auf Vermögensgegenstände des Umlaufvermögens, soweit diese die in der Gesellschaft üblichen Abschreibungen überschreiten).

Bewertung   Die Höhe des Ausweises richtet sich nach der Bewertung des aktivierten Vermögensgegenstands, welchem ein niedrigerer Wert beizulegen ist.

Ausweis   Hinsichtlich des Ausweises muss auf § 277 Abs. 3 HGB verwiesen werden, wonach außerplanmäßige Abschreibungen gesondert auszuweisen sind. Zu bedenken ist, dass planmäßige Abschreibungen von Finanzanlagen regelmäßig nicht vorkommen, so dass davon auszugehen ist, dass es sich bei den Abschreibungen, die unter diesem Posten ausgewiesen werden, ausschließlich um außerplanmäßige Abschreibungen handelt. Die außerplanmäßigen Abschreibungen können durch einen Davon-Vermerk hinter dem Posten oder im Anhang für das laufende Jahr und für das Vorjahr dargestellt werden. Denkbar ist aber auch ein Unterposten innerhalb der Gliederung der Gewinn- und Verlustrechnung.

7.14 Zinsen und ähnliche Aufwendungen

Ansatz   Bei diesem Posten handelt es sich um einen Sammelposten, bei welchem alle Zinsen und ähnliche Aufwendungen aufzunehmen sind, die nicht unter einem anderen Finanzaufwandsposten ausgewiesen werden können:

- Zinsen für Kredite/Hypotheken/Obligationen,
- Diskontzinsen,

- Kreditprovisionen,
- Abschreibungen auf aktiviertes Disagio,
- Verzinsungen,
- Zinsanteil aus der Zuführung zu Pensionsrückstellungen.

Nicht dazu gehören gewährte Skonti an Kunden; diese sind von den Umsatzerlösen abzusetzen.

Mangels eines anderen vorhandenen Postens müssten an dieser Stelle auch die Aufwendungen aus Verlustübernahmen ausgewiesen werden, wenn man der Systematik folgt, dass der Posten »Zinsen und ähnliche Aufwendungen« ein Sammelposten für alle Finanzaufwendungen, die sich nicht unter einem anderen Finanzaufwandsposten einordnen lassen, darstellt. Die Aufwendungen aus Verlustübernahme sind jedoch nach § 277 Abs. 3 HGB unter einem gesonderten Posten auszuweisen, was sinnvoller Weise vor dem Posten 13. der Gewinn- und Verlustrechnung (Zinsen und ähnliche Aufwendungen) mit dem Titel Aufwendungen aus Verlustübernahme erfolgt. Zu einer Verlustübernahme ist ein Unternehmen dann verpflichtet, wenn es mit einem anderen Unternehmen einen Ergebnisabführungsvertrag geschlossen hat.

Der Aufwand ist in der tatsächlich angefallenen Höhe anzuset- **Bewertung** zen, soweit er das abgeschlossene Geschäftsjahr oder ein früheres Geschäftsjahr betrifft. Soweit es sich um Zinsaufwand oder ähnliche Aufwendungen handelt, die spätere Jahre betreffen, ist die Bildung eines aktiven Rechnungsabgrenzungspostens zu prüfen, um auf diese Weise den Zinsaufwand periodengerecht abzugrenzen.

Der Ausweis erfolgt in der Gewinn- und Verlustrechnung unter dem Posten »13. Zinsen und ähnliche Aufwendungen«. Soweit es sich um Aufwendungen an verbundene Unternehmen handelt, ist dies in einem Davon-Vermerk hinter diesem Posten oder im Anhang für das abgeschlossene Geschäftsjahr und das Vorjahr anzugeben.

7.15 Finanzergebnis

Das Finanzergebnis ist wie das Betriebsergebnis eine Saldogröße, **Definition des** die sich leicht aus der Gliederung der Gewinn- und Verlustrechnung **Finanzergebnisses** ermitteln lässt. Es handelt sich hierbei jedoch nicht um einen Posten der Gewinn- und Verlustrechnung, sondern lediglich um eine Saldogröße, die im Gliederungsschema nicht vorgesehen ist. Hinsichtlich der Möglichkeit der Darstellung des Finanzergebnisses wird auf Kapitel 7.9 verwiesen.

Das Finanzergebnis errechnet sich wie folgt:

	Erträge aus Beteiligungen
+	Erträge aus anderen Wertpapieren und Ausleihungen des Finanzanlagevermögens
+	sonstige Zinsen und ähnliche Erträge
./.	Abschreibungen auf Finanzanlagen und auf Wertpapiere des Umlaufvermögens
./.	Zinsen und ähnliche Aufwendungen
=	Finanzergebnis (Saldogröße)

7.16   Ergebnis der gewöhnlichen Geschäftstätigkeit

Definition des Ergebnisses der gewöhnlichen Geschäftstätigkeit

Während der Ausweis des Betriebsergebnisses und des Finanzergebnisses in der Gliederung der Gewinn- und Verlustrechnung nicht vorgesehen ist, ist das Ergebnis der gewöhnlichen Geschäftstätigkeit unter dem Posten Nr. 14 der Gewinn- und Verlustrechnung zwingend auszuweisen. Das Ergebnis der gewöhnlichen Geschäftstätigkeit setzt sich zusammen aus dem Betriebsergebnis und dem Finanzergebnis. Soweit keine außerordentlichen Erträge oder außerordentlichen Aufwendungen zu berücksichtigen sind, stellt das Ergebnis der gewöhnlichen Geschäftstätigkeit zugleich das Ergebnis vor Steuern dar.

7.17   Außerordentliche Erträge

Ansatz

Außerordentliche Erträge sind solche Erträge, die außerhalb der normalen Geschäftstätigkeit anfallen, also dem Wesen nach ungewöhnlich sind, selten vorkommen und von einiger materieller Bedeutung sind. Sofern eines dieser Kriterien fehlt, handelt es sich nicht um außerordentliche Erträge, sondern um Erträge, die im Ergebnis der gewöhnlichen Geschäftstätigkeit zu berücksichtigen sind. Außerordentliche Erträge liegen nicht schon deswegen vor, weil es sich um periodenfremde Erträge handelt. Nicht zu den außerordentlichen Erträgen gehören Kursgewinne, Steuererstattungen, Gewinne aus dem Verkauf von Anlagengegenständen oder – was in der Praxis bisweilen immer wieder zu beobachten ist – der Ausweis der Rundungsdifferenz aus der Umsatzsteuerabstimmung.

Beispiele:
- *Gewinne aus Veräußerungen von Teilbetrieben oder Beteiligungen,*
- *Sanierungsgewinne.*

Hinsichtlich der Bewertung der Erträge sind Besonderheiten nicht zu beachten.

Bewertung

Der Ausweis der außerordentlichen Erträge erfolgt in der Gewinn- und Verlustrechnung unter »15. Außerordentliche Erträge«. Da per Definition des Postens dort nur Beträge auszuweisen sind, die einerseits für das Unternehmen untypisch und selten, andererseits für das Unternehmen wesentlich sind, wird regelmäßig eine Erläuterung der außerordentlichen Erträge im Anhang vorzunehmen sein.

Ausweis

7.18 Außerordentliche Aufwendungen

Hinsichtlich der Außerordentlichkeit eines Sachverhalts gilt für die außerordentlichen Aufwendungen dasselbe, was bereits für die außerordentlichen Erträge unter Kap. 7.17 beschrieben wurde. Es müssen außerordentliche Aufwendungen vorliegen, die für das Unternehmen untypisch, selten und die Höhe betreffend wesentlich sind. Hierzu gehören ungewöhnliche Schadensfälle, Verluste aus betriebsuntypischen Geschäften sowie Verluste aus Beteiligungsverkäufen. Kursverluste, Inventurdifferenzen und Verluste aus Anlagenverkäufen gehören regelmäßig nicht unter diesen Posten, da sie im Rahmen der gewöhnlichen Geschäftstätigkeit anfallen und dort entsprechend zu berücksichtigen sind.

Ansatz

Beispiele:
- *Ungewöhnliche Schadensfälle,*
- *Verluste aus betriebsuntypischen Geschäften,*
- *Verluste aus Beteiligungsverkäufen.*

Hinsichtlich der Höhe des Ausweises der außerordentlichen Aufwendungen sind keine Besonderheiten zu beachten.

Bewertung

Prüfen Sie immer, inwieweit eine Saldierung bei Schäden mit Versicherungserstattungen in Betracht kommt.

Tipp

Die außerordentlichen Aufwendungen sind unter dem gleichnamigen Posten in der Gewinn- und Verlustrechnung unter Nr. 16 auszuweisen. Da dem Wesen nach nur solche Aufwendungen als außerordentliche Aufwendungen auszuweisen sind, die für das Unternehmen wesentlich sind, folgt die Verpflichtung, diese außerordentlichen Aufwendungen im Anhang zu erläutern.

Ausweis

7.19   Außerordentliches Ergebnis

Das außerordentliche Ergebnis stellt wie das Ergebnis der gewöhnlichen Geschäftstätigkeit eine Saldogröße dar, die im Gegensatz zu dem Betriebsergebnis und zu dem Finanzergebnis im gesetzlichen Gliederungsschema vorgesehen und daher zwingend auszuweisen ist (Nr. 17 nach § 275 Abs. 2 HGB).

7.20   Steuern vom Einkommen und vom Ertrag

Ansatz

Unter diesem Posten sind alle Ertragsteuern auszuweisen, welche das Unternehmen schuldet. Hierbei wird es sich bei Kapitalgesellschaften um die Körperschaftsteuer handeln, bei allen Unternehmen um die Gewerbeertragsteuer. Auch Steuererstattungen sind unter diesem Posten zu berücksichtigen, da eine Berücksichtigung der Steuererstattungen unter den sonstigen betrieblichen Erträgen dem externen Bilanzleser nicht eine klare Beurteilung des tatsächlichen Steueraufwands in Bezug auf das Ergebnis der gewöhnlichen Geschäftstätigkeit ermöglicht.

Beispiele:
- *Körperschaftsteuer,*
- *Solidaritätszuschlag,*
- *Gewerbeertragsteuer,*
- *in anderen Ländern gezahlte Steuern vom Einkommen oder Ertrag.*

Nicht zu erfassen sind
- *Säumniszuschläge,*
- *Steuerstrafen.*

Bewertung

Der Aufwand des Unternehmens für Steuern vom Einkommen und vom Ertrag ist in voller Höhe unter diesem Posten auszuweisen. Der Steueraufwand ist unter Berücksichtigung des Beschlusses über die Ergebnisverwendung zu ermitteln. Da ein solcher Beschluss zum Zeitpunkt der Aufstellung des Jahresabschlusses nicht vorliegt, ist der Steueraufwand auf Basis des Ergebnisverwendungsvorschlags zu errechnen. Wird nach Aufstellung des Jahresabschlusses dieser auf Basis eines anderen Ergebnisverwendungsbeschlusses festgestellt, ist eine Änderung der Bewertung der Steuern vom Einkommen und Ertrag nicht erforderlich.

Ausweis

Die Steuern vom Einkommen und vom Ertrag sind unter dem gleichlautenden Posten der Gewinn- und Verlustrechnung (Nr. 18) auszuweisen. Soweit unter diesem Posten nicht nur Steueraufwendungen berücksichtigt wurden, sondern auch Steuererstattungen, liegt vom Grundsatz her eine Saldierung vor, die dem Einwand des Saldierungsverbots begegnet. Es wird jedoch heute in dem maßgeblichen Schrifttum eine solche Saldierung befürwortet, um – wie bereits weiter oben dargestellt – die Steuererstattungen nicht in das Ergebnis der gewöhnlichen Geschäftstätigkeit einfließen zu lassen. Es wird daher empfohlen, die Steueraufwendungen und die Steuererträge innerhalb des Postens Steuern vom Einkommen und vom Ertrag als Vorspalte getrennt auszuweisen. Alternativ bietet sich eine Erläuterung im Anhang an. Sofern sich aus dem Saldo der Steueraufwendungen und der Erträge aus Steuererstattungen ein Überschuss ergibt, wird eine entsprechende Anpassung der Bezeichnung des Postens empfohlen.

Trennung der Steueraufwendungen und Steuererträge

7.21 Sonstige Steuern

Unter den sonstigen Steuern sind alle Steuern aufzunehmen, die nicht vom Einkommen und nicht vom Ertrag erhoben werden. Die Grunderwerbsteuer gehört regelmäßig nicht hierher, da sie zu den Anschaffungskosten des erworbenen Grundstücks zu aktivieren ist. Dies gilt für alle Steuern, die Anschaffungsnebenkosten darstellen. Vom Arbeitgeber übernommene Lohn- und Kirchensteuern sowie die pauschalierte Lohnsteuer gehören unter die Löhne und Gehälter. Gezahlte Bußgelder, Säumnis- und Verspätungszuschläge, Steuerstrafen und Grundstücksabgaben gehören nicht unter die sonstigen Steuern, sondern regelmäßig zum betrieblichen Aufwand.

Ansatz

Beispiele:
- *Verbrauchssteuern,*
- *Kfz-Steuer,*
- *Grundsteuer.*

Besonderheiten hinsichtlich der Bewertung bestehen nicht.

    Hinsichtlich des Ausweises der sonstigen Steuern wird auf die Darstellung zu den Steuern vom Einkommen und vom Ertrag (siehe Kapitel 7.20) verwiesen. Die sonstigen Steuern sind unter dem gleichlautenden Posten der Gewinn- und Verlustrechnung (Nr. 19) auszuweisen.

Bewertung
Ausweis

7.22 Andere nicht im Gliederungsschema vorgesehene Posten

Ansatz

Vor dem Jahresüberschuss bzw. dem Jahresfehlbetrag sind gegebenenfalls die Posten »Erträge aus Verlustübernahme« oder »Aufgrund einer Gewinngemeinschaft, eines Gewinnabführungs- oder eines Teilgewinnabführungsvertrags abgeführte Gewinne« auszuweisen. Hierbei handelt es sich um Posten, in welchem die Erträge darzustellen sind, die für das Unternehmen dadurch entstehen, dass ein anderes Unternehmen aufgrund eines Unternehmensvertrages Verluste übernimmt oder für das Unternehmen Aufwendungen entstehen, die durch eine Gewinnabführung an ein anderes Unternehmen erfolgen.

Bewertung

Hinsichtlich der Bewertung bestehen keine besonderen Probleme. Der tatsächlich abzuführende Gewinn bzw. der tatsächlich von einem anderen Unternehmen zu übernehmende Verlust ist auszuweisen.

Ausweis

Die Posten »Erträge aus Verlustübernahme« und »Aufgrund einer Gewinngemeinschaft, eines Gewinnabführungs- oder eines Teilgewinnabführungsvertrages abgeführte Gewinne« sind im Gliederungsschema des § 275 HGB nicht vorgesehen. Gleichwohl ergibt sich ein gesonderter Ausweis aus § 277 Abs. 3 Satz 2 HGB.

7.23 Jahresüberschuss/Jahresfehlbetrag

Definition des Jahresüberschusses/ Jahresfehlbetrags

Der Jahresüberschuss bzw. bei einem negativen Saldo der Jahresfehlbetrag stellt das Ergebnis der Gewinn- und Verlustrechnung dar. Der Ausweis dieses Endsaldos ist durch das Gliederungsschema des § 275 Abs. 2 HGB zwingend vorgeschrieben (hier: Nr. 20).

Der Jahresüberschuss/Jahresfehlbetrag errechnet sich wie folgt:

	Betriebsergebnis
+	Finanzergebnis
=	Ergebnis der gewöhnlichen Geschäftstätigkeit
./.	außerordentliches Ergebnis
./.	Steuern vom Einkommen vom Ertrag
./.	sonstige Steuern
=	Jahresüberschuss/Jahresfehlbetrag

8   Anhang

8.1   Vorbemerkung

Die zwingend anzuwendenden Vorschriften über den Anhang sind im Gesetz in den §§ 284 und 285 HGB kodifiziert. In § 284 HGB werden die Erläuterungen der Bilanz und der Gewinn- und Verlustrechnung gefordert. In § 284 Abs. 1 Satz 1 HGB ist eine Generalnorm aufgenommen worden, wonach im Anhang diejenigen Angaben aufzunehmen sind, die zu den einzelnen Posten der Bilanz oder Gewinn- und Verlustrechnung vorgeschrieben oder die im Anhang zu machen sind.

Generalnorm

> **Beispiel:**
> *Fällt ein Vermögensgegenstand oder eine Schuld unter mehrere Posten der Bilanz, so ist die Mitzugehörigkeit zu anderen Posten bei dem Posten zu vermerken, unter dem der Ausweis erfolgt ist. Alternativ kann diese Angabe im Anhang erfolgen (§ 265 Abs. 3 HGB). Darüber hinaus schreibt § 265 Abs. 2 Satz 1 HGB vor, zu jedem Posten der Bilanz und der Gewinn- und Verlustrechnung den entsprechenden Vorjahresbetrag anzugeben.*

In § 285 HGB sind weitere (sonstige) Pflichtangaben aufgezählt. Darüber hinaus ergeben sich Anhangsangaben aus weiteren Vorschriften des HGB und anderen Gesetzen.

Pflichtangaben

Der Umfang der Angaben lässt sich wie folgt systematisieren:
In den Anhang sind diejenigen Angaben aufzunehmen,

- die zu den einzelnen Posten der Bilanz oder der Gewinn- und Verlustrechnung vorgeschrieben sind (§ 284 Abs. 1 Alt. 1 HGB),
- die zu machen sind, weil sie in Ausübung eines Wahlrechts nicht in die Bilanz oder in die Gewinn- und Verlustrechnung aufgenommen wurden (§ 284 Abs. 1 Alt. 2 HGB);
- die Pflichtangaben gemäß § 284 Abs. 2 HGB (Erläuterung der Bilanz und der Gewinn- und Verlustrechnung), und
- die sonstigen Pflichtangaben nach § 285 HGB.

8.2 Angaben zu den einzelnen Posten der Bilanz und der Gewinn- und Verlustrechnung

In den Vorschriften zu den Posten der Bilanz und der Gewinn- und Verlustrechnung (§§ 264 ff. HGB, § 42 Abs. 3 GmbHG) werden zu bestimmten Posten ergänzende Angaben im Anhang gefordert. Die Angaben sind im Anhang an sachdienlicher Stelle zu machen. Dabei handelt es sich um folgende Angaben:

	Klein	Mittel	Groß
§ 284 Abs. 1 Alt. 1 HGB [1] In den Anhang sind diejenigen Angaben aufzunehmen, **die zu den einzelnen Posten der Bilanz oder der Gewinn- und Verlustrechnung vorgeschrieben** oder die im Anhang zu machen **sind**, weil sie in Ausübung eines Wahlrechts nicht in die Bilanz oder in die Gewinn- und Verlustrechnung aufgenommen wurden.			
§ 264 Abs. 2 Satz 2 HGB Führen besondere Umstände dazu, dass der Jahresabschluss ein den tatsächlichen Verhältnissen entsprechendes Bild im Sinne des Satzes 1 nicht vermittelt, so sind im **Anhang** zusätzliche Angaben zu machen.			
§ 264c Abs. 1 Satz 1 HGB (betrifft Kap. & Co.) Ausleihungen, Forderungen und Verbindlichkeiten gegenüber Gesellschaftern sind in der Regel als solche jeweils gesondert auszuweisen oder im Anhang **anzugeben**.			
§ 42 Abs. 3 GmbHG (betrifft GmbH) Ausleihungen, Forderungen und Verbindlichkeiten gegenüber Gesellschaftern sind in der Regel als solche jeweils gesondert auszuweisen oder im Anhang **anzugeben**.			
§ 265 Abs. 1 HGB [1] Die Form der Darstellung, insbesondere die Gliederung der aufeinanderfolgenden Bilanzen und Gewinn- und Verlustrechnungen, ist beizubehalten, soweit nicht in Ausnahmefällen wegen besonderer Umstände Abweichungen erforderlich sind. [2] Die Abweichungen sind im Anhang **anzugeben** und zu **begründen**.			

	Klein	Mittel	Groß
§ 265 Abs. 2 HGB [1] In der Bilanz sowie in der Gewinn- und Verlustrechnung ist zu jedem Posten der entsprechende Betrag des vorhergehenden Geschäftsjahrs anzugeben. [2] Sind die Beträge nicht vergleichbar, so ist dies im Anhang **anzugeben** und zu **erläutern**. [3] Wird der Vorjahresbetrag angepasst, so ist auch dies im Anhang anzugeben und zu erläutern.			
§ 265 Abs. 4 HGB [1] Sind mehrere Geschäftszweige vorhanden und bedingt dies die Gliederung des Jahresabschlusses nach verschiedenen Gliederungsvorschriften, so ist der Jahresabschluss nach der für einen Geschäftszweig vorgeschriebenen Gliederung aufzustellen und nach der für die anderen Geschäftszweige vorgeschriebenen Gliederung zu ergänzen. [2] Die Ergänzung ist im Anhang anzugeben und zu begründen.			
§ 268 Abs. 4 Satz 2 HGB Werden unter dem Posten »sonstige Vermögensgegenstände« Beträge für Vermögensgegenstände ausgewiesen, die erst nach dem Abschlussstichtag rechtlich entstehen, so müssen Beträge, die einen größeren Umfang haben, im Anhang **erläutert** werden.			
§ 268 Abs. 5 Satz 3 HGB Sind unter dem Posten »Verbindlichkeiten« Beträge für Verbindlichkeiten ausgewiesen, die erst nach dem Abschlussstichtag rechtlich entstehen, so müssen Beträge, die einen größeren Umfang haben, im Anhang **erläutert** werden.			
§ 269 Satz 1 HGB Die Aufwendungen für die Ingangsetzung des Geschäftsbetriebs und dessen Erweiterung dürfen, soweit sie nicht bilanzierungsfähig sind, als Bilanzierungshilfe aktiviert werden; der Posten ist in der Bilanz unter der Bezeichnung »Aufwendungen für die Ingangsetzung und Erweiterung des Geschäftsbetriebs« vor dem Anlagevermögen auszuweisen und im Anhang zu **erläutern**.	Aufwendungen für die Ingangsetzung des Geschäftsbetriebs und dessen Erweiterung müssen nicht im Anhang erläutert werden.		

	Klein	Mittel	Groß
§ 274 Abs. 2 HGB [1] Ist der dem Geschäftsjahr und früheren Geschäftsjahren zuzurechnende Steueraufwand zu hoch, weil der nach den steuerrechtlichen Vorschriften zu versteuernde Gewinn höher als das handelsrechtliche Ergebnis ist, und gleicht sich der zu hohe Steueraufwand des Geschäftsjahrs und früherer Geschäftsjahre in späteren Geschäftsjahren voraussichtlich aus, so darf in Höhe der voraussichtlichen Steuerentlastung nachfolgender Geschäftsjahre ein Abgrenzungsposten als Bilanzierungshilfe auf der Aktivseite der Bilanz gebildet werden. [2] Dieser Posten ist unter entsprechender Bezeichnung gesondert auszuweisen und im Anhang zu erläutern.			
§ 277 Abs. 4 Satz 2 HGB Die außerordentlichen Aufwendungen und außerordentlichen Erträge sind hinsichtlich ihres Betrags und ihrer Art im Anhang zu erläutern, soweit die ausgewiesenen Beträge für die Beurteilung der Ertragslage nicht von untergeordneter Bedeutung sind.			
§ 281 Abs. 2 HGB Im Anhang ist der Betrag der im Geschäftsjahr allein nach steuerrechtlichen Vorschriften vorgenommenen Abschreibungen, getrennt nach Anlage- und Umlaufvermögen, **anzugeben**, soweit er sich nicht aus der Bilanz oder der Gewinn- und Verlustrechnung ergibt, und hinreichend zu **begründen**. [2] Erträge aus der Auflösung des Sonderpostens mit Rücklageanteil sind in dem Posten »sonstige betriebliche Erträge«, Einstellungen in den Sonderposten mit Rücklageanteil sind in dem Posten »sonstige betriebliche Aufwendungen« der Gewinn- und Verlustrechnung gesondert auszuweisen oder im Anhang **anzugeben**.			

Soweit die Felder grau unterlegt sind, muss die Angabe für das Unternehmen dieser Größenklasse nicht gemacht werden.

8.3 Angaben, die auf Grund eines Wahlrechts nicht in die Bilanz oder Gewinn- und Verlustrechnung aufgenommen wurden

Von dieser Vorschrift sind u.a. das Anlagengitter, die davon- Vermerke und die Haftungsverhältnisse betroffen. Das Gesetz sieht vor, dass diese Angaben statt in der Bilanz bzw. Gewinn- und Verlustrechnung im Anhang gemacht werden können. Namentlich handelt es sich um folgende Angaben:

	Klein	Mittel	Groß
§ 284 Abs. 1 Alt. 2 HGB [1] In den Anhang sind diejenigen Angaben aufzunehmen, die zu den einzelnen Posten der Bilanz oder der Gewinn- und Verlustrechnung vorgeschrieben oder die im Anhang zu machen sind, weil **sie in Ausübung eines Wahlrechts** nicht in die Bilanz oder in die Gewinn- und Verlustrechnung aufgenommen wurden.			
§ 265 Abs. 3 Satz 1 HGB Fällt ein Vermögensgegenstand oder eine Schuld unter mehrere Posten der Bilanz, so ist die Mitzugehörigkeit zu anderen Posten bei dem Posten, unter dem der Ausweis erfolgt ist, zu vermerken oder im Anhang anzugeben, wenn dies zur Aufstellung eines klaren und übersichtlichen Jahresabschlusses erforderlich ist.			
§ 265 Abs. 7 Satz 1 Nr. 2 HGB [1] Die mit arabischen Zahlen versehenen Posten der Bilanz und der Gewinn- und Verlustrechnung können, wenn nicht besondere Formblätter vorgeschrieben sind, zusammengefasst ausgewiesen werden, wenn <...> 2. dadurch die Klarheit der Darstellung vergrößert wird; in diesem Falle **müssen** die zusammengefassten Posten jedoch im Anhang gesondert ausgewiesen werden.			

	Klein	Mittel	Groß
§ 268 Abs. 1 HGB [1] Die Bilanz darf auch unter Berücksichtigung der vollständigen oder teilweisen Verwendung des Jahresergebnisses aufgestellt werden. [2] Wird die Bilanz unter Berücksichtigung der teilweisen Verwendung des Jahresergebnisses aufgestellt, so tritt an die Stelle der Posten »Jahresüberschuss/Jahresfehlbetrag« und »Gewinnvortrag/Verlustvortrag« der Posten »Bilanzgewinn/Bilanzverlust«; ein vorhandener Gewinn- oder Verlustvortrag ist in den Posten »Bilanzgewinn/Bilanzverlust« einzubeziehen und in der Bilanz oder im Anhang gesondert anzugeben.			
§ 268 Abs. 2 HGB [1] In der Bilanz oder im Anhang ist die Entwicklung der einzelnen Posten des Anlagevermögens und des Postens »Aufwendungen für die Ingangsetzung und Erweiterung des Geschäftsbetriebs« darzustellen. [2] Dabei sind, ausgehend von den gesamten Anschaffungs- und Herstellungskosten, die Zugänge, Abgänge, Umbuchungen und Zuschreibungen des Geschäftsjahrs sowie die Abschreibungen in ihrer gesamten Höhe gesondert aufzuführen. [3] Die Abschreibungen des Geschäftsjahrs sind entweder in der Bilanz bei dem betreffenden Posten zu vermerken oder im Anhang in einer der Gliederung des Anlagevermögens entsprechenden Aufgliederung **anzugeben**.	Das Anlagengitter muss weder in der Bilanz noch im Anhang aufgestellt werden.		
§ 268 Abs. 6 HGB Ein nach § 250 Abs. 3 in den Rechnungsabgrenzungsposten auf der Aktivseite aufgenommener Unterschiedsbetrag ist in der Bilanz gesondert auszuweisen oder im Anhang anzugeben.	Ein Damnum muss weder in der Bilanz noch im Anhang aufgestellt werden.		
§ 268 Abs. 7 HGB Die in § 251 bezeichneten Haftungsverhältnisse sind jeweils gesondert unter der Bilanz oder im Anhang unter Angabe der gewährten Pfandrechte und sonstigen Sicherheiten anzugeben; bestehen solche Verpflichtungen gegenüber verbundenen Unternehmen, so sind sie gesondert **anzugeben**.			

	Klein	Mittel	Groß
§ 274 Abs. 1 Satz 1 HGB Ist der dem Geschäftsjahr und früheren Geschäftsjahren zuzurechnende Steueraufwand zu niedrig, weil der nach den steuerrechtlichen Vorschriften zu versteuernde Gewinn niedriger als das handelsrechtliche Ergebnis ist, und gleicht sich der zu niedrige Steueraufwand des Geschäftsjahrs und früherer Geschäftsjahre in späteren Geschäftsjahren voraussichtlich aus, so ist in Höhe der voraussichtlichen Steuerbelastung nachfolgender Geschäftsjahre eine Rückstellung nach § 249 Abs. 1 Satz 1 zu bilden und in der Bilanz oder im Anhang gesondert anzugeben.			
§ 277 Abs. 3 Satz 1 HGB Außerplanmäßige Abschreibungen nach § 253 Abs. 2 Satz 3 sowie Abschreibungen nach § 253 Abs. 3 Satz 3 sind jeweils gesondert auszuweisen oder im Anhang anzugeben.			
§ 281 Abs. 1 HGB [1] Die nach § 254 zulässigen Abschreibungen dürfen auch in der Weise vorgenommen werden, dass der Unterschiedsbetrag zwischen der nach § 253 in Verbindung mit § 279 und der nach § 254 zulässigen Bewertung in den Sonderposten mit Rücklageanteil eingestellt wird. [2] In der Bilanz oder im Anhang sind die Vorschriften anzugeben, nach denen die Wertberichtigung gebildet worden ist.			

8.4   Erläuterung der Bilanz und der Gewinn- und Verlustrechnung

8.4.1   Angabe der angewandten Bilanzierungs- und Bewertungsmethoden

Um den Jahresabschluss einer Gesellschaft interpretieren zu können, ist es von Bedeutung, die angewandten Bilanzierungs- und Bewertungsmethoden zu kennen. Der Begriff »Bilanzierungsmethode« ist im Gesetz nicht definiert. Hierunter wird zu verstehen sein, welche Grundsätze für die Bilanzierung dem Grunde nach angewendet werden. Hier sind die Ansatzwahlrechte gemeint, wonach bestimmte Aktiv- und Passivposten bilanziert werden dürfen, aber nicht müssen. Solche Bilanzierungswahlrechte stellen heute bereits echte Exoten dar und kommen in der Bilanzierungspraxis nicht mehr so häufig vor. Weiterhin ist an dieser Stelle anzugeben, wenn in den passivierten Pensionsrückstellungen jene Altansprüche nicht enthalten sind, die vor dem Januar 1987 entstanden sind und daher nicht passiviert werden müssen. Anzugeben sind an dieser Stelle weiterhin Angaben über die Ausübung des Aktivierungswahlrechts hinsichtlich des Disagios und hinsichtlich eines erworbenen Geschäfts- oder Firmenwerts.

Bilanzierungs-wahlrechte

Bezüglich der Bewertungsmethoden ist anzugeben, welche Abschreibungsmethoden angewendet werden, ob die Herstellungskosten nur die Einzelkosten berücksichtigen, ob angemessene Gemeinkosten berücksichtigt wurden und ob in den Herstellungskosten Verwaltungsgemeinkosten enthalten sind. Es muss also an dieser Stelle Auskunft darüber gegeben werden, wie die durch das Gesetz bereitgehaltenen Wahlrechte ausgeübt wurden. Soweit der Jahresabschluss weiterer Erläuterungen bedarf, weil ansonsten kein zutreffendes Bild der Vermögens-, Finanz- und Ertragslage vermittelt wird, sind diese Angaben im Anhang vorzunehmen und zu erläutern.

Bewertungs-wahlrechte

> **Beispiel:**
> *Ein Unternehmen ist im Anlagenbau tätig und erstellt Großanlagen, deren Herstellung sich regelmäßig über mehrere Jahre erstreckt. Da der Ertrag grundsätzlich erst bei Fertigstellung einer Anlage entsteht, kann dies zu großen Gewinnschwankungen in den einzelnen Geschäftsjahren führen. Die Aussagen des Jahresabschlusses haben dann nur einen sehr eingeschränkten Wert, wenn dies nicht ausführlich im Anhang erläutert wird.*

Wird die Gliederung oder der Ausweis ausnahmsweise geändert (§ 265 Abs. 1 HGB), so ist dies im Anhang zu erläutern und zu begründen. Sollten Vorjahreszahlen aus bestimmten Gründen nicht vergleichbar sein, so ist hierauf im Anhang hinzuweisen. Dasselbe gilt, wenn Vorjahreszahlen zur besseren Vergleichbarkeit angepasst wurden. Wird der Jahresabschluss erstmalig in Euro aufgestellt, so sind die Vorjahreszahlen in Euro umzurechnen.

Währungsumstellung

8.4.2   Grundlagen für die Währungsumrechnung

Wenn das Unternehmen Geschäfte in Fremdwährung ausführt, ist im Anhang darzulegen, nach welchen Grundsätzen die Währungsumrechnungen erfolgen.

8.4.3   Abweichungen von Bilanzierungs- und Bewertungsmethoden

Wurden im Jahresabschluss die Bilanzierungs- und Bewertungsmethoden im Vergleich zu den früheren Jahren geändert, so ist hierüber nicht nur zu berichten; es muss darüber hinaus die Änderung der Bilanzierungs- bzw. Bewertungsmethode im Anhang sogar begründet werden. Die Abweichungen müssen hinsichtlich des Einflusses auf die Vermögens-, Finanz- und Ertragslage auch gesondert dargestellt werden, so dass der Bilanzleser erkennen kann, welchen Einfluss die Bilanzierungsmethode auf das Bild der Bilanz und welchen Einfluss die Änderung der Bewertungsmethode auf das Ergebnis der Gesellschaft hatte.

Abweichungsanalyse

8.4.4   Angabe von Bewertungsvereinfachungen

Es besteht die Möglichkeit, Bewertungsvereinfachungen im Jahresabschluss anzuwenden. Diese Bewertungsvereinfachungen können in der Bildung eines Festwertes nach § 240 Abs. 3 HGB, in der Gruppenbewertung (entgegen dem Grundsatz der Einzelbewertung) gemäß § 240 Abs. 4 HGB oder in Form eines fiktiven Verbrauchsfolgeverfahrens (§ 256 HGB) bestehen. Werden solche Verfahren angewandt, so ist hierüber zu berichten, wenn diese Bewertungsverfahren zu einem Ergebnis führen, welches auf der Grundlage des letzten vor dem Abschlussstichtag bekannten Börsenkurses oder Marktpreises einen erheblichen Unterschied aufweist. Zweck der Angabepflicht ist es, die durch die Anwendung der Bewertungsvereinfachungsverfahren ermittelten Werte im Vergleich zur Tagespreisbewertung erkennbar zu machen. Die Vorschrift bezweckt allerdings nicht eine Darstellung der vorhandenen stillen Reserven, die auch darin bestehen können, dass die derzeitigen Tageskurse über den ursprünglichen Anschaffungs- oder Herstellungskosten liegen.

Verbrauchsfolgeverfahren

8.4.5   Angabe über die Einbeziehung von Fremdkapitalzinsen in die Herstellungskosten

Definition der Herstellungskosten

Die Herstellungskosten müssen, wie bereits ausgeführt wurde, handelsrechtlich zumindest die Einzelkosten der Fertigung und die Materialeinzelkosten beinhalten. Darüber hinaus besteht das Wahlrecht, angemessene Fertigungs- und Materialgemeinkosten zu den Herstellungskosten hinzuzurechnen. Dieses Hinzurechnungswahlrecht ist steuerlich eine Hinzurechnungsverpflichtung. Handelsrechtlich und steuerrechtlich können darüber hinaus die allgemeinen Verwaltungskosten hinzugerechnet werden. Gemäß § 255 Abs. 3 HGB gehören Zinsen für Fremdkapital nicht zu den Herstellungskosten. Die Zinsen für Fremdkapital, welches zur Finanzierung der Herstellung eines Vermögensgegenstandes verwendet wird, dürfen angesetzt werden, soweit sie auf den Zeitraum der Herstellung entfallen. In diesem Fall gelten sie als Herstellungskosten des Vermögensgegenstandes. Durch diese gesetzliche Fiktion werden die Fremdkapitalzinsen nach Wahl des Bilanzierenden zu den Herstellungskosten gerechnet. Wenn solche Zinsen aktiviert werden, so sind sie im Anhang anzugeben (§ 284 Abs. 2 Nr. 5 HGB).

8.5   Übersicht über die Anhangsangaben nach § 284 Abs. 2 HGB

Nachfolgend werden die Anhangsangaben gemäß § 284 Abs. 2 HGB als Checkliste zusammenfassend dargestellt:

	Klein	Mittel	Groß
(1) [1] In den Anhang sind diejenigen Angaben aufzunehmen, die zu den einzelnen Posten der Bilanz oder der Gewinn- und Verlustrechnung vorgeschrieben oder die im Anhang zu machen sind, weil sie in Ausübung eines Wahlrechts nicht in die Bilanz oder in die Gewinn- und Verlustrechnung aufgenommen wurden.			
(2) [1] Im Anhang müssen 1. die auf die Posten der Bilanz und der Gewinn- und Verlustrechnung angewandten Bilanzierungs- und Bewertungsmethoden angegeben werden;			

	Klein	Mittel	Groß
2. die Grundlagen für die Umrechnung in Euro angegeben werden, soweit der Jahresabschluss Posten enthält, denen Beträge zugrunde liegen, die auf fremde Währung lauten oder ursprünglich auf fremde Währung lauteten;			
3. Abweichungen von Bilanzierungs- und Bewertungsmethoden angegeben und begründet werden; deren Einfluss auf die Vermögens-, Finanz- und Ertragslage ist gesondert darzustellen;			
4. bei Anwendung einer Bewertungsmethode nach § 240 Abs. 4, § 256 Satz 1 die Unterschiedsbeträge pauschal für die jeweilige Gruppe ausgewiesen werden, wenn die Bewertung im Vergleich zu einer Bewertung auf der Grundlage des letzten vor dem Abschlussstichtag bekannten Börsenkurses oder Marktpreises einen erheblichen Unterschied aufweist;			
5. Angaben über die Einbeziehung von Zinsen für Fremdkapital in die Herstellungskosten gemacht werden.			

Grau unterlegte Felder weisen darauf hin, dass Kapitalgesellschaften dieser Größenklasse eine Angabe nicht machen müssen.

8.6   Sonstige Pflichtangaben

8.6.1   Verbindlichkeiten mit einer Restlaufzeit von mehr als fünf Jahren

Die Verbindlichkeiten, deren Restlaufzeit mehr als fünf Jahre betragen, müssen für jede Bilanzposition gesondert angegeben werden. Abzustellen ist bei der Angabe jeweils auf den Betrag, welcher erst nach mehr als fünf Jahren fällig wird und nicht, wie es nach dem alten Aktienrecht 1965 und nach heute noch teilweise auftretender Meinung angenommen wird, nach der Vertragslaufzeit.

Getrennter Laufzeitenausweis

> **Beispiel:**
> *Das Unternehmen hat einen Kredit in Höhe von 1 Mio. € aufgenommen. Die Laufzeit des Kredites beträgt zehn Jahre. Am Ende eines jeden Jahres ist ein Teilbetrag von 100.000 € zu tilgen. Der Kredit ist also gedanklich aufzuteilen in den Teilbetrag, welcher innerhalb eines Jahres fällig wird (100.000 €) einem weiteren Teilbetrag, welcher nach mehr als einem Jahr und nicht mehr als fünf Jahren fällig wird (400.000 €) und dem Teilbetrag, welcher erst nach mehr als fünf Jahren fällig wird (500.000 €). Die Restlaufzeit für den Teilbetrag, welcher erst nach mehr als fünf Jahren fällig wird, ist an dieser Stelle anzugeben.*

Verbindlichkeitenspiegel

In der Praxis hat sich jedoch weitgehend durchgesetzt, statt dieser Einzelangaben im Anhang und der Restlaufzeitangaben unter den Verbindlichkeitspositionen in der Bilanz (davon mit einer Restlaufzeit bis zu einem Jahr) in einem Verbindlichkeitenspiegel zusammenzuführen, welcher im Anhang dargestellt wird. Ein Verbindlichkeitenspiegel wird in Anlage VII dargestellt.

8.6.2 Gewährte Sicherheiten für Verbindlichkeiten

Sicherheiten

Im Anhang ist anzugeben, der Gesamtbetrag der Verbindlichkeiten, der durch Pfandrechte oder ähnliche Rechte gesichert ist, unter Angabe von Art und Form der Sicherheiten. Diese Angabe wird in der Regel die Verbindlichkeiten gegenüber Kreditinstituten betreffen. Solche Gewährung von Sicherheiten bestehen in der Regel in Form von Grundbuchsicherheiten (Grundschulden; Hypotheken), in Form von Abtretung von Forderungen zu Sicherheitszwecken oder Sicherungsübereignungsverträgen über Gegenstände des Anlagevermögens oder des Vorratsvermögens. Auch diese Aufgaben lassen sich im Rahmen eines Verbindlichkeitenspiegels darstellen. Bei der Angabe der Art der gewährten Sicherheit reicht eine verbale Angabe zu der jeweiligen Position, also bei den Kreditverbindlichkeiten zum Beispiel die Angabe Grundbuchsicherheit; Forderungsabtretung aus.

8.6.3 Angabe der sonstigen finanziellen Verpflichtungen

Fehlende Bilanzierungsfähigkeit

Hier muss zum Verständnis zunächst darauf hingewiesen werden, dass es sich hierbei nur um solche Verpflichtungen handeln kann, welche nicht in die Bilanz aufgenommen wurden. Diese Aussage mag zunächst gedanklich mit dem Grundsatz der Vollständigkeit der Bilanz kollidieren. Es gibt jedoch finanzielle Verpflichtungen, die faktisch eintreten können, aber auch deren Eintritt ungewiss ist. Auch hier werden sie den Autoren darauf hinweisen wollen, dass solche Verpflichtungen dann ja schließlich als Rückstellung zu berücksichtigen sind. Eine solche Rückstellung ist jedoch bei einer Verpflichtung nur dann zu bilden, wenn mit einer gewissen Wahrscheinlichkeit mit einer Inanspruchnahme zu rechnen ist.

Eine solche finanzielle Verpflichtung kann zum Beispiel in der Haftung des Unternehmens für eine Pensionsunterstützungseinrichtung (Unterstützungskasse) bestehen. Viele Unternehmen haben in den fünfziger und sechziger Jahren eine selbständige Unterstützungskasse in Form eines eingetragenen Vereins errichtet, aus welchem den pensionierten Mitarbeitern eine Versorgungsleistung bezahlt werden sollte. Eine solche Verpflichtung war aber eine eigenständige Verpflichtung der Unterstützungseinrichtung, nicht jedoch des Unternehmens. Die Rechtsprechung hat sich jedoch dahin entwickelt, dass für den Fall, dass eine Unterstützungseinrichtung nicht in der Lage ist, ihre Verpflichtungen gegenüber den Berechtigten zu erfüllen, dass Unternehmen für diese Verpflichtung eintreten muss. Eine solche Verpflichtung entsteht aber erst dann, wenn die Unterstützungseinrichtung ihren Verpflichtungen selbst nicht mehr nachkommen kann. So lange eine Insolvenz der Unterstützungseinrichtung nicht droht, hat das Unternehmen gar nicht die Möglichkeit, hierfür eine Rückstellung zu bilden oder eine Verbindlichkeit einzustellen. Auch die Möglichkeit eines Ausweises unter den Haftungsverhältnissen ist nicht gegeben, da der Katalog der Haftungsverhältnisse abschließend ist. Trotzdem wird man erkennen müssen, dass wegen der Langfristigkeit einer solchen Beziehung zwischen Unternehmen und Unterstützungskasse es sehr wohl in ferner Zukunft einmal zu einer Belastung für das Unternehmen werden kann. Daher sind diese Beträge bei den sonstigen finanziellen Verpflichtungen anzugeben. Weitere finanzielle Verpflichtungen, die weder als Rückstellung, Verbindlichkeit oder in Form von Haftungsverhältnissen dargestellt werden können, sind:

- mehrjährige Verpflichtungen aus Miet- und Leasingverträgen, insbesondere
  aus Sale- and Leasebackverträgen,
- Verpflichtungen aus langfristigen Abnahmeverträgen,
- Verpflichtungen zum Erwerb von Sachanlagen (schwebende Bestellungen),
- Verpflichtungen zur Übernahme von Beteiligungen,
- Verpflichtungen zur Abführung von Liquiditätsüberschüssen,
- Verpflichtung zur Verlustabdeckung bei Beteiligungsgesellschaften,
- Verpflichtung zur Einräumung von Krediten gegenüber Dritten.

Unterstützungskassen

8.6.4   Aufgliederung der Umsatzerlöse

Tätigkeitsbereiche und geografische Märkte

Die Aufgliederung der Umsatzerlöse im Anhang hat nach Tätigkeitsbereichen sowie nach geografisch bestimmten Märkten zu erfolgen. Hierzu gibt es keine festen Vorgaben. Vielmehr ist auf die typischen Unterscheidungsmerkmale des Unternehmens abzustellen. Ein Unternehmen, welches weltweit Autos und Motorräder vertreibt, wird zumindest Angaben darüber zu machen haben, auf welchem Kontinent welche Umsätze mit der Produktsparte Auto und der Produktsparte Motorrad erzielt werden. Bei den Produktsparten muss es sich um wesentlich unterschiedliche Produkte handeln, also z.B. Auto, Motorrad oder Lkw. Dieses wesentliche Kriterium ist nicht erfüllt, wenn lediglich Autos der Mittelklasse produziert werden. Eine Differenzierung in die einzelnen Modellarten wird nicht erwartet.

8.6.5   Einfluss steuerrechtlicher Wahlvorschriften auf das Ergebnis

Steuerrechtliche Abschreibungen

§ 254 HGB eröffnet die Möglichkeit, steuerrechtliche Abschreibungen in dem handelsrechtlichen Jahresabschluss zu berücksichtigen, auch wenn dies nach handelsrechtlichen Vorschriften eigentlich nicht zulässig wäre. Dieser Ansatz ist nach § 281 HGB nur dann zulässig, wenn die steuerliche Anerkennung von der handelsrechtlichen Bilanzierung abhängig gemacht wird. Der Gesetzgeber lässt handelsrechtlich also an dieser Stelle die Durchbrechung der Bewertungskontinuität ausdrücklich zu. Er verlangt aber, um den Einblick in die tatsächlichen Verhältnisse der Vermögens-, Finanz- und Ertragslage des Unternehmens nicht über Gebühr einzuschränken, die Angabe im Anhang darüber, in welcher Weise das Ergebnis durch steuerliche Wahlvorschriften beeinflusst worden ist. Hierbei ist zu beachten, dass dies nicht nur das Jahr betrifft, in welchem ein steuerliches Wahlrecht ausgeübt wurde. Dies betrifft selbstverständlich auch die Folgejahre. Wird zum Beispiel eine Sonderabschreibung in Anspruch genommen, die dazu führt, dass in späteren Jahren eine deutlich geringere Abschreibung erfolgt, so muss sich die Darstellung in den späteren Jahren auch darauf beziehen. Anzugeben ist jeweils der wertmäßige Einfluss auf das Ergebnis. Einfluss auf das Ergebnis bedeutet, dass zum Beispiel bei in Anspruchnahme einer Sonderabschreibung der Abschreibungsaufwand ergebnismindernd wirkt, dass andererseits durch die erhöhte Abschreibung der Steueraufwand entsprechend geringer geworden ist. Diese Werte sind transparent zu machen.

8.6.6 Aufteilung der Steuerbelastung auf das Ergebnis der gewöhnlichen Geschäftstätigkeit und das außerordentliche Ergebnis

Soweit die Gewinn- und Verlustrechnung außerordentliche Erträge oder außerordentliche Aufwendungen beinhaltet, so muss die Aufteilung der Steuerbelastung auf das Ergebnis der gewöhnlichen Geschäftstätigkeit (also dem Ergebnis vor dem außerordentlichen Ergebnis) und dem außerordentlichen Ergebnis dargestellt werden. Dies ist dann von Bedeutung, wenn das außerordentliche Ergebnis nicht nach den normalen steuerlichen Grundsätzen zu behandeln war.

Einfluss steuerrechtlicher Wahlvorschriften

8.6.7 Angaben zu den Beschäftigten

Die durchschnittliche Zahl der während des Geschäftsjahres beschäftigten Arbeitnehmer ist getrennt nach Gruppen darzustellen. Der Durchschnitt ist aus den Bestandszahlen jeweils zum Ende eines Quartals des Geschäftsjahres zu ermitteln. Ist das Geschäftsjahr das Kalenderjahr, so sind die Stichtagszahlen zum 31.3., 30.6., 30.9. und 31.12. zugrunde zu legen (vgl. § 267 Abs. 5 HGB). Die zu diesem Stichtag ermittelten Beschäftigtenzahlen sind zu addieren und durch vier zu teilen. Die Gruppierungen sollten nach den wichtigsten arbeitsrechtlichen Kriterien vorgenommen werden, wobei es nicht erforderlich ist, diese nach Geschlecht zu unterteilen. Es bietet sich eine Aufteilung in gewerbliche Arbeitnehmer, Angestellte und leitende Angestellte an. Zu beachten ist, dass die Ausweisstetigkeit berücksichtigt wird, dass also nicht die Darstellung ständig geändert wird. Dazu siehe Kapitel 10 Anlage IV.

Durchschnittliche Zahl der Arbeitnehmer

8.6.8 Angaben zum Umsatzkostenverfahren

Bei der Erstellung des Jahresabschlusses besteht grundsätzlich die Möglichkeit, die Gewinn- und Verlustrechnung nach dem Gesamtkostenverfahren (das ist die in Deutschland gängige Darstellung) oder nach dem Umsatzkostenverfahren (das ist die besonders in angelsächsischen Ländern übliche Methode) aufzustellen. Das Umsatzkostenverfahren hat von seiner Struktur einen teilweise anderen Informationsinhalt, dass heißt, die Zahlen der Gewinn- und Verlustrechnung nach dem Gesamtkostenverfahren finden sich nicht automatisch im selben Umfang in der Gewinn- und Verlustrechnung nach dem Umsatzkostenverfahren wieder. Da bei Anwendung des Umsatzkostenverfahrens nicht der vollständige Materialaufwand und der vollständige Personalaufwand gezeigt wird, werden die Bilanzierenden, die das Umsatzkostenverfahren anwenden, verpflichtet, den Personalaufwand und den Materialaufwand des Ge-

Vollständiger Personal- und Materialaufwand

schäftsjahres so wiederzugeben, wie es bei Verwendung des Gesamtkostenverfahrens der Fall wäre.

8.6.9 Angaben zu den Bezügen der Mitglieder der Geschäftsleitung und dem Aufsichtsrat

Geschäftsjahr

Diese Angaben sind für die einzelnen Gruppen getrennt zu machen und zwar für die Tätigkeit der im Geschäftsjahr gewährten Gesamtbezüge (Gehälter, Gewinnbeteiligung, Bezugsrechte, Aufwandsentschädigungen, Versicherungsentgelte, Provisionen und Nebenleistungen jeder Art). Gesondert auszuweisen sind Bezüge, die frühere Jahre betreffen, aber noch in keinem Jahresabschluss angegeben wurden. Dies ist immer dann der Fall, wenn Zahlungen an Mitglieder der Organe für frühere Jahre nachträglich erfolgen.

Bezüge ehemaliger Mitglieder

Für ehemalige Mitglieder eines Organs sind ebenfalls die Gesamtbezüge (Abfindungen, Ruhegehälter, Hinterbliebenenbezüge und Leistungen verwandter Art) aufgeteilt nach den Personengruppen anzugeben. Ferner ist der Betrag für diese Personengruppen gebildeten Rückstellungen für laufende Pensionen und Anwartschaften auf Pensionen und der Betrag für diese Verpflichtungen nicht gebildete Rückstellungen anzugeben.

Ebenfalls anzugeben sind gewährte Vorschüsse und Kredite unter Angabe der Zinssätze, der wesentlichen Bedingungen und der gegebenenfalls im Geschäftsjahr zurückbezahlten Beträge sowie die zugunsten dieser Personen eingegangenen Haftungsverhältnisse.

8.6.10 Namen der Geschäftsführer und der Aufsichtsräte

Alle Mitglieder des Geschäftsführungsorgans und eines Aufsichtsrates, auch wenn sie im Geschäftsjahr oder später ausgeschieden sind, sind im Anhang mit Familiennamen und mindestens einem ausgeschriebenen Vornamen einschließlich des ausgeübten Berufs aufzulisten. Der Vorsitzende eines Aufsichtsrates, sein Stellvertreter oder ein etwaiger Vorsitzender des Geschäftsführungsorgans sind als solche zu bezeichnen.

8.6.11 Angaben über den Anteilsbesitz

Beteiligungen

Hält das Unternehmen Anteile an einer anderen Gesellschaft in Höhe von mindestens 20 %, so ist diese Beteiligung in die Liste des Anteilsbesitzes aufzunehmen. Anzugeben ist außerdem die Höhe des Anteils am Kapital, das Eigenkapital und das Ergebnis des letzten Geschäftsjahres dieser Unternehmen. Bei einer Komplementär-GmbH bzw. Komplementär-AG ist der Name, der Sitz und die Rechtsform der Unternehmen anzugeben, deren unbeschränkt haftender Gesellschafter die Kapitalgesellschaft ist.

8.6.12   Angaben zu den sonstigen Rückstellungen

Die sonstigen Rückstellungen sind insoweit zu erläutern, als wesentliche Positionen hinsichtlich des Sachverhaltes und der Höhe der Rückstellung genannt werden. Sie sind also dann anzugeben und zu erläutern, wenn sie einen nicht unerheblichen Umfang haben. Der nicht unerhebliche Umfang bezieht sich nicht auf die einzelne Rückstellung innerhalb der Gruppe der sonstigen Rückstellungen, sondern auf die Position der sonstigen Rückstellungen in Relation zu der Bilanzsumme und zu dem Unternehmensergebnis.

Wesentliche Positionen

8.6.13   Angaben zur Bewertung eines Geschäfts- oder Firmenwerts

Wenn in der Bilanz ein Geschäfts- oder Firmenwert ausgewiesen wird, so schreibt § 255 Abs. 4 HGB vor, dass der Geschäfts- oder Firmenwert ab dem Folgejahr seiner Aktivierung um mindestens ein Viertel abzuschreiben ist. Das bedeutet, dass spätestens nach fünf Jahren der Geschäfts- oder Firmenwert aufgelöst ist. Die Formulierung fordert aber nicht eine planmäßige Abschreibung; es kann jährlich neu entschieden werden, ob die Abschreibung mit einem Viertel oder mit einem höheren Betrag erfolgt. Diese Entscheidungen sind im Anhang anzugeben und zu erläutern.

Ab Folgejahr mindestens 25 % abschreiben

§ 255 Abs. 4 Satz 3 HGB lässt es jedoch auch zu, die Abschreibung des Geschäfts- oder Firmenwertes planmäßig auf die Geschäftsjahre zu verteilen, in denen er voraussichtlich genutzt wird. Das wird regelmäßig dann der Fall sein, wenn die Abschreibung über mehr als fünf Jahre erfolgen soll. In den Fällen, in denen der Unternehmer die Einheitsbilanz sichern will, wird er versuchen, von dieser Vorschrift Gebrauch zu machen und eine Abschreibung über 15 Jahre entsprechend den steuerlichen Vorschriften vorzunehmen. In einem solchen Fall entsteht die Erläuterungspflicht im Anhang, wobei deutlich klarzustellen ist, dass die Anwendung der steuerrechtlichen Vorschrift (Abschreibung planmäßig über 15 Jahre) handelsrechtlich nicht automatisch zulässig ist. Die steuerliche Abschreibung über 15 Jahre basiert nämlich auf der gesetzlichen Fiktion, dass sich ein Geschäfts- oder Firmenwert über diesen Zeitraum hält. Wenn diese gesetzliche Fiktion mit der Realität nicht übereinstimmt, verbietet sich eine Abschreibung über diesen Zeitraum.

Verteilung auf voraussichtliche Nutzungsdauer

Steuerliche Abschreibung über 15 Jahre

8.6.14   Angabe des Mutterunternehmens, in dessen Konzernabschluss das Unternehmen einbezogen ist

Wird das Unternehmen als Tochterunternehmen in einen Konzernabschluss einbezogen, so sind der Name und der Sitz des Mutterunternehmens anzugeben.

8.6.15   Persönlich haftende Gesellschafterin einer Kapital & Co.

Im Anhang einer Kapital & Co.-Gesellschaft muss der Name und der Sitz der Gesellschaften angegeben werden, die persönlich haftende Gesellschafter sind. Weiterhin ist die Angabe deren gezeichneten Kapitals erforderlich.

8.6.16   Corporate Governance Kodex

§ 161 AktG

Gemäß § 161 AktG hat der Vorstand einer börsennotierten Gesellschaft jährlich zu erklären, dass den Empfehlungen der Regierungskommission Deutscher Corporate Governance Kodex entsprochen wurde. Die Erklärung ist den Aktionären dauerhaft zugänglich zu machen. Im Anhang der Aktiengesellschaft ist anzugeben, dass die entsprechende Erklärung abgegeben und den Aktionären zugänglich gemacht wurde.

8.6.17   Abschlussprüferhonorar

Organisierter Markt im Sinne von § 2 Abs. 5 WHG

Soweit es sich um ein Unternehmen handelt, welches einen organisierten Markt im Sinne von § 2 Abs. 5 WHG in Anspruch nimmt, muss angegeben werden, welches Honorar der Abschlussprüfer für die Abschlussprüfung, für sonstige Beratungs- oder Bewertungsleistungen, für Steuerberatungsleistungen und für sonstige Leistungen erhalten hat. Die Angaben haben getrennt zu erfolgen. Für die Honorare ist nicht der Zeitpunkt der Berechnung oder Zahlung, sondern der Zeitpunkt der Leistung des Abschlussprüfers entscheidend.

8.6.18   Finanzinstrumente

Für jede Kategorie derivater Finanzinstrumente sind Art und Umfang und der beizulegende Zeitwert, soweit er sich ermitteln lässt, unter Angabe der angewandten Bewertungsmethoden anzugeben. Sofern ein solches Finanzderivat bilanziert wurde, ist der Bilanzposten und der Buchwert anzugeben.

8.6.19   Zum Finanzanlagevermögen gehörende Finanzinstrumente

Werden Finanzinstrumente unter den Finanzanlagen ausgewiesen, die über ihrem beizulegenden Wert aktiviert sind, da insoweit eine außerplanmäßige Abschreibung unterblieben ist, sind für die einzelnen Vermögensgegenstände oder Gruppierungen die Gründe für die Unterlassung der Abschreibung einschließlich der Anhaltspunkte, die darauf hindeuten, dass die Wertminderung voraussichtlich nicht von Dauer ist, anzugeben.

8.7   Angabepflichten nach anderen Gesetzen

Ausleihungen, Forderungen und Verbindlichkeiten gegenüber Gesellschaftern sind bei der GmbH und der GmbH & Co. KG gesondert in der Bilanz auszuweisen. Alternativ ist im Anhang anzugeben, in welchen Posten sie enthalten und wie hoch die Beträge jeweils sind (§ 42 Abs. 3 GmbHG; § 264c Abs. 1 Satz 1 HGB).

Bei Aktiengesellschaften sind wechselseitige Beteiligungen anzugeben. Es ist aufzuführen, wenn ein Aktionär für Rechnung der Gesellschaft Vorratsaktien übernommen oder verwertet hat. Wenn die Gesellschaft eigene Aktien besitzt oder im Geschäftsjahr veräußert hat, ist darüber im Anhang zu berichten. Die Aktiengattungen sind anzugeben.

Weiterhin ist die Entwicklung der einzelnen Rücklage-Posten darzustellen. Darüber hinaus sind eine Reihe von Angaben nach dem Aktiengesetz zu machen, die für kleine und mittelständische Unternehmen keine praktische Bedeutung haben.

Ausleihungen, Forderungen und Verbindlichkeiten gegenüber Gesellschaftern

8.8   Größenabhängige Erleichterungen und Unterlassung von Angaben

Das Handelsgesetzbuch sieht in § 286 vor, dass unter bestimmten Voraussetzungen Angaben im Anhang unterbleiben dürfen. Die Berichterstattung hat insoweit zu unterbleiben, als es für das Wohl der Bundesrepublik Deutschland oder einem ihrer Länder erforderlich ist. Bei dieser Formulierung hat der Gesetzgeber sicherlich die deutsche Rüstungsindustrie im Hinterkopf, damit diese nicht Angaben im Anhang darüber machen muss, welche Produktgruppen in welche geographischen Gebiete geliefert werden.

Wohl des Landes

Eine Aufgliederung der Umsatzerlöse kann unterbleiben, soweit die Aufgliederung nach vernünftiger kaufmännischer Beurteilung geeignet ist, der Gesellschaft oder einem Unternehmen, von dem die Gesellschaft mindestens 20 % der Anteile besitzt, einen erheblichen Nachteil zuzufügen.

Umsatzerlöse

Weiterhin können die Angaben unterbleiben, soweit sie für die Darstellung der Vermögens-, Finanz- und Ertragslage der Gesellschaft von untergeordneter Bedeutung sind oder nach vernünftiger kaufmännischer Beurteilung geeignet sind, dem Unternehmen einen erheblichen Nachteil zuzufügen.

Die Angaben des Eigenkapitals und des Jahresergebnisses können unterbleiben, wenn das Unternehmen, über das zu berichten ist, seinen Jahresabschluss nicht offen zu legen hat und die berichtende Gesellschaft weniger als die Hälfte der Anteile besitzt. Die Anwen-

Entstehung von Nachteilen

dung der Ausnahmeregelung hinsichtlich des Entstehens möglicher Nachteile muss im Anhang jedoch gemacht werden.

Gesamtbezüge der Organmitglieder
Die Angaben über die Gesamtbezüge der Mitglieder der einzelnen Organe können unterbleiben, wenn sich anhand dieser Angabe die Bezüge eines Mitgliedes dieser Organe feststellen lassen. Dies ist zunächst einmal dann der Fall, wenn die Geschäftsführung lediglich aus einer Person besteht. Dies ist aber auch dann denkbar, wenn die Geschäftsführung aus mehreren Personen besteht und eine dieser Personen als Vorsitzender der Geschäftsführung benannt ist. Von dieser Person ist nämlich anzunehmen dass sie mehr verdient als der für die Gruppe angegebene Durchschnittsbetrag. Die im § 288 HGB angegebenen größenabhängigen Erleichterungen für kleine und mittelgroße Gesellschaften sollen hier nicht noch einmal aufgezählt werden. Diese sind bei den einzelnen Anhangsangaben und in der Checkliste nachvollziehbar.

Die Aufstellung des Anteilsbesitzes kann auch gesondert, außerhalb des Anhangs erfolgen. Auf die besondere Aufstellung und den Ort ihrer Hinterlegung ist im Anhang hinzuweisen (§ 287 HGB).

Die einzelnen Angaben lassen sich folgender Checkliste entnehmen:

§ 286 HGB	Klein	Mittel	Groß
(1) [1] Die Berichterstattung hat insoweit zu unterbleiben, als es für das Wohl der Bundesrepublik Deutschland oder eines ihrer Länder erforderlich ist.			
(2) [1] Die Aufgliederung der Umsatzerlöse nach § 285 Satz 1 Nr. 4 kann unterbleiben, soweit die Aufgliederung nach vernünftiger kaufmännischer Beurteilung geeignet ist, der Kapitalgesellschaft oder einem Unternehmen, von dem die Kapitalgesellschaft mindestens den fünften Teil der Anteile besitzt, einen erheblichen Nachteil zuzufügen.			
(3) [1] Die Angaben nach § 285 Satz 1 Nr. 11 und 11a können unterbleiben, soweit sie 1. für die Darstellung der Vermögens-, Finanz- und Ertragslage der Kapitalgesellschaft nach § 264 Abs. 2 von untergeordneter Bedeutung sind oder			

§ 286 HGB	Klein	Mittel	Groß
2. nach vernünftiger kaufmännischer Beurteilung geeignet sind, der Kapitalgesellschaft oder dem anderen Unternehmen einen erheblichen Nachteil zuzufügen. [2] Die Angabe des Eigenkapitals und des Jahresergebnisses kann unterbleiben, wenn das Unternehmen, über das zu berichten ist, seinen Jahresabschluss nicht offenzulegen hat und die berichtende Kapitalgesellschaft weniger als die Hälfte der Anteile besitzt. [3] Satz 1 Nr. 2 findet keine Anwendung, wenn eine Kapitalgesellschaft einen organisierten Markt im Sinne des § 2 Abs. 5 des Wertpapierhandelsgesetzes durch von ihr oder einem ihrer Tochterunternehmen (§ 290 Abs. 1, 2) ausgegebene Wertpapiere im Sinne des § 2 Abs. 1 Satz 1 des Wertpapierhandelsgesetzes in Anspruch nimmt oder wenn die Zulassung solcher Wertpapiere zum Handel an einem organisierten Markt beantragt worden ist. [4] Im Übrigen ist die Anwendung der Ausnahmeregelung nach Satz 1 Nr. 2 im Anhang anzugeben.			
(4) [1] Bei Gesellschaften, die keine börsennotierten Aktiengesellschaften sind, können die in § 285 Satz 1 Nr. 9 Buchstabe a und b verlangten Angaben über die Gesamtbezüge der dort bezeichneten Personen unterbleiben, wenn sich anhand dieser Angaben die Bezüge eines Mitglieds dieser Organe feststellen lassen.			
(5) [1] Die in § 285 Satz 1 Nr. 9 Buchstabe a Satz 5 bis 9 verlangten Angaben unterbleiben, wenn die Hauptversammlung dies beschlossen hat. [2] Ein Beschluss, der höchstens für fünf Jahre gefasst werden kann, bedarf einer Mehrheit, die mindestens drei Viertel des bei der Beschlussfassung vertretenen Grundkapitals umfasst. [3] § 136 Abs. 1 des Aktiengesetzes gilt für einen Aktionär, dessen Bezüge als Vorstandsmitglied von der Beschlussfassung betroffen sind, entsprechend.			

§ 286 HGB	Klein	Mittel	Groß
[1] Die in § 285 Satz 1 Nr. 11 und 11a verlangten Angaben dürfen statt im Anhang auch in einer Aufstellung des Anteilsbesitzes gesondert gemacht werden. [2] Die Aufstellung ist Bestandteil des Anhangs. [3] Auf die besondere Aufstellung nach Satz 1 und den Ort ihrer Hinterlegung ist im Anhang hinzuweisen.			

8.9 Checkliste der Anhangsangaben nach § 285 HGB

Die nachfolgende Checkliste dient dazu, die Vollständigkeit der Angaben nach § 285 HGB zu überprüfen. Gleichzeitig werden die größenabhängigen Erleichterungen dargestellt:

§ 285 HGB	klein	mittel	groß
[1] Ferner sind im Anhang anzugeben:			
1. zu den in der Bilanz ausgewiesenen Verbindlichkeiten			
a) der Gesamtbetrag der Verbindlichkeiten mit einer Restlaufzeit von mehr als fünf Jahren,			
b) der Gesamtbetrag der Verbindlichkeiten, die durch Pfandrechte oder ähnliche Rechte gesichert sind, unter Angabe von Art und Form der Sicherheiten;			
2. die Aufgliederung der in Nummer 1 verlangten Angaben für jeden Posten der Verbindlichkeiten nach dem vorgeschriebenen Gliederungsschema, sofern sich diese Angaben nicht aus der Bilanz ergeben;			
3. der Gesamtbetrag der sonstigen finanziellen Verpflichtungen, die nicht in der Bilanz erscheinen und auch nicht nach § 251 anzugeben sind, sofern diese Angabe für die Beurteilung der Finanzlage von Bedeutung ist; davon sind Verpflichtungen gegenüber verbundenen Unternehmen gesondert anzugeben;			
4. die Aufgliederung der Umsatzerlöse nach Tätigkeitsbereichen sowie nach geographisch bestimmten Märkten, soweit sich, unter Berücksichtigung der Organisation des Verkaufs von für die gewöhnliche Geschäftstätigkeit der Kapitalgesellschaft typischen Erzeugnissen und der für die gewöhnliche Geschäfts-			

§ 285 HGB	klein	mittel	groß
tätigkeit der Kapitalgesellschaft typischen Dienstleistungen, die Tätigkeitsbereiche und geographisch bestimmten Märkte untereinander erheblich unterscheiden;			
5. das Ausmaß, in dem das Jahresergebnis dadurch beeinflusst wurde, dass bei Vermögensgegenständen im Geschäftsjahr oder in früheren Geschäftsjahren Abschreibungen nach §§ 254, 280 Abs. 2 auf Grund steuerrechtlicher Vorschriften vorgenommen oder beibehalten wurden oder ein Sonderposten nach § 273 gebildet wurde; ferner das Ausmaß erheblicher künftiger Belastungen, die sich aus einer solchen Bewertung ergeben;			
6. in welchem Umfang die Steuern vom Einkommen und vom Ertrag das Ergebnis der gewöhnlichen Geschäftstätigkeit und das außerordentliche Ergebnis belasten;			
7. die durchschnittliche Zahl der während des Geschäftsjahrs beschäftigten Arbeitnehmer getrennt nach Gruppen;			
8. bei Anwendung des Umsatzkostenverfahrens (§ 275 Abs. 3)			
a) der Materialaufwand des Geschäftsjahrs, gegliedert nach § 275 Abs. 2 Nr. 5,			
b) der Personalaufwand des Geschäftsjahrs, gegliedert nach § 275 Abs. 2 Nr. 6;			
9. für die Mitglieder des Geschäftsführungsorgans, eines Aufsichtsrats, eines Beirats oder einer ähnlichen Einrichtung jeweils für jede Personengruppe			
a) die für die Tätigkeit im Geschäftsjahr gewährten Gesamtbezüge (Gehälter, Gewinnbeteiligungen, Bezugsrechte und sonstige aktienbasierte Vergütungen, Aufwandsentschädigungen, Versicherungsentgelte, Provisionen und Nebenleistungen jeder Art). In die Gesamtbezüge sind auch Bezüge einzurechnen, die nicht ausgezahlt, sondern in Ansprüche anderer Art umgewandelt oder zur Erhöhung anderer Ansprüche verwendet werden. Außer den Bezügen für das Geschäftsjahr sind die weiteren Bezüge anzugeben, die im Geschäftsjahr gewährt, bisher aber in keinem Jahresabschluss angegeben worden sind. Bezugsrechte und sonstige aktienbasierte Vergütungen sind mit ihrer Anzahl und dem beizulegenden Zeitwert			

§ 285 HGB	klein	mittel	groß
zum Zeitpunkt ihrer Gewährung anzugeben; spätere Wertveränderungen, die auf einer Änderung der Ausübungsbedingungen beruhen, sind zu berücksichtigen. Bei einer börsennotierten Aktiengesellschaft sind zusätzlich unter Namensnennung die Bezüge jedes einzelnen Vorstandsmitglieds, aufgeteilt nach erfolgsunabhängigen und erfolgsbezogenen Komponenten sowie Komponenten mit langfristiger Anreizwirkung, gesondert anzugeben. Dies gilt auch für Leistungen, die dem Vorstandsmitglied für den Fall der Beendigung seiner Tätigkeit zugesagt worden sind. Hierbei ist der wesentliche Inhalt der Zusagen darzustellen, wenn sie in ihrer rechtlichen Ausgestaltung von den den Arbeitnehmern erteilten Zusagen nicht unerheblich abweichen. Leistungen, die dem einzelnen Vorstandsmitglied von einem Dritten im Hinblick auf seine Tätigkeit als Vorstandsmitglied zugesagt oder im Geschäftsjahr gewährt worden sind, sind ebenfalls anzugeben. Enthält der Jahresabschluss weitergehende Angaben zu bestimmten Bezügen, sind auch diese zusätzlich einzeln anzugeben;			
b) die Gesamtbezüge (Abfindungen, Ruhegehälter, Hinterbliebenenbezüge und Leistungen verwandter Art) der früheren Mitglieder der bezeichneten Organe und ihrer Hinterbliebenen. Buchstabe a Satz 2 und 3 ist entsprechend anzuwenden. Ferner ist der Betrag der für diese Personengruppe gebildeten Rückstellungen für laufende Pensionen und Anwartschaften auf Pensionen und der Betrag der für diese Verpflichtungen nicht gebildeten Rückstellungen anzugeben;			
c) die gewährten Vorschüsse und Kredite unter Angabe der Zinssätze, der wesentlichen Bedingungen und der gegebenenfalls im Geschäftsjahr zurückgezahlten Beträge sowie die zugunsten dieser Personen eingegangenen Haftungsverhältnisse;			
10. alle Mitglieder des Geschäftsführungsorgans und eines Aufsichtsrats, auch wenn sie im Geschäftsjahr oder später ausgeschieden sind, mit dem Familiennamen und mindestens einem ausgeschriebenen Vornamen, einschließlich des ausgeübten Berufs und bei börsennotierten Gesellschaften auch der Mitgliedschaft in Aufsichtsräten und anderen Kontrollgremien im Sinne des § 125 Abs. 1 Satz 3 des Aktiengesetzes. Der Vorsitzende eines Aufsichtsrats, seine Stellvertreter und ein etwaiger Vorsitzender des Geschäftsführungsorgans sind als solche zu bezeichnen;			

§ 285 HGB	klein	mittel	groß
11. Name und Sitz anderer Unternehmen, von denen die Kapitalgesellschaft oder eine für Rechnung der Kapitalgesellschaft handelnde Person mindestens den fünften Teil der Anteile besitzt; außerdem sind die Höhe des Anteils am Kapital, das Eigenkapital und das Ergebnis des letzten Geschäftsjahrs dieser Unternehmen anzugeben, für das ein Jahresabschluss vorliegt; auf die Berechnung der Anteile ist § 16 Abs. 2 und 4 des Aktiengesetzes entsprechend anzuwenden; ferner sind von börsennotierten Kapitalgesellschaften zusätzlich alle Beteiligungen an großen Kapitalgesellschaften anzugeben, die fünf vom Hundert der Stimmrechte überschreiten;			
11a. Name, Sitz und Rechtsform der Unternehmen, deren unbeschränkt haftender Gesellschafter die Kapitalgesellschaft ist;			
12. Rückstellungen, die in der Bilanz unter dem Posten »sonstige Rückstellungen« nicht gesondert ausgewiesen werden, sind zu erläutern, wenn sie einen nicht unerheblichen Umfang haben;			
13. bei Anwendung des § 255 Abs. 4 Satz 3 die Gründe für die planmäßige Abschreibung des Geschäfts- oder Firmenwerts;			
14. Name und Sitz des Mutterunternehmens der Kapitalgesellschaft, das den Konzernabschluss für den größten Kreis von Unternehmen aufstellt, und ihres Mutterunternehmens, das den Konzernabschluss für den kleinsten Kreis von Unternehmen aufstellt, sowie im Falle der Offenlegung der von diesen Mutterunternehmen aufgestellten Konzernabschlüsse der Ort, wo diese erhältlich sind;			
15. soweit es sich um den Anhang des Jahresabschlusses einer Personenhandelsgesellschaft im Sinne des § 264a Abs. 1 handelt, Name und Sitz der Gesellschaften, die persönlich haftende Gesellschafter sind, sowie deren gezeichnetes Kapital;			
16. dass die nach § 161 des Aktiengesetzes vorgeschriebene Erklärung abgegeben und den Aktionären zugänglich gemacht worden ist;			
17. soweit es sich um ein Unternehmen handelt, das einen organisierten Markt im Sinne des § 2 Abs. 5 des Wertpapierhandelsgesetzes in Anspruch nimmt, für den Abschlussprüfer im Sinne des § 319 Abs. 1 Satz 1, 2 das im Geschäftsjahr als Aufwand erfasste Honorar für			

§ 285 HGB	klein	mittel	groß
a) die Abschlussprüfung,			
b) sonstige Bestätigungs- oder Bewertungsleistungen,			
c) Steuerberatungsleistungen,			
d) sonstige Leistungen;			
18. für jede Kategorie derivativer Finanzinstrumente			
a) Art und Umfang der Finanzinstrumente,			
b) der beizulegende Zeitwert der betreffenden Finanzinstrumente, soweit sich dieser gemäß den Sätzen 3 bis 5 verlässlich ermitteln lässt, unter Angabe der angewandten Bewertungsmethode sowie eines gegebenenfalls vorhandenen Buchwerts und des Bilanzpostens, in welchem der Buchwert erfasst ist;			
19. für zu den Finanzanlagen (§ 266 Abs. 2 A. III.) gehörende Finanzinstrumente, die über ihrem beizulegenden Zeitwert ausgewiesen werden, da insoweit eine außerplanmäßige Abschreibung gemäß § 253 Abs. 2 Satz 3 unterblieben ist:			
a) der Buchwert und der beizulegende Zeitwert der einzelnen Vermögensgegenstände oder angemessener Gruppierungen sowie			
b) die Gründe für das Unterlassen einer Abschreibung gemäß § 253 Abs. 2 Satz 3 einschließlich der Anhaltspunkte, die darauf hindeuten, dass die Wertminderung voraussichtlich nicht von Dauer ist.			
[2] Als derivative Finanzinstrumente im Sinne des Satzes 1 Nr. 18 gelten auch Verträge über den Erwerb oder die Veräußerung von Waren, bei denen jede der Vertragsparteien zur Abgeltung in bar oder durch ein anderes Finanzinstrument berechtigt ist, es sei denn, der Vertrag wurde geschlossen, um einen für den Erwerb, die Veräußerung oder den eigenen Gebrauch erwarteten Bedarf abzusichern, sofern diese Zweckwidmung von Anfang an bestand und nach wie vor besteht und der Vertrag mit der Lieferung der Ware als erfüllt gilt. [3] Der beizulegende Zeitwert im Sinne des Satzes 1 Nr. 18 Buchstabe b, Nr. 19 entspricht dem Marktwert, sofern ein solcher ohne weiteres verlässlich feststellbar ist. [4] Ist dies nicht der Fall, so ist der beizulegende Zeitwert, sofern dies möglich ist, aus den Marktwerten der einzelnen Bestandteile des Finanzinstruments oder aus dem Marktwert eines gleichwertigen Finanzinstruments			

§ 285 HGB	klein	mittel	groß
abzuleiten, anderenfalls mit Hilfe allgemein anerkannter Bewertungsmodelle und -methoden zu bestimmen, sofern diese eine angemessene Annäherung an den Marktwert gewährleisten. [5] Bei der Anwendung allgemein anerkannter Bewertungsmodelle und -methoden sind die tragenden Annahmen anzugeben, die jeweils der Bestimmung des beizulegenden Zeitwerts zugrunde gelegt wurden. [6] Kann der beizulegende Zeitwert nicht bestimmt werden, sind die Gründe dafür anzugeben.			

Grau unterlegte Flächen weisen darauf hin, dass Kapitalgesellschaften dieser Größenklasse die Angaben nicht machen müssen.

9   Lagebericht

9.1   Gesetzliche Neuregelung

Erweiterte Berichtspflicht

Die gesetzlichen Bestimmungen zum Lagebericht wurden durch das Bilanzrechtsreformgesetz vom 4.12.2004, das Vorstandsvergütungs-Offenlegungsgesetz (VorstOG) vom 3.8.2005 und das Übernahme-richtlinie-Umsetzungsgesetz vom 8.6.2006 geändert. Durch die Vorschriften wurde die Berichtspflicht für die Unternehmensleitung wesentlich erweitert und hinsichtlich Form und Inhalt gegenüber der überarbeiteten Vorschrift des § 289 HGB konkretisiert. Ein Lagebericht ist nur von mittelgroßen und großen Kapitalgesellschaften im Sinne des zweiten Abschnitts des Dritten Buchs des HGB (Aktiengesellschaften, Kommanditgesellschaften auf Aktien, Gesellschaften mit beschränkter Haftung, Kapitalgesellschaft & Co.) zu erstellen. In § 289 Abs. 1 und 2 HGB wird der erforderliche Inhalt für alle betroffenen Gesellschaften geregelt. In Absatz 3 werden zusätzliche Anforderungen an große Kapitalgesellschaften kodifiziert.

Absatz 4 betrifft lediglich Aktiengesellschaften und Kommanditgesellschaften auf Aktien, die einen organisierten Markt im Sinne des § 2 Abs. 7 des Wertpapiererwerbs- und Übernahmegesetzes (WpÜG) durch von ihnen ausgegebene stimmberechtigte Aktien in Anspruch nehmen.

Geschäftsverlauf und Ergebnisse

Im Lagebericht sind der Geschäftsverlauf einschließlich des Geschäftsergebnisses und die Lage der Kapitalgesellschaft so darzustellen, dass ein den tatsächlichen Verhältnissen entsprechendes Bild vermittelt wird. Er hat eine ausgewogene und umfassende, dem Umfang und der Komplexität der Geschäftstätigkeit entsprechende Analyse des Geschäftsverlaufs und der Lage der Gesellschaft zu enthalten. In die Analyse sind die für die Geschäftstätigkeit bedeutsamsten finanziellen Leistungsindikatoren einzubeziehen und unter Bezugnahme auf die im Jahresabschluss ausgewiesenen Beträge und Angaben zu erläutern. Ferner ist im Lagebericht die voraussichtliche

Lageanalyse

Entwicklung mit ihren wesentlichen Chancen und Risiken zu beurteilen und zu erläutern. Dabei sind zugrunde liegende Annahmen anzugeben (vgl. § 289 Abs. 1 HGB).

Der Lagebericht soll gemäß § 289 Abs. 2 HGB auch auf Vorgänge von **Nachtragsbericht** besonderer Bedeutung, die nach dem Schluss des Geschäftsjahres eingetreten sind, eingehen. Weiterhin ist über die Risikomanagem- **Risikomanagement** entziele und –methoden, die Preisänderungs-, Ausfall- und Liqui- ditätsrisiken sowie die Risiken aus Zahlungsstromschwankungen, die Verwendung von Finanzinstrumenten, auf den Bereich der For- schung und Entwicklung und auf bestehende Zweigniederlassungen der Gesellschaft einzugehen. Börsennotierte Aktiengesellschaften haben zudem die Grundzüge des Vergütungssystems für die Mit- **Vergütungssystem** glieder der Organe der Gesellschaft darzustellen. Die Berichterstat- tung nach § 289 Abs. 2 HGB ist verpflichtend, auch wenn die Vor- schrift (»der Lagebericht **soll** auch eingehen auf«) unzutreffend als Wahlrecht interpretiert werden kann. Die Formulierung ist nicht als Wahlrecht zu verstehen, sondern als klarstellende Konkretisierung des Absatz 1.

Große Kapitalgesellschaften haben auch über nicht finanzielle Leistungsindikatoren zu berichten, z. B. über Umwelt- und Arbeit- nehmerbelange, soweit sie für das Verständnis des Geschäftsver- laufs oder die Lage von Bedeutung sind.

Gemäß § 289 Abs. 4 HGB haben Aktiengesellschaften und Kom- manditgesellschaften auf Aktien, die einen organisierten Markt durch von ihnen ausgegebene stimmberechtigte Aktien in Anspruch nehmen, im Lagebericht Folgendes anzugeben:

1. die Zusammensetzung des gezeichneten Kapitals; bei verschie- denen Aktiengattungen sind für jede Gattung die damit verbun- denen Rechte und Pflichten und der Anteil am Gesellschaftskapi- tal anzugeben;
2. Beschränkungen, die Stimmrechte oder die Übertragung von Aktien betreffen, auch wenn sie sich aus Vereinbarungen zwi- schen Gesellschaftern ergeben können, soweit sie dem Vorstand der Gesellschaft bekannt sind;
3. direkte oder indirekte Beteiligungen am Kapital, die 10 vom Hundert der Stimmrechte überschreiten;
4. die Inhaber von Aktien mit Sonderrechten, die Kontrollbefug- nisse verleihen; die Sonderrechte sind zu beschreiben;
5. die Art der Stimmrechtskontrolle, wenn Arbeitnehmer am Kapital beteiligt sind und ihre Kontrollrechte nicht unmittelbar ausüben;
6. die gesetzlichen Vorschriften und Bestimmungen der Satzung über die Ernennung und Abberufung der Mitglieder des Vor- stands und über die Änderung der Satzung;
7. die Befugnisse des Vorstands insbesondere hinsichtlich der Mög- lichkeit, Aktien auszugeben oder zurückzukaufen;
8. wesentliche Vereinbarungen der Gesellschaft, die unter der Bedingung eines Kontrollwechsels infolge eines Übernahmean-

gebots stehen, und die hieraus folgenden Wirkungen; die Angabe kann unterbleiben, soweit sie geeignet ist, der Gesellschaft einen erheblichen Nachteil zuzufügen; die Angabepflicht nach anderen gesetzlichen Vorschriften bleibt unberührt;

9. Entschädigungsvereinbarungen der Gesellschaft, die für den Fall eines Übernahmeangebots mit den Mitgliedern des Vorstands oder Arbeitnehmern getroffen sind.

9.2   Aufstellungsgrundsätze

9.2.1   Vorbemerkung

Ähnlich wie bei der Aufstellung des Jahresabschlusses sind bei der Aufstellung des Lageberichts verschiedene Grundsätze zu beachten, um den gesetzlichen Anforderungen zu genügen. Der Lagebericht hat vollständig, wahrheitsgemäß, klar und übersichtlich über das Wesentliche zu berichten. Dabei soll der einmal gewählte formelle Aufbau des Lageberichtes auch in den Folgejahren für Zwecke der Vergleichbarkeit beibehalten werden.

Der Hauptfachausschuss (HFA) des Instituts der Wirtschaftsprüfer (IDW) hat im Jahr 2001 eine Stellungnahme zur Aufstellung des Lageberichts herausgegeben. Diese Stellungnahme bezog sich auf den Lagebericht ebenso wie auf den Konzernlagebericht. Der Deutsche Standardisierungsrat (DSR) hat zur Lageberichterstattung den Deutschen Rechnungslegungsstandard Nr. 15 (DRS 15) vorgelegt. Der DRS 15 entwickelt durch seine Bekanntmachung durch das Bundesministerium der Justiz (am 26.2.2005) den Charakter von GoB für den Konzernabschluss. Die Beachtung dieser Grundsätze führt zu der gesetzlichen Vermutung, dass der Konzernabschluss ordnungsgemäß erstellt wurde (vgl. § 342 HGB). Der HFA hat daher am 7.7.2005 beschlossen, seine Stellungnahme aufzuheben.

DRS 15

Der DRS 15 empfiehlt die Anwendung seiner Grundsätze auch für den Lagebericht nach § 289 HGB (vgl. DRS 15, Tz. 5). Da die Kompetenz des Standardisierungsrats gesetzlich auf den Bereich des Konzernabschlusses begrenzt ist, kann er eine Verbindlichkeit für den Lagebericht nach § 289 HGB (Lagebericht zum Jahresabschluss) nicht kodifizieren. Die Vorschriften zum Lagebericht gemäß § 289 HGB sind inhaltlich jedoch weitgehend deckungsgleich mit dem § 315 HGB zum Konzernlagebericht. Der Unterschied in den Vorschriften ist redaktioneller Art: die Vorschrift zu den nichtfinanziellen Leistungsindikatoren im Lagebericht nach § 289 HGB rücken aus Abs. 3 im § 315 HGB auf Abs. 1 Satz 4 vor, was materiell nicht zu einem Unterschied im Anwendungsumfang führt. In § 315 HGB fehlt die Vorschrift zum Bericht über bestehende Zweigniederlassungen, wie sie in § 289 Abs. 2 Nr. 4 HGB enthalten ist. Letzteres ist der einzige materielle Unterschied in den Vorschriften zum Lagebericht der Gesellschaft zum Lagebericht der Konzernmutter.

Der Gesetzgeber wollte folglich keine inhaltliche Differenzierung des Lageberichts einer Gesellschaft und einer Konzernmutter. In Fortführung dieses Gedankens ergibt sich, dass der DRS 15 zur Lageberichterstattung faktisch auch für den Lagebericht einer Gesellschaft nach § 289 HGB verbindlich ist. Wäre das anders zu beurteilen, hätte der HFA seine Stellungnahme nur hinsichtlich der Ausführungen zum Konzernlagebericht aufgehoben.

9.2.2 Grundsatz der Vollständigkeit

Der Lagebericht hat auf alle in § 289 HGB aufgeführte Bereiche einzugehen, soweit die Vorschrift nicht konkret darauf hinweist, dass geforderte Angaben nur für bestimmte Unternehmen zu machen sind (z. B. Aktiengesellschaften). Der Grundsatz der Vollständigkeit steht in Konkurrenz zu den Bedürfnissen des Unternehmens, bestimmte Sachverhalte vertraulich zu behandeln, um dem Unternehmen keinen Nachteil entstehen zu lassen. Die Abwägung, ob der Grundsatz der Vollständigkeit hinter das Erfordernis der Vertraulichkeit zurücktritt, kann im Einzelfall sehr schwierig sein.

Vollständigkeit versus Schutzbedürfnis

> **Beispiel:**
> *Ein Unternehmen braucht bei der Berichterstattung über Forschung und Entwicklung nicht über konkrete Entwicklungsaktivitäten zu berichten, wenn hierdurch ein Wettbewerbsvorsprung gegenüber der Konkurrenz gefährdet würde.*
>
> *Kritischer ist die Abwägung in dem Fall, in welchem das Unternehmen wegen technischer Fehlentwicklungen oder mangelnder Liquidität in seinem Bestand gefährdet ist. Über die wesentlichen Chancen und Risiken ist gemäß § 289 Abs. 1 Satz 4 HGB ausdrücklich zu berichten. Die Berichterstattung über bestandsgefährdende Risiken wird die negative Entwicklung verstärken. Eine Berichterstattung darf jedoch nicht unterbleiben. Vielmehr wird die Unternehmensleitung im Rahmen der Berichterstattung über die bestandsgefährdenden Risiken eine intersubjektiv nachprüfbare Analyse aus ihrer persönlichen Sicht darstellen.*

Bestandsgefährdung

9.2.3 Grundsatz der Verlässlichkeit

Der Lagebericht hat wahrheitsgemäß zu erfolgen. Die Darstellung hat ein den tatsächlichen Verhältnissen entsprechendes Bild der Gesellschaft zu vermitteln. Die Informationen müssen zutreffend und nachvollziehbar sein. Tatsachen und Meinungen sind zu trennen. Über Chancen und Risiken ist ausgewogen zu berichten (vgl. DRS 15, Tz. 14).

Ausgewogene Berichterstattung

Die unrichtige Berichterstattung im Lagebericht ist strafbewehrt. Gemäß § 331 Nr. 1 HGB können die Mitglieder eines vertretungsberechtigten Organs mit Freiheitsstrafen von bis zu drei Jahren oder mit Geldstrafen bestraft werden.

9.2.4   Grundsatz der Klarheit und Übersichtlichkeit

Der Grundsatz der Klarheit und Übersichtlichkeit wird aus den Grundsätzen ordnungsmäßiger Buchführung und Bilanzierung (GoB) abgeleitet. Da es sich bei dem Lagebericht um eine verbale Berichterstattung handelt, sind umfassende Gestaltungsmöglichkeiten hinsichtlich der Gliederung und des Inhalts gegeben. Eine umfassende Berichterstattung ohne Textgliederung würde eine Einschränkung der Klarheit und der Übersichtlichkeit darstellen und in vielen Fällen gegen diesen Grundsatz verstoßen. Dasselbe gilt, wenn der **Schaubilder** Lagebericht mit nach Anzahl und Inhalt unwesentlicher Schaubilder überfrachtet wird. Soweit in einer Berichterstattung über Dinge, die nicht wesentlich sind, berichtet werden soll, hat dies in einem gesonderten Teil zu erfolgen, damit die Klarheit und Übersichtlichkeit des Lageberichts gewahrt bleibt.

Verständlichkeit Der Lagebericht ist so zu formulieren, dass ein Außenstehender in der Lage ist, sich eine Übersicht über die Lage der Gesellschaft zu verschaffen. Hierbei ist darauf zu achten, dass zu den Adressaten nicht nur Gesellschafter und Gläubiger gehören, sondern auch andere interessierte Personen, z. B. Arbeitnehmer. Anderseits kann nicht erwartet werden, dass der Lagebericht Lehrfunktion übernimmt. Ohne dass es eine konkrete Vorschrift gibt, ist der Lagebericht in deutscher Sprache abzufassen, was sich aus der analogen Anwendung des § 244 HGB ergibt.

Darstellungs- stetigkeit Die Vorschrift zum Lagebericht beinhaltet hinsichtlich des formalen Aufbaus keine Anweisungen. Gleichwohl wird aus dem Grundsatz der Klarheit und Übersichtlichkeit abgeleitet, dass der Aufbau des Lageberichts in den Folgejahren grundsätzlich beizubehalten ist, um den Adressaten einen Vergleich der Berichterstattung über mehrere Jahre zu ermöglichen.

9.2.5   Sicht der Unternehmensleitung

Die Lageberichterstattung soll die Sicht der Unternehmensleitung vermitteln. Dazu gehört eine ausgewogene und umfassende Analyse des Geschäftsverlaufs und der wirtschaftlichen Lage, die dem Umfang und der Komplexität der Geschäftstätigkeit entspricht (vgl. § 289 Abs. 1 Satz 2 HGB; DRS 15 Tz. 28). Die Einschätzung und Beurteilung der Geschäftsleitung ist dabei in den Vordergrund zu stellen.

9.2.6   Grundsatz der Wesentlichkeit

Die Berichterstattung im Lagebericht hat sich auf das Wesentliche zu beschränken. Die Wesentlichkeit bemisst sich danach, ob eine Berichterstattung zur Beurteilung der Lage der Gesellschaft wesentlich ist. Dem Berichterstatter steht hierbei ein weiter Entscheidungsspielraum zu.

9.3   Inhalt des Lageberichts

9.3.1   Darstellung und Analyse des Geschäftsverlaufs und des Geschäftsergebnisses

Gemäß § 289 Abs. 1 Satz 2 HGB hat eine ausgewogene und umfassende, dem Umfang und der Komplexität der Geschäftstätigkeit entsprechende Analyse des Geschäftsverlaufs und der Lage der Gesellschaft zu erfolgen. Für das Verständnis des Adressaten wird es hilfreich sein, wenn der Darstellung des Geschäftsverlaufs eine Berichterstattung über die Entwicklung der Gesamtwirtschaft und der Branche vorangestellt wird. An diese Berichterstattung können sich die Darstellung und die Analyse der Umsatz- und Auftragsentwicklung anschließen. Die Umsatzentwicklung wird nach Sparten vorzunehmen sein, wenn dieses für die Beurteilung der Lage der Gesellschaft erforderlich ist. Die Auftragsentwicklung hat sich sowohl auf die Entwicklung des Auftragseingangs im abgeschlossenen Geschäftsjahr als auch auf den Auftragsbestand zum Berichtsstichtag zu erstrecken (vgl. § 289 Abs. 1 Satz 3 HGB). In der Ergebnisanalyse ist darauf einzugehen, welche wesentlichen Sachverhalte zu einer Veränderung des Ergebnisses geführt haben. Die Ergebnisanalyse ist insoweit vorzunehmen, als sie zum Verständnis der Lage der Gesellschaft erforderlich ist. Sie bietet der Unternehmensleitung zugleich die Möglichkeit, das Ergebnis der Gesellschaft aus ihrer Sicht darzustellen und zu analysieren. Dabei muss die Auffassung des Bericht erstattenden Organs zumindest intersubjektiv nachprüfbar sein und dem Grundsatz der Wahrheit folgen.

Entwicklung der Branche

Ergebnisanalyse

Die Berichterstattung im Lagebericht hat sich auch auf die Produktion, die Beschaffung und die Investitionen zu erstrecken.

Bei der Berichterstattung über die Produktion sind die Produktionsmengen für die einzelnen Sparten darzustellen.

Die Berichterstattung über das Beschaffungswesen kann sich auf die Darstellung der wesentlichen Beschaffungsmärkte und deren Entwicklung beziehen (Situation von Angebot und Nachfrage, Preisentwicklung). Nicht Gegenstand der Berichterstattung über die Beschaffung ist die Offenlegung konkreter Bezugsquellen (Lieferanten).

Beschaffungswesen

Investitionen

Im Lagebericht ist über die wesentlichen Investitionen des Unternehmens zu berichten. Dabei sind neu begonnene Investitionen ebenso darzustellen wie abgeschlossene Investitionen. Bloße Investitionsplanungen, die noch nicht konkret beschlossen wurden, müssen nicht dargestellt werden.

Finanzierung

Die Unternehmensleitung hat über Finanzierungsmaßnahmen und Finanzierungsvorhaben zu berichten, die für die Gesellschaft von wesentlicher Bedeutung sind. Wesentliche Finanzierungsmaßnahmen können Sale- und Leaseback-Verträge sein, aber auch die Darstellung von Finanzierungsgrundsätzen (Kreditfinanzierung,

Personal

Konzernfinanzierung). Der Bericht über Personal- und Sozialbereiche umfasst wesentliche Angelegenheiten, die zur Beurteilung der Lage der Gesellschaft erforderlich sind. Hierzu können Massenentlassungen mit Sozialplan, die Einführung von Vorruhestandsregelungen, die Änderung von tarifvertraglichen Regelungen und Änderungen im Bereich der Altersvorsorgung von Bedeutung sein. Über Fragen des Umweltschutzes ist im Bereich der Darstellung und Analyse des Geschäftsverlaufes zu berichten, wenn diese Einfluss auf den Geschäftsverlauf oder das Geschäftsergebnis hatten. Das ist zum Beispiel der Fall, wenn auf Grund behördlicher Auflagen der Produktionsbetrieb eingeschränkt war oder wesentliche Aufwendungen getätigt wurden, um Auflagen zur Betriebsgenehmigung zu erfüllen. Alternativ kann das Unternehmen einen Umweltbericht als eigenständigen Teil des Lageberichts erstatten. Soweit weitere wichtige Vorgänge, die für die Darstellung und Analyse des Geschäftsverlaufs und des Geschäftsergebnisses von Bedeutung waren, vorliegen, ist über diese ebenfalls angemessen zu berichten.

9.3.2   Darstellung und Analyse der Lage

Die Lage der Gesellschaft ist darzustellen und angemessen zu analysieren (§ 289 Abs. 1 Satz 2 HGB). Dabei ist auf die Vermögens-, Finanz- und Ertragslage einzugehen. Zu diesem Zweck können betriebswirtschaftliche Auswertungen in den Lagebericht übernommen und erläutert werden.

Zur Darstellung der Vermögenslage sind die Höhe und die Zusammensetzung des Vermögens sowie die wesentlichen Abweichungen gegenüber dem Vorjahr anzugeben und zu erläutern. Außerbilanzielle Finanzierungsinstrumente sowie deren wesentliche Veränderungen gegenüber dem Vorjahr sind zu erläutern, sofern sie Bedeutung für das Unternehmen haben (vgl. DRS 15, Tz. 77 ff.).

Die Kapitalstruktur des Unternehmens ist darzustellen und zu erläutern. Die Aufnahme einer Kapitalflussrechnung ist bei börsennotierten Aktiengesellschaften regelmäßig vorzufinden. Die Verpflichtung für Konzernmutterunternehmen ergibt sich aus dem DRS

15 (Tz. 71). Von einer Verbindlichkeit für Kapitalgesellschaften ist daher grundsätzlich auszugehen.

Die Ertragslage der Gesellschaft ist dazustellen und zu erläutern. Dabei ist auf außerordentliche Ereignisse einzugehen, die wesentliche Auswirkung auf die Ertragslage hatten.

9.3.3 Voraussichtliche Entwicklung (Risikobericht)

Gemäß § 289 Abs. 2 Nr. 2 HGB ist auf die voraussichtliche Entwicklung mit ihren wesentlichen Chancen und Risiken einzugehen (Risikobericht). Es empfiehlt sich, in diesem Berichtsteil vorab die künftige prognostizierte Entwicklung der Gesellschaft aus Sicht der Unternehmensleitung darzustellen. Dabei ist darauf zu achten, dass die Darstellung für den externen Leser nachvollziehbar ist. Daran kann sich die Darstellung und Beurteilung der Chancen der Gesellschaft anschließen. Bei der Berichterstattung über die Risiken der künftigen Entwicklung ist auf Risiken, die einen wesentlichen Einfluss auf die Vermögens-, Finanz- und Ertragslage haben können, ebenso einzugehen wie auf bestandsgefährdende Risiken. Bei der Darstellung dieser Risiken ist die Art des Risikos zu benennen.

9.3.4 Vorgänge von besonderer Bedeutung nach Schluss des Geschäftsjahres (Nachtragsbericht)

Im sogenannten »Nachtragsbericht« ist auf Vorgänge von besonderer Bedeutung nach Schluss des Geschäftsjahres einzugehen. Sofern es sich um Vorgänge handelt, die bereits während des Geschäftsjahres, über das berichtet wird, eingetreten sind, ist hierüber im Rahmen der Darstellung und Analyse des Geschäftsverlaufs zu berichten. In dem Bereich des Nachtragsberichtes gehören solche Vorgänge, die nach dem Berichtsstichtag eingetreten und von wesentlicher Bedeutung sind. Dabei ist gesondert auf Vorgänge einzugehen, die Auswirkung auf die Lage oder die zukünftige Entwicklung des Unternehmens haben können und auf Vorgänge, die für den Fortbestand des Unternehmens von Bedeutung sind.

Beispiele:
- *Großbrand in einem Fabrikationsbereich*
- *Behördliche Auflagen*

9.3.5　Vergütungsbericht

Börsennotierte Aktiengesellschaften haben gemäß § 289 Abs. 2 Nr. 5 HGB die Grundzüge des Vergütungssystems für die Mitglieder des Vorstands, des Aufsichtsrats und ähnliche Einrichtungen darzustellen. Die im Lagebericht geforderten Angaben gehen über die Angabepflichten des § 285 Nr. 9 HGB (Anhang) hinaus. Diese Anforderungen wurden durch das Vorstandsvergütungs-Offenlegungsgesetz vom 3.8.2005 in den Lagebericht aufgenommen, um für die Kapitalanleger eine bessere Transparenz in Bezug auf die börsennotierten Aktiengesellschaften zu schaffen. Werden die Angaben, die gemäß § 285 Nr. 9a HGB zu machen sind, in den Vergütungsbericht aufgenommen, können Sie im Anhang der Gesellschaft insoweit unterbleiben.

9.3.6　Forschung und Entwicklung

Forschungszwecke und Entwicklungsaktivitäten

Die Kapitalgesellschaften haben über die Forschung und Entwicklung zu berichten. Die Berichterstattung hat sich auf Untersuchungen für Forschungszwecke und auf Entwicklungsaktivitäten zu erstrecken. Die Berichterstattung hat ihren Grenzen dort, wo sich Angaben auf die künftige Entwicklung beziehen und eine frühzeitige Bekanntgabe nachvollziehbar zu einer Schädigung des Unternehmens führen kann. Das sind die Fälle, in denen der Vorstand gemäß § 131 Abs. 3 Nr. 1 AktG die Aussage verweigern darf. Eine analoge Anwendung dieser Vorschrift auf die Lageberichterstattung und auf Unternehmen anderer Rechtsformen ist einschlägig. Der Bericht über Forschung und Entwicklung wird sich daher in der Regel auf allgemeine Darstellungen beschränken, aus denen allerdings erkennbar sein muss, in welchem Umfang Untersuchungen für Forschungszwecke und Entwicklungsaktivitäten stattfinden.

9.3.7　Bericht über Zweigniederlassungen

Im Lagebericht ist auf den Bestand (und die Veränderungen) der wesentlichen Zweigniederlassungen im In- und Ausland einzugehen. Der Zweck der Niederlassungen und ihre wirtschaftliche Entwicklung sind zu erläutern.

9.3.8　Risikomanagement

Im Lagebericht sind die Risikomanagementziele und -methoden der Gesellschaft einschließlich ihrer Methoden zur Absicherung aller wichtigen Arten von Transaktionen, die im Rahmen der Bilanzierung von Sicherungsgeschäften erfasst werden, sowie die Preisänderungs-, Ausfall- und Liquiditätsrisiken und die Risiken aus

Zahlungsstromschwankungen, denen die Gesellschaft ausgesetzt ist, zu berichten. Im Rahmen der Berichterstattung ist darzustellen, nach welchen Grundsätzen die Unternehmensleitung Risiken lokalisiert und wie diese Risiken überwacht bzw. gesteuert werden. Nicht Gegenstand der Berichterstattung ist die Offenlegung des konkreten Risikomanagementsystems.

Die Darstellung der Risiken im Rahmen der Bilanzierung von Sicherungsgeschäften erstreckt sich auf die Art der Geschäfte, deren Zweck und Umfang. Die Preisänderungs-, Ausfall-, Liquiditätsrisiken und Risiken aus Zahlungsstromschwankungen sind im Lagebericht darzustellen und zu erläutern. Es ist empfehlenswert, darzulegen, welche Aktivitäten die Geschäftsleitung zur Risikominderung vorgenommen hat bzw. plant.

9.3.9 Nichtfinanzielle Leistungsindikatoren

Der Bericht über die nichtfinanziellen Leistungsindikatoren muss lediglich durch große Kapitalgesellschaften erfolgen (§ 289 Abs. 3 HGB). Die Zusammenfassung in einem gesonderten Berichtsteil empfiehlt sich, soweit die Berichterstattung nicht unter anderen Berichtsteilen erfolgt.

Der **Sozialbericht** gehört in den Bereich der nicht finanziellen Leistungsindikatoren. Der Sozialbericht geht inhaltlich über die Berichterstattung zum Personal- und Sozialbereich im Rahmen der Darstellung des Geschäftsverlaufs hinaus. In diesem Bereich kann über Personalführungsstrategien, Fortbildungssysteme und soziale Grundsätze berichtet werden. Ob dies im Rahmen eines gesonderten Sozialberichts oder im Rahmen der Darstellung und Analyse der nicht finanziellen Leistungsindikatoren erfolgt, bleibt der Unternehmensleitung überlassen. Die Entscheidung wird unter Berücksichtigung der angestrebten Gewichtung des Berichterstatters erfolgen. | Sozialbericht

Der **Umweltbericht** geht über die Berichterstattung zum Umweltschutz im Rahmen der Darstellung und Analyse des Geschäftsverlaufs hinaus und gehört zu den nicht finanziellen Leistungsindikatoren (§ 289 Abs. 3 HGB). Gegenstand des Umweltberichtes können Umweltstrategien und -maßnahmen ebenso sein wie die Darstellung einer Umweltbilanz. Der Handel mit Umweltzertifikaten gehört jedoch in den Bereich der Darstellung und Analyse des Geschäftsverlaufs, wenn er für das Geschäftergebnis von wesentlicher Bedeutung ist. | Umweltbericht

9.4 Offenlegung

Der Lagebericht ist vor Ablauf des zwölften Monats des dem Abschlussstichtag nachfolgenden Geschäftsjahres mit dem Jahresabschluss und dem Bestätigungsvermerk des Abschlussprüfers zum Handelsregister einzureichen. Für börsennotierte Aktiengesellschaften reduziert sich die Frist auf vier Monate.

10 Anlagen

Anlage I : Jahresabschluss der großen Gesellschaft (Erstellung und Publizierung)

BILANZ	Geschäfts-jahr €	Vorjahr €
Aktivseite		
A. Anlagevermögen		
I. Immaterielle Vermögensgegenstände		
1. Konzessionen, gewerbliche Schutzrechte und ähnliche Rechte und Werte sowie Lizenzen an solchen Rechten und Werten		
2. Geschäfts- oder Firmenwert		
3. geleistete Anzahlungen		
II. Sachanlagen		
1. Grundstücke, grundstücksgleiche Rechte und Bauten einschließlich der Bauten auf fremden Grundstücken		
2. technische Anlagen und Maschinen		
3. andere Anlagen, Betriebs- und Geschäftsausstattung		
4. geleistete Anzahlungen und Anlagen im Bau		
III. Finanzanlagen		
1. Anteile an verbundenen Unternehmen		
2. Ausleihungen an verbundene Unternehmen		
3. Beteiligungen		
4. Ausleihungen an Unternehmen, mit denen ein Beteiligungs-verhältnis besteht		
5. Wertpapiere des Anlagevermögens		
6. sonstige Ausleihungen		
B. Umlaufvermögen		
I. Vorräte		
1. Roh-, Hilfs- und Betriebsstoffe		
2. unfertige Erzeugnisse, unfertige Leistungen		
3. fertige Erzeugnisse und Waren		
4. geleistete Anzahlungen		
II. Forderungen und sonstige Vermögensgegenstände		
1. Forderungen aus Lieferungen und Leistungen		
– davon mit einer Restlaufzeit von mehr als einem Jahr: _____ (_____)		
2. Forderungen gegen verbundene Unternehmen		
– davon mit einer Restlaufzeit von mehr als einem Jahr: _____ (_____)		
3. Forderungen gegen Unternehmen, mit denen ein Beteiligungsverhältnis besteht		
– davon mit einer Restlaufzeit von mehr als einem Jahr: _____ (_____)		
4. sonstige Vermögensgegenstände		
– davon mit einer Restlaufzeit von mehr als einem Jahr: _____ (_____)		
III. Wertpapiere		
1. Anteile an verbundenen Unternehmen		
2. eigene Anteile		
3. sonstige Wertpapiere		

BILANZ	Geschäfts-jahr €	Vorjahr €
IV. Kassenbestand, Bundesbankguthaben, Guthaben bei Kreditinstituten und Schecks		
C. Rechnungsabgrenzungsposten		
Passivseite		
A. Eigenkapital		
I. Gezeichnetes Kapital/Kapitalanteile		
II. Kapitalrücklage		
III. Gewinnrücklagen/Rücklagen		
1. gesetzliche Rücklage		
2. Rücklage für eigene Anteile		
3. satzungsmäßige Rücklagen		
4. andere Gewinnrücklagen		
IV. Gewinnvortrag/Verlustvortrag		
V. Jahresüberschuss/Jahresfehlbetrag		
B. Rückstellungen		
1. Rückstellungen für Pensionen und ähnliche Verpflichtungen		
2. Steuerrückstellungen		
3. sonstige Rückstellungen		
C. Verbindlichkeiten		
1. Anleihen, davon konvertibel		
– davon mit einer Restlaufzeit von bis zu einem Jahr: _____ (_____)		
2. Verbindlichkeiten gegenüber Kreditinstituten		
– davon mit einer Restlaufzeit von bis zu einem Jahr: _____ (_____)		
3. erhaltene Anzahlungen auf Bestellungen		
– davon mit einer Restlaufzeit von bis zu einem Jahr: _____ (_____)		
4. Verbindlichkeiten aus Lieferungen und Leistungen		
– davon mit einer Restlaufzeit von bis zu einem Jahr: _____ (_____)		
5. Verbindlichkeiten aus der Annahme gezogener Wechsel und der Ausstellung eigener Wechsel		
– davon mit einer Restlaufzeit von bis zu einem Jahr: _____ (_____)		
6. Verbindlichkeiten gegenüber verbundenen Unternehmen		
– davon mit einer Restlaufzeit von bis zu einem Jahr: _____ (_____)		
7. Verbindlichkeiten gegenüber Unternehmen, mit denen ein Beteiligungsverhältnis besteht		
– davon mit einer Restlaufzeit von bis zu einem Jahr: _____ (_____)		
8. sonstige Verbindlichkeiten		
– davon aus Steuern: _____ (_____)		
– davon im Rahmen der sozialen Sicherheit: _____ (_____)		
– davon mit einer Restlaufzeit von bis zu einem Jahr: _____ (_____)		
D. Rechnungsabgrenzungsposten		

Gewinn- und Verlustrechnung	Geschäfts-jahr €	Vorjahr €
1. Umsatzerlöse		
2. Erhöhung oder Verminderung des Bestands an fertigen und unfertigen Erzeugnissen		
3. andere aktivierte Eigenleistungen		
4. sonstige betriebliche Erträge		
5. Materialaufwand		
a) Aufwendungen für Roh-, Hilfs- und Betriebsstoffe und für bezogene Waren		
b) Aufwendungen für bezogene Leistungen		
6. Personalaufwand		
a) Löhne und Gehälter		
b) soziale Abgaben und Aufwendungen für Altersversorgung und für Unterstützung, – davon für Altersversorgung		
7. Abschreibungen		
a) auf immaterielle Vermögensgegenstände des Anlagevermögens und Sachanlagen sowie auf aktivierte Aufwendungen für die Ingangsetzung und Erweiterung des Geschäftsbetriebs		
b) auf Vermögensgegenstände des Umlaufvermögens, soweit diese die in der Kapitalgesellschaft üblichen Abschreibungen überschreiten		
8. sonstige betriebliche Aufwendungen		
9. Erträge aus Beteiligungen – davon aus verbundenen Unternehmen		
10. Erträge aus anderen Wertpapieren und Ausleihungen des Finanzanlagevermögens – davon aus verbundenen Unternehmen		
11. sonstige Zinsen und ähnliche Erträge – davon aus verbundenen Unternehmen		
12. Abschreibungen auf Finanzanlagen und auf Wertpapiere des Umlaufvermögens		
13. Zinsen und ähnliche Aufwendungen – davon an verbundene Unternehmen		
14. Ergebnis der gewöhnlichen Geschäftstätigkeit		
15. außerordentliche Erträge		
16. außerordentliche Aufwendungen		
17. außerordentliches Ergebnis		
18. Steuern vom Einkommen und vom Ertrag		
19. sonstige Steuern		
20. Jahresüberschuss/Jahresfehlbetrag		

Hinsichtlich des Inhalts des Anhangs wird auf Kapitel 5.8 verwiesen. Diese Checkliste zum Lagebericht finden Sie unter Kapitel 10 Anlage X.

Anlage II: Jahresabschluss der mittelgroßen Gesellschaft (Offenlegung)

Der Jahresabschluss muss in der Form aufgestellt werden wie der der großen Kapitalgesellschaft. Größenabhängige Erleichterungen bei Aufstellung der Bilanz gibt es nicht. Bei der Gewinn- und Verlustrechnung kann mit dem Rohergebnis begonnen werden. Bei Aufstellung des Anhangs kann die Aufgliederung der Umsatzerlöse nach Produktbereichen und geographischen Gesichtspunkten unterbleiben. Es muss ein vollständiger Lagebericht erstellt werden.

Für Zwecke der Offenlegung kann der Jahresabschluss wie folgt gestaltet werden:

Es darf das Gliederungsschema für kleine Kapitalgesellschaften angewendet werden, wenn bestimmte weitere Angaben zur Bilanz in Anhang erfolgen. Die Anhangsangaben zu § 285 Nr. 2 (Restlaufzeiten der einzelnen Posten der Verbindlichkeiten), Nr. 5 (Ergebnisbeeinflussung durch Anwendung allein steuerrechtlicher Vorschriften), Nr. 8a (Materialaufwand bei Anwendung des Umsatzkostenverfahrens) und Nr. 12 (Aufgliederung der sonstigen Rückstellungen) können bei der Offenlegung unterbleiben.

Der offenlegungspflichtige Jahresabschluss hat dann folgenden Inhalt:

BILANZ	Geschäfts-jahr €	Vorjahr €
Aktivseite		
A. Anlagevermögen		
I. Immaterielle Vermögensgegenstände		
II. Sachanlagen		
III. Finanzanlagen		
B. Umlaufvermögen		
I. Vorräte		
II. Forderungen und sonstige Vermögensgegenstände		
– davon mit einer Restlaufzeit von mehr als einem Jahr: _____ (_____)		
III. Wertpapiere		
IV. Kassenbestand, Bundesbankguthaben, Guthaben bei Kreditinstituten und Schecks		
C. Rechnungsabgrenzungsposten		

BILANZ	Geschäfts-jahr €	Vorjahr €
Passivseite		
A. Eigenkapital		
I. Gezeichnetes Kapital/Kapitalanteile		
II. Kapitalrücklage		
III. Gewinnrücklagen/Rücklagen		
IV. Gewinnvortrag/Verlustvortrag		
V. Jahresüberschuss/Jahresfehlbetrag		
B. Rückstellungen		
C. Verbindlichkeiten *)		
– davon aus Steuern: _____ (_____)		
– davon im Rahmen der sozialen Sicherheit: _____ (_____)		
– davon mit einer Restlaufzeit bis zu einem Jahr: _____ (_____)		
D. Rechnungsabgrenzungsposten		
*) Die Restlaufzeiten bis zu einem Jahr sind für den Posten Verbindlichkeiten in der Bilanz oder im Anhang anzugeben. Dasselbe gilt für Angaben über die Mitzugehörigkeit zu anderen Posten.		

§ 284 HGB

(1) In den Anhang sind diejenigen Angaben aufzunehmen, die zu den einzelnen Posten der Bilanz oder der Gewinn- und Verlustrechnung vorgeschrieben oder die im Anhang zu machen sind, weil sie in Ausübung eines Wahlrechts nicht in die Bilanz oder in die Gewinn- und Verlustrechnung aufgenommen wurden.

(2) Im Anhang müssen

1. die auf die Posten der Bilanz und der Gewinn- und Verlustrechnung angewandten Bilanzierungs- und Bewertungsmethoden angegeben werden;

2. die Grundlagen für die Umrechnung in Deutsche Mark angegeben werden, soweit der Jahresabschluss Posten enthält, denen Beträge zugrunde liegen, die auf fremde Währung lauten oder ursprünglich auf fremde Währung lauteten;

3. Abweichungen von Bilanzierungs- und Bewertungsmethoden angegeben und begründet werden; deren Einfluss auf die Vermögens-, Finanz- und Ertragslage ist gesondert darzustellen;

4. bei Anwendung einer Bewertungsmethode nach § 240 Abs. 4, § 256 Satz 1 die Unterschiedsbeträge pauschal für die jeweilige Gruppe ausgewiesen werden, wenn die Bewertung im Vergleich zu einer Bewertung auf der Grundlage des letzten vor dem Abschlussstichtag bekannten Börsenkurses oder Marktpreises einen erheblichen Unterschied aufweist;

5. Angaben über die Einbeziehung von Zinsen für Fremdkapital in die Herstellungskosten gemacht werden.

Weitere Posten auf der Aktivseite

A I 2   Geschäfts- oder Firmenwert;

A II 1   Grundstücke, grundstücksgleiche Rechte und Bauten einschließlich der Bauten auf fremden Grundstücken;

A II 2   technische Anlagen und Maschinen;

A II 3   andere Anlagen, Betriebs- und Geschäftsausstattung;

A II 4   geleistete Anzahlungen und Anlagen im Bau;

A III 1   Anteile an verbundenen Unternehmen;

A III 2   Ausleihungen an verbundene Unternehmen;

A III 3   Beteiligungen;

A III 4   Ausleihungen an Unternehmen, mit denen ein Beteiligungsverhältnis besteht;

B II 2   Forderungen gegen verbundene Unternehmen;

B II 3   Forderungen gegen Unternehmen, mit denen ein Beteiligungsverhältnis besteht;

B III 1   Anteile an verbundenen Unternehmen;

B III 2   eigene Anteile.

Weitere Posten auf der Passivseite

C 1   Anleihen,
        davon konvertibel;

C 2   Verbindlichkeiten gegenüber Kreditinstituten;

C 6   Verbindlichkeiten gegenüber verbundenen Unternehmen;

C 7   Verbindlichkeiten gegenüber Unternehmen, mit denen ein Beteiligungsverhältnis besteht.

§ 285 HGB

Ferner sind im Anhang anzugeben:

1. zu den in der Bilanz ausgewiesenen Verbindlichkeiten

   a) der Gesamtbetrag der Verbindlichkeiten mit einer Restlaufzeit von mehr als fünf Jahren,

   b) der Gesamtbetrag der Verbindlichkeiten, die durch Pfandrechte oder ähnliche Rechte gesichert sind, unter Angabe von Art und Form der Sicherheiten;

2. ./.

3. der Gesamtbetrag der sonstigen finanziellen Verpflichtungen, die nicht in der Bilanz erscheinen und auch nicht nach § 251 anzugeben sind, sofern diese Angabe für die Beurteilung der Finanzlage von Bedeutung ist; davon sind Verpflichtungen gegenüber verbundenen Unternehmen gesondert anzugeben;

4. ./.

5. ./.

6. in welchem Umfang die Steuern vom Einkommen und vom Ertrag das Ergebnis der gewöhnlichen Geschäftstätigkeit und das außerordentliche Ergebnis belasten;

7. die durchschnittliche Zahl der während des Geschäftsjahrs beschäftigten Arbeitnehmer getrennt nach Gruppen;

8. bei Anwendung des Umsatzkostenverfahrens (§ 275 Abs. 3)

   a) ./.

   b) der Personalaufwand des Geschäftsjahrs, gegliedert nach § 275 Abs. 2 Nr. 6;

9. für die Mitglieder des Geschäftsführungsorgans, eines Aufsichtsrats, eines Beirats oder einer ähnlichen Einrichtung jeweils für jede Personengruppe

   a) Die für die Tätigkeit im Geschäftsjahr gewährten Gesamtbezüge (Gehälter, Gewinnbeteiligungen, Aufwandsentschädigungen, Versicherungsentgelte, Provisionen und Nebenleistungen jeder Art). In die Gesamtbezüge sind auch Bezüge einzurechnen, die nicht ausgezahlt, sondern in Ansprüche anderer Art umgewandelt oder zur Erhöhung anderer Ansprüche verwendet werden. Außer den Bezügen für das Geschäftsjahr sind die weiteren Bezüge anzugeben, die im Geschäftsjahr gewährt, bisher aber in keinem Jahresabschluss angegeben worden sind;

   b) die Gesamtbezüge (Abfindungen, Ruhegehälter, Hinterbliebenenbezüge und Leistungen verwandter Art) der früheren Mitglieder der bezeichneten Organe und ihrer Hinterbliebenen. Buchstabe a Satz 2 und 3 ist entsprechend anzuwenden. Ferner ist der Betrag der für diese Personengruppe gebildeten Rückstellungen für laufende Pensionen und Anwartschaften auf Pensionen und der Betrag der für diese Verpflichtungen nicht gebildeten Rückstellungen anzugeben;

   c) die gewährten Vorschüsse und Kredite unter Angabe der Zinssätze, der wesentlichen Bedingungen und der gegebenenfalls im Geschäftsjahr zurückgezahlten Beträge sowie die zugunsten dieser Personen eingegangenen Haftungsverhältnisse;

10. Alle Mitglieder des Geschäftsführungsorgans und eines Aufsichtsrats, auch wenn sie im Geschäftsjahr oder später ausgeschieden sind, mit dem Familiennamen und mindestens einem ausgeschriebenen Vornamen. Der Vorsitzende eines Aufsichtsrats, seine Stellvertreter und ein etwaiger Vorsitzender des Geschäftsführungsorgans sind als solche zu bezeichnen;

11. Name und Sitz anderer Unternehmen, von denen die Kapitalgesellschaft oder eine für Rechnung der Kapitalgesellschaft handelnde Person mindestens den fünften Teil der Anteile besitzt; außerdem sind die Höhe des Anteils am Kapital, das Eigenkapital und das Ergebnis des letzten Geschäftsjahrs dieser Unternehmen anzugeben, für das ein Jahresabschluss vorliegt; auf die Berechnung der Anteile ist § 16 Abs. 2 und 4 des Aktiengesetzes entsprechend anzuwenden;

11a. Name, Sitz und Rechtsform der Unternehmen, deren unbeschränkt haftender Gesellschafter die Kapitalgesellschaft ist;

12. ./.

13. Bei Anwendung des § 255 Abs. 4 Satz 3 die Gründe für die planmäßige Abschreibung des Geschäfts- oder Firmenwerts;

14. Name und Sitz des Mutterunternehmens der Kapitalgesellschaft, das den Konzernabschluss für den größten Kreis von Unternehmen aufstellt, und ihres Mutterunternehmens, das den Konzernabschluss für den kleinsten Kreis von Unternehmen aufstellt, sowie im Falle der Offenlegung der von diesen Mutterunternehmen aufgestellten Konzernabschlüsse der Ort, wo diese erhältlich sind.

15. Soweit es sich um den Anhang des Jahresabschlusses einer Personenhandelgesellschaft im Sinne des § 264 a Abs. 1 handelt, Name und Sitz der Gesellschaften, die persönlich haftende Gesellschafter sind, sowie deren gezeichnetes Kapital.

16. dass die nach § 161 des Aktiengesetzes vorgeschriebene Erklärung abgegeben und den Aktionären zugänglich gemacht worden ist;

17. soweit es sich um ein Unternehmen handelt, das einen organisierten Markt im Sinne des § 2 Abs. 5 des Wertpapierhandelsgesetzes in Anspruch nimmt, für den Abschlussprüfer im Sinne des § 319 Abs. 1 Satz 1, 2 das im Geschäftsjahr als Aufwand erfasste Honorar für

    a) die Abschlussprüfung,

    b) sonstige Bestätigungs- oder Bewertungsleistungen,

    c) Steuerberatungsleistungen,

    d) sonstige Leistungen;

18. für jede Kategorie derivativer Finanzinstrumente

    a) Art und Umfang der Finanzinstrumente,

    b) der beizulegende Zeitwert der betreffenden Finanzinstrumente, soweit sich dieser gemäß den Sätzen 3 bis 5 verlässlich ermitteln lässt, unter Angabe der angewandten Bewertungsmethode sowie eines gegebenenfalls vorhandenen Buchwerts und des Bilanzpostens, in welchem der Buchwert erfasst ist;

19. für zu den Finanzanlagen (§ 266 Abs. 2 A. III.) gehörende Finanzinstrumente, die über ihrem beizulegenden Zeitwert ausgewiesen werden, da insoweit eine außerplanmäßige Abschreibung gemäß § 253 Abs. 2 Satz 2 unterblieben ist:

    a) der Buchwert und der beizulegende Zeitwert der einzelnen Vermögensgegenstände oder angemessener Gruppierungen sowie

    b) die Gründe für das Unterlassen einer Abschreibung gemäß § 253 Abs. 2 Satz 3 einschließlich der Anhaltspunkte, die darauf hindeuten, dass die Wertminderung voraussichtlich nicht von Dauer ist.

[2] Als derivative Finanzinstrumente im Sinne des Satzes 1 Nr. 18 gelten auch Verträge über den Erwerb oder die Veräußerung von Waren, bei denen jede der Vertragsparteien zur Abgeltung in bar oder durch ein anderes Finanzinstrument berechtigt ist, es sei denn, der Vertrag wurde geschlossen, um einen für den Erwerb, die Veräußerung oder den eigenen Gebrauch erwarteten Bedarf abzusichern, sofern diese Zweckwidmung von Anfang an bestand und nach wie vor besteht und der Vertrag mit der Lieferung der Ware als erfüllt gilt. [3] Der beizulegende Zeitwert im Sinne des Satzes 1 Nr. 18 Buchstabe b, Nr. 19 entspricht dem Marktwert, sofern ein solcher ohne weiteres verlässlich feststellbar ist. [4] Ist dies nicht der Fall, so ist der beizulegende Zeitwert, sofern dies möglich ist, aus den Marktwerten der einzelnen Bestandteile des Finanzinstruments oder aus dem Marktwert eines gleichwertigen Finanzinstruments abzuleiten, anderenfalls mit Hilfe allgemein anerkannter Bewertungsmodelle und -methoden zu bestimmen, sofern diese eine angemessene Annäherung an den Marktwert gewährleisten. [5] Bei der Anwendung allgemein anerkannter Bewertungsmodelle und -methoden sind die tragenden Annahmen anzugeben, die jeweils der Bestimmung des beizulegenden Zeitwerts zugrunde gelegt wurden. [6] Kann der beizulegende Zeitwert nicht bestimmt werden, sind die Gründe dafür anzugeben.

Weitere Anhangsangaben können sich aus Wahlrechten und anderen Vorschriften ergeben (vgl. Kap. 8.2).

Anlage III: Jahresabschluss der kleinen Gesellschaft (Offenlegung)

Der Umfang der Aufstellung des Jahresabschlusses wurde in Kapitel 5.6.2 für die Bilanz und in Kapitel 5.8 für den Anhang beschrieben. Es ist nicht zu beanstanden, dass die Bilanz in der Langform aufgestellt und in der schon bei Aufstellung zugelassenen Kurzform offengelegt wird. Die Anhangsangaben zur Gewinn- und Verlustrechnung können bei der Offenlegung unterbleiben.

Ein Lagebericht braucht weder erstellt noch offengelegt zu werden.

Der offenzulegende Jahresabschluss der kleinen Kapitalgesellschaft bzw. der kleinen Kapital & Co. hat dann folgenden Inhalt:

BILANZ	Geschäfts-jahr €	Vorjahr €
Aktivseite		
A. Anlagevermögen		
I. Immaterielle Vermögensgegenstände		
II. Sachanlagen		
III. Finanzanlagen		
B. Umlaufvermögen		
I. Vorräte		
II. Forderungen und sonstige Vermögensgegenstände		
– davon mit einer Restlaufzeit von mehr als einem Jahr: _____ (_____)		
III. Wertpapiere		
V. Kassenbestand, Bundesbankguthaben, Guthaben bei Kreditinstituten und Schecks		
C. Rechnungsabgrenzungsposten		

BILANZ	Geschäfts-jahr €	Vorjahr €
Passivseite		
A. Eigenkapital		
I. Gezeichnetes Kapital/Kapitalanteile		
II. Kapitalrücklage		
III. Gewinnrücklagen/Rücklagen		
IV. Gewinnvortrag/Verlustvortrag		
V. Jahresüberschuss/Jahresfehlbetrag		
B. Rückstellungen		
C. Verbindlichkeiten		
– davon aus Steuern: _____ (_____)		
– davon im Rahmen der sozialen Sicherheit: _____ (_____)		
– davon mit einer Restlaufzeit bis zu einem Jahr: _____ (_____)		
D. Rechnungsabgrenzungsposten		

§ 284 HGB

(1) In den Anhang sind diejenigen Angaben aufzunehmen, die zu den einzelnen Posten der Bilanz vorgeschrieben oder die im Anhang zu machen sind, weil sie in Ausübung eines Wahlrechts nicht in die Bilanz aufgenommen wurden.

(2) Im Anhang müssen

1. die auf die Posten der Bilanz angewandten Bilanzierungs- und Bewertungsmethoden angegeben werden;

2. die Grundlagen für die Umrechnung in Deutsche Mark angegeben werden, soweit der Jahresabschluss Posten enthält, denen Beträge zugrunde liegen, die auf fremde Währung lauten oder ursprünglich auf fremde Währung lauteten;

3. Abweichungen von Bilanzierungs- und Bewertungsmethoden angegeben und begründet werden; deren Einfluss auf die Vermögens-, Finanz- und Ertragslage ist gesondert darzustellen;

4. bei Anwendung einer Bewertungsmethode nach § 240 Abs. 4, § 256 Satz 1 die Unterschiedsbeträge pauschal für die jeweilige Gruppe ausgewiesen werden, wenn die Bewertung im Vergleich zu einer Bewertung auf der Grundlage des letzten vor dem Abschlussstichtag bekannten Börsenkurses oder Marktpreises einen erheblichen Unterschied aufweist;

5. Angaben über die Einbeziehung von Zinsen für Fremdkapital in die Herstellungskosten gemacht werden.

§ 285 HGB

Ferner sind im Anhang anzugeben:

1. zu den in der Bilanz ausgewiesenen Verbindlichkeiten
   a) der Gesamtbetrag der Verbindlichkeiten mit einer Restlaufzeit von mehr als fünf Jahren,
   b) der Gesamtbetrag der Verbindlichkeiten, die durch Pfandrechte oder ähnliche Rechte gesichert sind, unter Angabe von Art und Form der Sicherheiten;
2. ./.
3. ./.
4. ./.
5. ./.
6. ./.
7. ./.
8. ./.
9. für die Mitglieder des Geschäftsführungsorgans, eines Aufsichtsrats, eines Beirats oder einer ähnlichen Einrichtung jeweils für jede Personengruppe
   a) ./.
   b ./.
   c) die gewährten Vorschüsse und Kredite unter Angabe der Zinssätze, der wesentlichen Bedingungen und der gegebenenfalls im Geschäftsjahr zurückgezahlten Beträge sowie die zugunsten dieser Personen eingegangenen Haftungsverhältnisse;
10. alle Mitglieder des Geschäftsführungsorgans und eines Aufsichtsrats, auch wenn sie im Geschäftsjahr oder später ausgeschieden sind, mit dem Familiennamen und mindestens einem ausgeschriebenen Vornamen. Der Vorsitzende eines Aufsichtsrats, seine Stellvertreter und ein etwaiger Vorsitzender des Geschäftsführungsorgans sind als solche zu bezeichnen;
11. Name und Sitz anderer Unternehmen, von denen die Kapitalgesellschaft oder eine für Rechnung der Kapitalgesellschaft handelnde Person mindestens den fünften Teil der Anteile besitzt; außerdem sind die Höhe des Anteils am Kapital, das Eigenkapital und das Ergebnis des letzten Geschäftsjahrs dieser Unternehmen anzugeben, für das ein Jahresabschluss vorliegt; auf die Berechnung der Anteile ist § 16 Abs. 2 und 4 des Aktiengesetzes entsprechend anzuwenden;
11a. Name, Sitz und Rechtsform der Unternehmen, deren unbeschränkt haftender Gesellschafter die Kapitalgesellschaft ist.
12. ./.
13. Bei Anwendung des § 255 Abs. 4 Satz 3 die Gründe für die planmäßige Abschreibung des Geschäfts- oder Firmenwerts;
14. Name und Sitz des Mutterunternehmens der Kapitalgesellschaft, das den Konzernabschluss für den größten Kreis von Unternehmen aufstellt, und ihres Mutterunternehmens, das den Konzernabschluss für den kleinsten Kreis von Unternehmen aufstellt, sowie im Falle der Offenlegung der von diesen Mutterunternehmen aufgestellten Konzernabschlüsse der Ort, wo diese erhältlich sind.
15. Soweit es sich in dem Anhang des Jahresabschlusses einer Personenhandelsgesellschaft im Sinne des § 264 a Abs. 1 handelt, Name und Sitz der Gesellschaften, die persönlich haftende Gesellschafter sind, sowie deren gezeichnetes Kapital.
16. dass die nach § 161 des Aktiengesetzes vorgeschriebene Erklärung abgegeben und den Aktionären zugänglich gemacht worden ist;
17. ./.
18. ./.
19. ./.

Weitere Anhangsangaben können sich aus Wahlrechten und anderen Vorschriften ergeben (vgl. Kapitel 8.2).

Anlage IV: Ermittlung der Anzahl der Beschäftigten nach § 267 Abs. 5 HGB

	Beschäftigte im Geschäftsjahr			Beschäftigte Vorjahr		
	Gewerb-liche	Ange-stellte	Σ	Gewerb-liche	Ange-stellte	Σ
31. März						
30. Juni						
30. Sept.						
31. Dez.						
Σ						
Geteilt durch 4 =						
Gerundet auf ganze Zahl						

Auszubildende sind in diese Tabelle nicht aufzunehmen.

Bei vom Kalenderjahr abweichendem Geschäftsjahr sind die vier zurückliegenden Stichtagswerte zu ermitteln.

Beispiel: Abschlussstichtag 30.9.01
Die Beschäftigtenzahl ist aus den Stichtagswerten 30.9.01/30.6.01/ 31.3.01/31.12.00 zu ermitteln.

Beispiel: Abschlussstichtag 31.5.01
Die Beschäftigtenzahl ist aus den Stichtagswerten 31.3.01/31.12.00/ 30.9.00/30.6.00 zu ermitteln.

Anlage V: Ermittlung der Größenklasse des Unternehmens nach § 267 HGB

	Kleine Gesellschaft	Mittelgroße Gesellschaft	Große Gesellschaft	Unternehmen	Klein	Mittel-groß	Groß
Geschäftsjahr	€/AN	€/AN	€/AN	€/AN	X	X	X
Bilanzsumme	≤ 4.015.000	≤ 16.060.000	> 16.060.000				
Umsatzerlöse	≤ 8.030.000	≤ 32.120.000	> 32.120.000				
Beschäftigte	≤ 50	≤ 250	> 250				
Größenklasse							
Vorjahr							
Bilanzsumme	≤ 4.150.000	≤ 16.060.000	> 16.060.000				
Umsatzerlöse	≤ 16.060.000	≤ 32.120.000	> 32.120.000				
Beschäftigte	≤ 50	≤ 250	> 250				
Größenklasse							
Maßgebliche Größenklasse							

Zwei von drei Kriterien müssen in zwei aufeinanderfolgenden Jahren erfüllt sein. Es müssen jedoch nicht dieselben Kriterien sein.

Beispiel:
Eine Kapitalgesellschaft ist seit mehreren Jahren eine große Kapitalgesellschaft im Sinne von § 267 Abs. 3 HGB.

Lösung:
Die Gesellschaft war im Vorjahr noch eine große Kapitalgesellschaft, weil sie in den davorliegenden Jahren die Kriterien der großen Kapitalgesellschaft erfüllte. Da sie in dem abgeschlossenen Geschäftsjahr und im Vorjahr die Kriterien als mittelgroße Kapitalgesellschaft erfüllt, kann sie erstmalig als mittelgroße Kapitalgesellschaft eingestuft werden.

Anlage VI: Anlagenspiegel

Posten	AK / HK	Zu-gänge	Ab-gänge	Umbu-chungen	Abschreibungen			Zuschrei-bungen	Stand 31.12...
					Kumuliert	Jahr	Gesamt		
-. Aufwendungen für die Ingangsetzung und Erweiterung des Geschäftsbetriebs									
I. Immaterielle Vermögensgegenstände									
1. Konzessionen, gewerbliche Schutzrechte und ähnliche Rechte und Werte sowie Lizenzen an solchen Rechten und Werten									
2. Geschäfts- oder Firmenwert									
3. Geleistete Anzahlungen									
II. Sachanlagen									
1. Grundstücke, grundstücksgleiche Rechte und Bauten einschließlich der Bauten auf fremden Grundstücken									
2. Technische Anlagen und Maschinen									
3. Andere Anlagen, Betriebs- und Geschäfts-ausstattung									
4. Geleistete Anzahlungen und Anlagen im Bau									
III. Finanzanlagen									
1. Anteile an verbundenen Unternehmen									
2. Ausleihungen an verbundene Unternehmen									
3. Beteiligungen									
4. Ausleihungen an Unternehmen, mit denen ein Beteiligungsverhältnis besteht									
5. Wertpapiere des Anlagevermögens									
6. Sonstige Ausleihungen									
Σ									

Anlage VII: Verbindlichkeitenspiegel

	Gesamt	Davon Restlaufzeit			Pfandrechtsbesicherung	
		≤ 1 Jahr	> 1 Jahr ≤ 5 Jahre	> 5 Jahre	Gesamtbetrag	Art und Form
1.	Anleihen					
2.	Verbindlichkeiten gegenüber Kreditinstituten					
3.	Erhaltene Anzahlungen auf Bestellungen					
4.	Verbindlichkeiten aus Lieferungen und Leistungen					
5.	Verbindlichkeiten aus der Annahme gezogener Wechsel und der Ausstellung eigener Wechsel					
6.	Verbindlichkeiten gegenüber verbundenen Unternehmen					
7.	Verbindlichkeiten gegenüber Unternehmen, mit denen ein Beteiligungsverhältnis besteht					
8.	Sonstige Verbindlichkeiten					

Anlage VIII: Rückstellungsspiegel

	Stand 1.1.	Verbrauch	Auflösung	Zuführung	Stand 31.12.
		./.	./.	+	=
1. Rückstellungen für Pensionen und ähnliche Verpflichtungen					
2. Steuerrückstellungen					
3. Sonstige Rückstellungen					
Σ					

Anlage IX: Aufstellung des Beteiligungsbesitzes

Name des Unternehmens	Sitz des Unternehmens	Höhe des Anteils am Kapital	Eigenkapital des Unternehmens	Ergebnis des letzten vorliegenden Jahresabschlusses

Anlage X: Checkliste zur Vorbereitung und zur Prüfung des Jahresabschlusses (für den erfahrenen Bilanzierenden; Kurzform)

Abstimmungsarbeiten	Erledigt	Verweis
1. Abstimmung der Eröffnungsbilanzsalden mit den Schlussbilanzwerten des Vorjahres.		
2. Abstimmung der Personenkonten-Saldenliste mit den Sachkonten.		
3. Lohnabrechnungen und Lohnkonten, Lohnsteuer, Sozialversicherungen abstimmen.		
4. Sachverhalte über Privatentnahmen, Privatverbrauch überprüfen und ggf. nachbuchen.		
5. Abstimmung Spendenkonto mit Spendenbelegen. Ggf. fehlende Spendenbelege anfordern und geordnet ablegen.		
6. Abstimmung Anlagenkonten mit Anlagenverzeichnis.		
7. Gibt es eine Dokumentation über die Abschreibungsgrundsätze bei Gegenständen des Anlagevermögens?		
8. Sind alle Anlagenabgänge erfasst und gebucht?		
9. Inventuraufnahme ausgewertet, notwendige Abwertung vorgenommen und dokumentiert?		
10. Gibt es schriftliche Inventuranweisungen?		
11. Liegt schriftliche Dokumentation der Bewertungsgrundsätze vor?		
12. Debitoren- und Kreditorenkonten durchsehen, Unstimmigkeiten klären und erforderlichenfalls Postenausgleich vornehmen.		
13. Notwendige Einzelwertberichtigungen zu Forderungen vornehmen und dokumentieren.		
14. Bildung der Pauschalwertberichtigung erfolgt? Grundsätze für die Pauschalwertberichtigung und Berechnung dokumentieren.		
15. Darlehnsforderungen abstimmen, Zinsabgrenzung ermitteln und buchen (sonstige Vermögensgegenstände an Zinsertrag).		
16. Aufstellung und Abstimmung der sonstigen Forderungen.		
17. Abstimmung der Salden von Bankkonten (Guthaben und Kreditkonten) und der Kasse.		
18. Prüfen, ob Bankgebühren im abgeschlossenen Jahr den Bankkonten belastet wurden. Ggf. Gebühren (Kosten des Geldverkehrs) und Zinserträge (sonstige Vermögensgegenstände an Zinsertrag) und Zinsaufwand (Zinsaufwand an sonstige Rückstellungen) nachbuchen.		
19. Abstimmung des Wechselbestands mit den Buchhaltungskonten.		
20. Abstimmung der Gesellschafterkonten, Zinsbuchungen prüfen bzw. vornehmen.		
21. Gewinnausschüttung zutreffend gebucht? Dokumentation zusammenstellen.		
22. Zusammenstellung der Rückstellungen mit Entwicklung (Verbrauch, Auflösung, Zuführung, Bestand) anhand des Formulars in Anlage VIII dieses Buches.		
23. Buchung der Rückstellungen gemäß entwickelter Aufstellung (Anlage VIII)		
24. Abstimmung Darlehnsverbindlichkeiten. Ggf. Buchung der Rückstellung von Gebühren und Zinsaufwand, soweit Belastung auf Konto noch nicht erfolgt ist.		
25. Zusammenstellung der sonstigen Verbindlichkeiten und Abstimmung mit Buchhaltungskonten. Gegebenenfalls entsprechende Rückstellungen buchen.		
26. Bildung bzw. Weiterentwicklung der passiven Rechnungsabgrenzungen.		
27. Abstimmung der Umsatzsteuer einschließlich Dokumentation.		

Bearbeitung der Bilanzposten	Erledigt	Verweis

Aktivseite

A. Anlagevermögen

1. Zugänge zum Anlagevermögen zutreffend gebucht? Anschaffungsneben-kosten zu Anlagengegenständen erfasst?
2. Abschreibungsplan für Neuzugänge festgelegt?
3. Wird von den Richtsätzen der amtlichen Afa-Tabellen abgewichen? Wenn ja: Dokumentation.
4. Bewertungskontinuität bei Festlegung der Abschreibung beachtet?
5. Sind außerordentliche Abschreibungen zur Abwertung auf einen niedrigeren Wert erforderlich, vorgenommen und dokumentiert worden?
6. Abstimmung der Abgänge (Buchgewinne; Buchverluste), der Abschreibung (Anlagenspiegel / GuV Posten 7a).
7. Werden allein auf steuerliche Vorschriften beruhende Abschreibungen vorgenommen?
   - 20% Sonder-Afa nach § 7g EStG für Kleinbetriebe.
   - Ansparabschreibung nach § 7g EStG für Kleinbetriebe.
   - Fördergebietsabschreibung § 4 FördergbietsG.
   - Sonderafa für besondere Gegenstände (Schiffe, Flugzeuge, Bergbau, Sanierung, Denkmalschutz, Sozialbindung.
   - Sind Übertragungen nach § 6b EStG zu beachten?
8. Müssen Festwerte neu ermittelt werden (in der Regel alle 3 Jahre)?
9. Liegt eine Aufstellung über bestehende Festwerte vor?

I. Immaterielle Vermögensgegenstände

1. Sind Patentgebühren für bestehende Rechte gezahlt worden (wesentlich für den Bestand der Rechte!)?
2. Werden die Schutzrechte noch genutzt? Gibt es Patentstreitigkeiten? Müssen ggf. Abschreibungen vorgenommen werden?

II. Sachanlagen

1. Wird von der Abschreibungsvereinfachung nach R 43... EStR Gebrauch gemacht?
2. Wurden die geleisteten Anzahlungen abgestimmt?
3. Wurde überprüft, ob bei geleisteten Anzahlungen oder Anlagen im Bau die Fertigstellung erfolgte, unabhängig davon, ob die Endabrechnung vorliegt?

III. Finanzanlagen

1. Sind Abschreibungen wegen der wirtschaftlichen Entwicklung eines Verbundunternehmens erforderlich?
2. Sind Zuschreibungen erforderlich?
3. Sind Zu- bzw. Abgänge im Bestand gebucht worden?
4. Abstimmung Wertpapierdepots.

B. Umlaufvermögen	Erledigt	Verweis
I. Vorräte		
1. Wurden Inventurdifferenzen geklärt? 2. Wurde eine Abgrenzung beim Material beachtet. Liegt für Materialeingang in Stichtagsnähe eine Rechnung vor? 3. Wurden Fertigerzeugnisse und Waren, die versandfertig und fakturiert sind, gesondert erfasst, um Doppelberücksichtigung zu vermeiden?		
II. Forderungen und sonstige Vermögensgegenstände		
1. Die Forderungen und sonstigen Vermögensgegenstände müssen hinsichtlich ihrer Fristigkeit (Restlaufzeit von mehr als einem Jahr) untersucht werden. 2. Wurden Restlaufzeiten für jeden Posten der Forderungen und der sonstigen Vermögensgegenstände (Aktiva B. II.1.-4) ermittelt? 3. Davon-Vermerk »davon mit einer Restlaufzeit von mehr als einem Jahr« in der Bilanz bei jedem Posten der Forderungen und sonstigen Vermögensgegenstände gesondert vermerken oder im Anhang angeben. Ausweiskontinuität beachten. 4. Forderungen gegenüber Gesellschaftern sind in gesondertem Posten auszuweisen, alternativ kann ein Davon-Vermerk oder eine Anhangsangabe erfolgen. 5. Gesonderter Ausweis der Forderungen gegenüber Gesellschaftern entfällt, soweit diese Forderungen unter den Forderungen gegenüber Unternehmen, mit denen ein Beteiligungsverhältnis besteht oder unter den Forderungen gegen verbundene Unternehmen erfasst sind. 6. Mitzugehörigkeitsvermerke zu Forderungen und sonstige Vermögensgegenstände unter den Posten ausgewiesen oder im Anhang angegeben?		
III. Wertpapiere		
1. Abstimmung Depotbestände. 2. Überprüfung, ob Umbuchung in Finanzanlagevermögen erforderlich. 3. Wenn eigene Anteile im Bestand sind, sind diese unter Aktiva B. III. 2. Eigene Anteile auszuweisen. Es ist ein Gegenposten auf der Passivseite zu bilden (Rücklagen für eigene Anteile).		
C. Rechnungsabgrenzungsposten		
1. Bildung / Auflösung der aktiven Rechnungsabgrenzungen vornehmen und dokumentieren. 2. Das Disagio ist unter dem RAP als Davon-Vermerk auszuweisen oder im Anhang anzugeben. Ausweisstetigkeit beachten.		

Bearbeitung der Bilanzposten	Erledigt	Verweis
Passivseite		
A. Eigenkapital		
1. Gibt es Veränderungen im Ausweis des gezeichneten Kapitals bzw. im Ausweis der Kapitalanteile?		
2. Wurde der Ergebnisverwendungsbeschluss im Eigenkapitalausweis berücksichtigt?		
3. Gibt es ausstehende Einlagen (Sonderausweis auf der Aktivseite vor dem Anlagevermögen beachten)?		
4. Gibt es Verluste, die über das nominale Eigenkapital hinausgehen? (Es muss dann der Aktivausweis »Nicht durch Eigenkapital gedeckter Fehlbetrag« beachtet werden).		
5. Wurden Entnahmeregelungen des Gesellschaftsvertrags eingehalten? Gegebenenfalls müssen Rückforderungen gegen Gesellschafter aktiviert werden, wenn diese mehr entnommen haben als sie dürfen.		
6. Wurden Ausschüttungsbeschlüsse korrekt durchgeführt? Gegebenenfalls muss eine Verbindlichkeit eingestellt werden, wenn den Gesellschaftern noch Ausschüttungen zustehen.		
–. Sonderposten mit Rücklageanteil		
1. Wurde ein vorhandener Sonderposten mit Rücklageanteil weiterentwickelt?		
2. Soll ein SOPO neu gebildet werden?		
B. Rückstellungen		
1. Liegt ein Gutachten für Pensionsrückstellungen vor?		
2. Wurden die Grundlagen (Alter der Berechtigten, Höhe der Zusage usw.) korrekt ins Gutachten übernommen?		
3. Wurden die Steuerrückstellungen der Vorjahre zutreffend abgewickelt (Verbrauch/Auflösung); vgl. Anlage VIII.		
4. Wurde die Vollständigkeit der sonstigen Rückstellungen überprüft? (Vgl. Checkliste in Kap. 6.2.3.1.3.)		
5. Wurden die sonstigen Rückstellungen der Vorjahre korrekt abgewickelt? (Anlage VIII verwenden!)		

C. Verbindlichkeiten	Erledigt	Verweis
1. Abstimmung des Zinsaufwands mit der Gewinn- und Verlustrechnung.		
2. Abstimmung der Salden mit Kontoauszügen und Kreditverträgen.		
3. Ermittlung der Davon–Vermerke (Restlaufzeit bis zu einem Jahr, Restlaufzeit von mehr als fünf Jahren) für jeden Verbindlichkeiten-Posten. Ausweis unter dem jeweiligen Verbindlichkeiten-Posten oder im Anhang (Verbindlichkeitenspiegel; vgl. Kapitel 10 Anlage VII).		
4. Bei den sonstigen Verbindlichkeiten ist der Davon-Vermerk für Steuern und für Verbindlichkeiten im Rahmen der sozialen Sicherheiten zu ermitteln und unter dem Posten in der Bilanz zu vermerken (Alternativ im Anhang zulässig).		
5. Bei Fremdwährungsverbindlichkeiten Währungsumrechnung prüfen und ggf. Abwertung wegen Kursschwankung vornehmen.		
6. Verbindlichkeiten gegenüber Gesellschaftern müssen als gesonderter Posten, als Davon-Vermerk oder im Anhang ausgewiesen werden. Ausweisstetigkeit beachten. Der Ausweis unter den Verbundverbindlichkeiten (Passiva C. 6. und 7.) hat Vorrang.		
7. Mitzugehörigkeitsvermerke bei den Verbindlichkeiten als Davon-Vermerk oder im Anhang angeben.		
8. Zusammenstellung der gewährten Sicherheiten für erhaltene Kredite. Diese Sicherheiten sind im Anhang der Höhe und der Art der Besicherung nach anzugeben.		
D. Rechnungsabgrenzungsposten		
1. Gibt es transitorische Posten?		
2. Wurden diese Posten planmäßig aufgelöst?		
–. Haftungsverhältnisse		
1. Wurden Haftungsverhältnisse erfasst?		
2. Wurde die Aufgliederung der Haftungsverhältnisse im Anhang vorgenommen für folgende Sachverhalte: – Verbindlichkeiten aus der Begebung und Übertragung von Wechseln – Verbindlichkeiten aus Bürgschaften – Verbindlichkeiten aus Scheck- und Wechselbürgschaften sowie aus Gewährleistungsverträgen – Haftungsverhältnisse aus der Bestellung von Sicherheiten für fremde Verbindlichkeiten		

Checkliste zur Erstellung eines Lageberichts	Erledigt	Verweis
1. Geschäftsverlauf und Lage		
– Darstellung der branchenspezifischen Lage		
– Beschreibung der Geschäftstätigkeit		
– Schwerpunkte der Tätigkeitsbereiche		
– Veränderungen der Schwerpunkte		
– Entwicklung der Umsatz- und Ertragslage		
– Differenzierte Angaben zur Auftragsentwicklung		
– Produktionsauslastung		
– Preisentwicklungen auf dem Beschaffungsmarkt		
– wesentliche Investitionen		
– Finanzierungsmaßnahmen		
– Personalentwicklung		
– betriebliche Sozialleistungen		
– Änderungen in der Kapitalstruktur		
– besondere Ereignisse wie Beteiligungen, Rechtsstreitigkeiten		
– allgemeine Vermögenslage der Gesellschaft		
– Liquidität		
– Kennzahlen, Graphiken o. Ä. über den Geschäftsverlauf und die Lage des Unternehmens		
2. Risiken		
– allgemeines Marktrisiko		
– Überschuldungsrisiko		
– Risiko der Zahlungsunfähigkeit		
– Betriebsrisiko		
– Risiken aus Rechtsstreitigkeiten		
– Bestandsgefährdung		
3. Vorgänge von besonderer Bedeutung nach dem Geschäftsjahresende		
– Grundlegende Änderung der Marktentwicklung		
– Verträge von besonderer Bedeutung		
– Kapitalerhöhungen/-herabsetzungen		
– Änderung in der Umsatzentwicklung		
– entscheidende rechtliche oder politische Veränderungen		
– Änderung in der Unternehmensstruktur		
– Ausgang wichtiger Rechtsstreitigkeiten		
4. Voraussichtliche Entwicklung		
– voraussichtliche Marktentwicklung		
– Personalentwicklung		
– Absatzprognosen		
– Investitionsplanungen		
– angestrebte Umsatz- und Ertragszahlen		

5. Forschung und Entwicklung	Erledigt	Verweis

– Art und Umfang der Arbeit
  – Tätigkeitsschwerpunkte
  – Gesamtaufwendungen
  – Kooperationsprojekte
  – aktueller Stand größere Forschungsprojekte		

6. Zweigniederlassungen		

– Niederlassungen im In- und Ausland benennen
  – Entwicklung der Niederlassungen im Einzelnen
  – Veränderungen gegenüber dem Vorjahr		

Anlage XI: Checkliste zur Vorbereitung und Prüfung des Jahresabschlusses (ausführlich)

Allgemeines:	Erledigt	Verweis
– Kopie des gültigen Gesellschaftsvertrages mit allen aktuellen Änderungen		
– Kopie eines aktuellen, unbeglaubigten Handelsregisterauszuges		
– Kopie aller gültiger Geschäftsführer-Dienstverträge		
– Kopie aller im Geschäftsjahr vorgenommenen Gesellschafterbeschlüsse bzw. Protokolle aller Gesellschafterversammlungen, die in irgendeiner Form Auswirkung auf den Jahresabschluss haben		
– Kopie des Erstellungs- bzw. Prüfungsauftrages des WP/StB für den o.g. Jahresabschluss		
– Kopie der Protokolle der im Geschäftsjahr vorgenommenen Beirats- bzw. Aufsichtsratssitzungen		
– Aufstellung über wichtige Ereignisse nach Ende des Geschäftsjahres, die Einfluss auf diesen Jahresabschluss haben bzw. für die Zukunft des Unternehmens von enormer Bedeutung sind		
– Summen- und Saldenliste Sachkonten zum Abschlussstichtag		
– Ggf. Ermittlung der Größenklasse (vgl. Kapitel 10 Anlage V)		
– Kopien wichtiger Verträge: z.B. Angehörige und Gesellschafter; Gesellschafter und Gesellschaft, Liefer-; Miet-; Pachtverträge; etc.		
– Betriebsprüfungsbericht im Geschäftsjahr erhalten für Vorjahre mit Auswirkungen auf Geschäftsjahr		
– Sozialversicherungs- und Lohnsteuerprüfungsberichte (wie vor)		
– Umsatzsteuersonderprüfungsbericht (wie vor)		
– Kopie der Steuererklärungen Vorjahr und Steuerbescheide Vorjahr		
– Kopie aller im Geschäftsjahr erhaltener weiterer Steuerbescheide		
– Aufstellung über Umsatzsteuerabstimmung des Geschäftsjahres		
– Währungsumrechnungskurse zum Abschlussstichtag		

Bilanz (§ 266 HGB)	Erledigt	Verweis

Aktivseite
- Ausstehende Einlagen auf das gezeichnete Kapital
- Kopie des Einforderungsbeschlusses (bei AG: Vorstand; bei GmbH: Gesellschafterversammlung)
- Aufwendungen für die Ingangsetzung und Erweiterung des Geschäftsbetriebs
- Zusammenstellung der geleisteten Aufwendungen nach Projekten getrennt nach Kostenarten, z. B.: Anlaufkosten, Werbekosten, Prospektdruck, Organisationsaufwendungen, Gutachten, Beratung, Marktanalysen

A. Anlagevermögen
- Separater Anlagevermögenordner, aus dem Folgendes zu erkennen ist:
- Zugänge im Geschäftsjahr (Rechnungskopien) pro Anlagegut/AV-Position, geordnet mit Angabe des Zahlungstermins und Angabe des Nutzungsorts (wichtig: neue Bundesländer!) Abgänge im Geschäftsjahr (Rechnungskopien) pro Anlagegut/AV-Position, geordnet
- Anlagenverzeichnis
- Belege für Investitionszulagenantrag separat sortieren und Antragstermin (bis 30.9.) beachten
- Abstimmung der Anlagenbuchhaltung mit den gebuchten Beträgen der Finanzbuchhaltung

I. Immaterielle Vermögensgegenstände
1. Konzessionen, gewerbliche Schutzrechte und ähnliche Rechte und Werte sowie Lizenzen an solchen Rechten und Werten
Aufstellung über entgeltlich erworbene Vermögensgegenstände
2. Geschäfts – oder Firmenwert
Nachweis über Ermittlung des Geschäfts- oder Firmenwerts
3. Geleistete Anzahlungen
Aufstellung der Anzahlungen in Höhe der gezahlten Beträge

II. Sachanlagen
1. Grundstücke, grundstücksgleiche Rechte und Bauten einschließlich der Bauten auf fremden Grundstücken
- Kopien von Grundbuchauszügen mit allen Eintragungen für alle betrieblich genutzten Grundstücke
- Aufstellung: Welche Grundstücke sind mit Grundschulden belastet?
- Aufstellung über Bildung bzw. Übertragung von § 6b EStG-Rücklagen
- Aufstellung über die Behandlung von Investitionszuschüssen/ Investitionszulagen
2. Technische Anlagen und Maschinen
- Aufstellung über bestehende Eigentumsvorbehalte/Sicherungs- übereignungen/Verpfändungen
- Aufstellung über die Behandlung von Investitionszuschüssen/ Investitionszulagen

	Erledigt	Verweis
3. Andere Anlagen, Betriebs- und Geschäftsausstattung		
– Aufstellung über die Behandlung von Investitionszuschüssen/ Investitionszulagen		
– Aufstellung über bestehende Eigentumsvorbehalte/Sicherungs- übereignungen/Verpfändungen		
4. Geleistete Anzahlungen und Anlagen im Bau		
– getrennte Aufstellung nach geleistete Anzahlungen/Anlagen im Bau		
– Aufstellung: Welche Positionen des Vorjahresausweises sind im Geschäftsjahr fertig gestellt?		
III. Finanzanlagen		
– Kopie aller Verträge, aus denen sich die Zugehörigkeit zu den Finanz- anlagen ergibt		
– Kopie aller Verträge, aus denen sich der Zugang im Geschäftsjahr ergibt		
– Kopie aller Verträge, aus denen sich der Abgang im Geschäftsjahr ergibt		
1. Anteile an verbundenen Unternehmen		
Aufstellung mit Angabe der Höhe der Anteile und der Namen der verbun- denen Unternehmen (nur Unternehmen, die in einen Konzernabschluss einzubeziehen wären; § 271 Abs. 2 HGB)		
2. Ausleihungen an verbundene Unternehmen		
Aufstellung mit Angabe der Höhe der Ausleihungen und der Namen der verbundenen Unternehmen		
3. Beteiligungen		
Aufstellung mit Angabe der Höhe der Beteiligung in % und € und der Namen der Unternehmen, an denen eine Beteiligung besteht		
4. Ausleihungen an Unternehmen, mit denen ein Beteiligungsverhältnis besteht		
Aufstellung mit Angabe der Höhe der Ausleihungen in € und der Namen der Unternehmen, an denen eine Beteiligung besteht		
5. Wertpapiere des Anlagevermögens		
– Kopie der Depotauszüge zum Abschlussstichtag		
– Aufstellung nach folgendem Muster: Datum der Anschaffung, Wert- papier-Kennnummer, Name des Wertpapiers, Anschaffungskosten, Zinstermin, Bilanzausweis zum Vorjahresabschluss (entfällt bei Zugang im Geschäftsjahr), bezahlte/erhaltene Stückzinsen im Geschäftsjahr, Zinsen im Geschäftsjahr, bei Abgang im Geschäftsjahr: Veräußerungs-/Fälligkeitstermin, Veräußerungserlös,		
– Aufstellung: Welche Wertpapiere dienen der Kreditsicherung?		
6. Sonstige Ausleihungen		
Aufstellung über Höhe der sonstigen Ausleihungen mit Angabe des Empfängers und der Höhe der Zins- und Tilgungsleistungen		

B. Umlaufvermögen	Erledigt	Verweis
I. Vorräte – Kopie der Inventurrichtlinien – Angabe des Inventurverfahrens – Aufstellung der von Dritten verwahrten Vorratsposten mit Unterschrift des Verwahrers **1. Roh-, Hilfs- und Betriebsstoffe** – Originalaufnahmeblätter – Zusammenstellung der Nachweise, aus denen sich die Bewertung zu Anschaffungskosten der RHB-Stoffe ergibt – Aufstellung über vorgenommene Abwertungen **2. Unfertige Erzeugnisse, unfertige Leistungen** – Originalaufnahmeblätter – Aufstellung über den Grad der Fertigstellung – Kostenrechnungsunterlagen als Nachweis für die Bewertung – Dokumentation der Bewertungsgrundsätze – Kopie der Bewertungsblätter pro unfertiges Erzeugnis bzw. unfertiger Leistung **3. Fertige Erzeugnisse und Waren** – Originalaufnahmeblätter – Kalkulationsschemen zur Ermittlung der Herstellungskosten der fertigen Erzeugnisse – Aufstellung über vorgenommene Abwertungen **4. Geleistete Anzahlungen** Nachweise über geleistete Anzahlungen **II. Forderungen und sonstige Vermögensgegenstände** Ermittlung der Restlaufzeit bis zu einem Jahr für jeden Posten der Forderungen und sonstigen Vermögensgegenstände **1. Forderungen aus Lieferungen und Leistungen** – Personenkonten, Summen- und Saldenliste Debitoren zum Abschlussstichtag – Aufstellung über kreditorische Debitoren zum Abschlussstichtag – Soweit vorliegt: Saldenbestätigungen der Kunden zum Abschlussstichtag – Aufstellung über vorzunehmende Einzelwertberichtigungen zu Forderungen mit detaillierten Angaben – Nachweis über Ermittlung der Pauschalwertberichtigung zu Forderungen – Aufstellung über die im Geschäftsjahr entstandenen Forderungsausfälle **2. Forderungen gegen verbundene Unternehmen** – Aufstellung über Höhe der Forderungen mit Angabe der Namen der verbundenen Unternehmen – Aufstellung über Höhe und Berechnungsgrundlagen der Forderungsverzinsung – Aufstellung über vorgenommene Wertberichtigungen		

	Erledigt	Verweis
3. Forderungen gegen Unternehmen, mit denen ein Beteiligungs-verhältnis besteht		
– Aufstellung über Höhe der Forderungen mit Angabe der Namen der Unternehmen, an denen eine Beteiligung besteht		
– Aufstellung über Höhe und Berechnungsgrundlagen der Forderungs-verzinsung		
– Aufstellung über vorgenommene Wertberichtigungen		
4. Sonstige Vermögensgegenstände		
– Aufstellung über Zusammensetzung des Kontos »Sonstige Forde-rungen«		
– Aufstellung über Zusammensetzung des Kontos »Sonstige Forde-rungen Steuern« (Kopie der entsprechenden Steuerbescheide)		
– Aufstellung über Zusammensetzung des Kontos »Lohn- und Gehalts-vorschüsse«		
– Nachweis über Arbeitgeberdarlehen mit Angaben zu Höhe, Tilgung, Zinsen, Rückständen		
– Aufstellung über Entwicklung des Reisekostenvorschusskontos im Geschäftsjahr		
– Aufstellung über noch zu erhaltene Boni, Provisionen etc. für das Geschäftsjahr, die erst nach Abschluss des Geschäftsjahres fällig werden		
– Kopie des errechneten Guthabens der Rückdeckungsversicherung zum Abschlussstichtag		
– Aufstellung über abgegrenzte Zinsen aus Festgeld bzw. festverzins-lichen Wertpapieren		
– Aufstellung von Schadensersatzansprüchen mit Kopie der Gerichts-urteile, Anerkenntnisschreiben der Versicherungsgesellschaft etc.		
III. Wertpapiere		
1. Anteile an verbundenen Unternehmen		
vgl. hierzu auch A. III. 1.		
Hier erfolgt nur dann ein Bilanzausweis, sofern das Unternehmen am Bilanzstichtag nicht die		
– Absicht einer Daueranlage verfolgt.		
2. Eigene Anteile		
– Aufstellung über Höhe und Zusammensetzung der eigenen Anteile (Bestandsverzeichnis)		
– Erwerbsvorgänge, Zeitpunkt des Erwerbs, Erwerbsgründe, Erwerbspreis, Veräußerung eigener Anteile im Geschäftsjahr, Veräußerungspreis, Verwendung des Veräußerungserlöses		
– Eigene Anteile sind unabhängig von der Besitzdauer nur hier aus-zuweisen!		
3. Sonstige Wertpapiere		
vgl. hierzu auch A. III. 5.		
Aufstellung über die Wertpapiere, die als Kreditsicherung dienen		
Hier erfolgt nur dann ein Bilanzausweis, sofern das Unternehmen am Bilanzstichtag nicht die		
– Absicht einer Daueranlage verfolgt		

IV. Kassenbestand, Bundesbankguthaben, Guthaben bei Kreditinstituten und Schecks	Erledigt	Verweis
– Aufstellung über Schecks, die am Stichtag im Bestand waren oder zum Kreditinstitut eingereicht waren, eine Gutschrift im abgeschlossenen Geschäftsjahr jedoch noch nicht erfolgt ist		

IV. Kassenbestand, Bundesbankguthaben, Guthaben bei Kreditinstituten und Schecks

- Aufstellung über Schecks, die am Stichtag im Bestand waren oder zum Kreditinstitut eingereicht waren, eine Gutschrift im abgeschlossenen Geschäftsjahr jedoch noch nicht erfolgt ist
- Nachweis über Einlösung der Schecks bzw. Aufstellung über Einlösungsverweigerung
- Nachweis über Abstimmung der Kassen zum Stichtag
- Nachweis der Guthaben
- Aufstellung über am Stichtag bestehender Festgelder mit Konditionen
- Aufstellung über die liquiden Mittel, die als Kreditsicherung dienen
- Aufstellung über Überhangposten wie unterwegs befindliche Schecks, Überweisungen und Abschlussposten

C. Rechnungsabgrenzungsposten

- Aufstellung über Entwicklung des Disagios im Geschäftsjahr
- Nachweis über gebuchte Einzelpositionen des Rechnungsabgrenzungsposten
- (Zahlung in diesem Geschäftsjahr, Aufwand im nächsten Geschäftsjahr) z. B.: Kfz-Steuer, Kfz-Versicherungen, Versicherungen, Messeaufwendungen, Beiträge, Mieten

Sonderpositionen:

- **Forderungen gegen Gesellschafter**

  Aufstellung über Höhe, Modalitäten der Forderungen mit Kopie der zugrunde liegenden Verträge
- **Verlustvortragskonto**

  Aufstellung über die Zusammensetzung des Kontos auf die einzelnen Gesellschafter

Passivseite	Erledigt	Verweis
A. Eigenkapital		
I. Gezeichnetes Kapital		
– Aufstellung über die Gesellschafter mit Angabe der Höhe der Einlage		
– Nachweis über beschlossene Kapitalerhöhung und Übernahme der Anteile durch die Gesellschafter		
– Aufstellung über durchgeführte Herabsetzung mit Nachweis der Eintragung im Handelsregister		
II. Kapitalrücklage		
– Nachweis über die Entwicklung der Kapitalrücklage		
III. Gewinnrücklagen		
– Kopie des Gewinnverwendungsbeschlusses des Vorjahres		
– Nachweis über die Entwicklung der Gewinnrücklagen		
IV. Gewinnvortrag/Verlustvortrag		
V. Jahresüberschuss/Jahresfehlbetrag		
B. Rückstellungen		
1. Rückstellungen für Pensionen und ähnliche Verpflichtungen		
– Kopie des versicherungsmathematischen Gutachtens zum Abschlussstichtag		
– Nachweis der Daten, die dem Bewertungsgutachten zu Grunde liegen		
2. Steuerrückstellungen		
– Kopie der Ermittlung der GewSt- und/oder KSt-Rückstellung		
– Zusammenstellung über den Verbrauch/die Auflösung der Steuerrückstellungen in Verbindung mit den im Geschäftsjahr erhaltenen Steuerbescheiden		
3. Sonstige Rückstellungen		
– Für folgende Angaben Formular aus Anlage VIII verwenden		
– Aufstellung über berechnete Urlaubs(-geld, -entgelt)rückstellung für Arbeiter und Angestellte		
– Aufstellung über berechnete Rückstellung für IHK/Handwerkskammer-Beiträge		
– Aufstellung über berechnete Gewährleistungsrückstellung		
– Aufstellung über berechnete Tantiemerückstellung		
– Aufstellung über berechnete Rückstellung für interne und externe Jahresabschlusskosten		
– Aufstellung über berechnete Rückstellung für Berufsgenossenschaftsbeiträge		
– Aufstellung über berechnete Rückstellung für Schwerbehindertenabgabe		
– Aufstellung über berechnete Rückstellung für unterlassene Instandhaltung		
– Aufstellung über berechnete Rückstellung für sonstige Risiken (z. B. Prozesskosten etc.)		

C. Verbindlichkeiten	Erledigt	Verweis
– für alle Verbindlichkeitenpositionen sollte ein Verbindlichkeitenspiegel erstellt werden (Muster siehe VII)		

1. Anleihen
- Aufstellung über Zusammensetzung des Bilanzpostens mit Angabe der Modalitäten

2. Verbindlichkeiten gegenüber Kreditinstituten
- Nachweis der Schuldenkontenstände
- Kopie der Darlehensverträge/Kreditverträge

3. Erhaltene Anzahlungen auf Bestellungen

Aufstellung über erhaltene Anzahlungen mit Angabe der Vertragspartner, Grund und Höhe der Anzahlung

4. Verbindlichkeiten aus Lieferungen und Leistungen
- Personenkonten, Summen- und Saldenliste, Kreditoren zum Abschlussstichtag
- Aufstellung über debitorische Kreditoren zum Abschlussstichtag
- Vorliegende Saldenbestätigungen von Lieferanten

5. Verbindlichkeiten aus der Annahme gezogener Wechsel und der Ausstellung eigener Wechsel
- Nachweis der Wechsel anhand des Wechselkopierbuches
- Aufstellung über Wechselprolongationen bzw. Wechselprotesten im Geschäftsjahr mit Angabe der Gründe

6. Verbindlichkeiten gegenüber verbundenen Unternehmen
- Aufstellung über Höhe der Verbindlichkeiten mit Angabe der verbundenen Unternehmen
- Aufstellung über Höhe und Berechnungsgrundlagen der Zinsen

7. Verbindlichkeiten gegenüber Unternehmen, mit denen ein Beteiligungsverhältnis besteht
- Aufstellung über Höhe der Verbindlichkeiten mit Angabe des Unternehmen
- Aufstellung über Höhe und Berechnungsgrundlagen der Zinsen

8. Sonstige Verbindlichkeiten
- Kopie der LSt-Anmeldung 12/Geschäftsjahr
- Kopie der USt-Voranmeldung 11 und 12/Geschäftsjahr
- Kopie der Meldungen an die Krankenkassen 12/Geschäftsjahr
- Aufstellung über Zusammensetzung des Kontos »Lohn- u. Gehaltsverbindlichkeiten«
- Aufstellung über gebuchten nachträglichen Rechnungseingang zum Abschlussstichtag
- Aufstellung über noch zu buchenden nachträglichen Rechnungseingang zum Abschlussstichtag, d. h. Rechnung aus Folgejahr, Aufwand gehört aber noch ins Geschäftsjahr
- Aufstellung über Zusammensetzung des Kontos »sonstige Verbindlichkeiten«
- Aufstellung über Zusammensetzung des Kontos »sonstige Verbindlichkeiten Steuern« (Kopie der entsprechenden Steuerbescheide)
- Nachweis bestehender Darlehensverträge mit Vertragsmodalitäten
- Aufstellung über noch zu gewährende Boni, Provisionen etc. für das Geschäftsjahr, die erst in einem späteren Geschäftsjahr gezahlt werden

	Erledigt	Verweis
D. Rechnungsabgrenzungsposten		
– Aufstellung/Kopien über gebuchte Einzelpositionen des Rechnungs-abgrenzungspostens		
– (Geldeingang in diesem Geschäftsjahr, Ertrag im nächsten Geschäfts-jahr)		
Sonderpositionen:		
Darlehenskonten der Gesellschafter		
– Aufstellung über Sonderbetriebseinnahmen und -ausgaben (privat oder als Einlage oder Entnahme gebucht)		
– Aufstellung über ermittelte Gesellschafterzinsen des Geschäftsjahres pro Gesellschafter		
– Unterlagen zu Ergänzungs- und Sonderbilanzen bei Personen-gesellschaften		
Sonderposten mit Rücklageanteil		
Aufstellung, nach welchen Vorschriften welche Beträge gebildet wurden		
Verbindlichkeiten gegenüber Gesellschaftern		
Aufstellung über Höhe, Modalitäten der Verbindlichkeiten mit Kopie der zugrunde liegenden Verträge		
Haftungsverhältnisse und sonstige Verpflichtungen		
– Aufstellung über Verbindlichkeiten aus der Begebung und Übertragung von Wechseln, Verbindlichkeiten aus Bürgschaften, Wechsel- und Scheckbürgschaften, Gewährleistungsverträge, aus denen mit Inanspruchnahme zu rechnen ist		
– Patronatsverpflichtungen/Treuhandvermögen		
– Sicherheiten für Geschäftsführer, Prokuristen etc.		
– Sicherheiten für fremde Verbindlichkeiten		

Gewinn- und Verlustrechnung (§ 275 HGB) hier: Gesamtkostenverfahren	Erledigt	Verweis
1. Umsatzerlöse – Aufstellung über im neuen Geschäftsjahr erteilte Gutschriften für abgelaufenes Geschäftsjahr – Aufgliederung der Umsatzerlöse nach Tätigkeitsbereichen und nach geographischen Merkmalen **2. Erhöhung oder Verminderung des Bestands an fertigen und unfertigen Erzeugnissen** – Abstimmung mit Vorratsvermögen; vgl. Bilanz Aktiva B. I. 2. und 3. **3. Andere aktivierte Eigenleistungen** – Aufstellung über Zusammensetzung der Position nach Anlagegütern getrennt mit Angabe der Berechnungsgrundlagen **4. Sonstige betriebliche Erträge** – Aufstellung über im Geschäftsjahr erhaltene Miet- und Pachterträge – Aufstellung über private PKW-Nutzung des Geschäftsjahrs je Mitarbeiter/Gesellschafter (Abstimmung mit dem korrespondierenden Aufwandskonto und mit gebuchter MwSt) – Aufstellung über im Geschäftsjahr erhaltene Investitionszulagen und -zuschüsse – Aufstellung über wesentliche periodenfremde Erträge **5. Materialaufwand** **a) Aufwendungen für Roh-, Hilfs- und Betriebsstoffe und für bezogene Waren** Abstimmung des Wareneingangs (innergemeinschaftlicher Erwerb) bei der USt **b) Aufwendungen für bezogene Leistungen** Aufstellung der Fremdleistungen für Lohnbe- und -verarbeitung von Fertigungsstoffen und Erzeugnissen **6. Personalaufwand** **a) Löhne und Gehälter** – Nachweis der Verträge, aus welchen sich die Bemessungsgrundlagen für Tantiemeberechnungen für Gesellschafter, Geschäftsführer etc. ergeben – Nachweis der Tantiemeabrechnungen – Aufstellung über die Bezüge von Organmitgliedern – Aufstellung über die an Gesellschafter und deren Angehörige gezahlten Vergütungen – Abstimmung Journalsummen Personalabrechnung mit Aufwandskonten/Sachkonten der Finanzbuchhaltung – Aufstellung über Aushilfslöhne und deren ordnungsgemäße Abwicklung i.S.d. EStG und LStR		

	Erledigt	Verweis
b) Soziale Abgaben und Aufwendungen für Altersversorgung und für Unterstützung		
– Nachweis der im Geschäftsjahr erhaltenen Berufsgenossenschaftsbeitragsbescheide und VZ-Bescheide sowie dto. im Folgejahr für das abgelaufene Geschäftsjahr		
– Nachweis der gemeldeten Bemessungsgrundlagen für die Berufsgenossenschaft		
– Nachweis der Meldung nach dem Schwerbehindertengesetz für das Geschäftsjahr		
– Aufstellung über Versicherungsprämien für Altersversorgung		
– Aufstellung über geleistete Beträge zur Altersversorgung im Geschäftsjahr (z. B. Renten etc.)		
7. Abschreibungen		
a) auf immaterielle Vermögensgegenstände des Anlagevermögens und Sachanlagen sowie auf aktivierte Aufwendungen für die Ingangsetzung und Erweiterung des Geschäftsbetriebes		
– Abstimmung der gebuchten Abschreibungen der Finanzbuchhaltung mit den Abschreibungen laut Anlagenbuchhaltung		
– Abschreibungsrichtlinien, Nachweis der außerplanmäßigen Abschreibungen und der Abschreibungen nach steuerlichen Sonderbestimmungen		
b) auf Vermögensgegenstände des Umlaufvermögens, soweit diese die in der Kapitalgesellschaft üblichen Abschreibungen überschreiten		
Nachweis: Für welche Positionen des Umlaufvermögens sind diese Abschreibungen gebildet worden und aus welchen Gründen?		
8. Sonstige betriebliche Aufwendungen		
– Original-Spendenbelege für alle im Geschäftsjahr vorgenommenen Spenden		
– Aufstellung über Gesamtleasingkosten pro Objekt einschließlich aller dazugehörigen Verträge		
– Grundbesitzabgaben (Müllabfuhr, Straßenreinigung, Entwässerung etc.)		
– Hinweis auf Gewinn- und Verlustrechnung Nr. 19		
– Aufstellung über im Geschäftsjahr geleistete Miet- und Pachtaufwendungen		
– Aufstellung über wesentliche periodenfremde Aufwendungen		
– Aufstellung über im Geschäftsjahr geleistete Beiträge und Gebühren		
– Aufstellung über im Geschäftsjahr geleistete Versicherungsbeiträge		
9. Erträge aus Beteiligungen		
– Aufstellung über Ertragshöhe etc. mit Angabe der Unternehmen, an denen die Gesellschaft mit wie viel % beteiligt ist		
10. Erträge aus anderen Wertpapieren und Ausleihungen des Finanzanlagevermögens		
– Nachweis der Erträge getrennt nach Wertpapierarten und Ausleihungen		
11. Sonstige Zinsen und ähnliche Erträge		
– Nachweis der Zinserträge		

	Erledigt	Verweis
12. Abschreibungen auf Finanzanlagen und auf Wertpapiere des Umlaufvermögens – Abstimmung mit den Abschreibungen im Anlagenspiegel vgl. Bilanz Aktiva A. III. 1-6 und B. III. 3.		
13. Zinsen und ähnliche Aufwendungen – Nachweis der Zinsaufwendungen – Ermittlung der Dauerschuldzinsen und -entgelte. Bei Kontokorrentschulden gilt hinsichtlich der Hinzurechnung die sog. Acht-Tage-Regelung (Abschnitt 47 Abs. 8 GewStR).		
14. Ergebnis der gewöhnlichen Geschäftstätigkeit		
15. Außerordentliche Erträge – Aufstellung über außerordentliche Erträge mit geeigneten Nachweisen		
16. Außerordentliche Aufwendungen – Aufstellung über außerordentliche Aufwendungen mit geeigneten Nachweisen		
17. Außerordentliches Ergebnis		
18. Steuern vom Einkommen und vom Ertrag – Aufstellung über gebuchte anrechenbare(r) Kapitalertragsteuer/ Solidaritätszuschlag und Körperschaftsteuer in Abstimmung mit den vorliegenden Originalsteuerbescheinigungen – Kopie der GewSt/KSt/SolZ-Vorauszahlungsbescheide für das abgelaufene Geschäftsjahr – Aufstellung über nicht abziehbare Aufwendungen bei der KSt-Ermittlung – Aufstellung über Hinzurechnungen und Kürzungen bei der GewSt-Ermittlung, z. B. Einheitswerte Betriebsgrundstücke, Anteile am Gewinn von inländischen Personen- und Kapitalgesellschaften Aufstellung über die auf die einzelnen Betriebsstätten entfallenden Löhne und Gehälter – Aufstellung über die verwendeten Steuer- und Hebesätze		
19. Sonstige Steuern – Aufstellung der geleisteten Beträge im Hinblick auf den zeitlichen Anfall und Rechnungsabgrenzung – Entsprechende Aufstellung betreffend die Grundbesitzabgaben		
20. Jahresüberschuss/Jahresfehlbetrag – Anhang (§ 284-288 HGB) – Vgl. Kapitel 5.8 und Kapitel 8 mit den entsprechenden Checklisten		

Lagebericht (§ 289 HGB)	Erledigt	Verweis
1. Geschäftsverlauf und Lage		
– Darstellung der branchenspezifischen Lage		
– Beschreibung der Geschäftstätigkeit		
– Schwerpunkte der Tätigkeitsbereiche		
– Veränderungen der Schwerpunkte		
– Entwicklung der Umsatz- und Ertragslage		
– Differenzierte Angaben zur Auftragsentwicklung		
– Produktionsauslastung		
– Preisentwicklungen auf dem Beschaffungsmarkt		
– wesentliche Investitionen		
– Finanzierungsmaßnahmen		
– Personalentwicklung		
– betriebliche Sozialleistungen		
– Änderungen in der Kapitalstruktur		
– besondere Ereignisse wie Beteiligungen, Rechtsstreitigkeiten		
– allgemeine Vermögenslage der Gesellschaft		
– Liquidität		
– Kennzahlen, Graphiken o. Ä. über den Geschäftsverlauf und die Lage des Unternehmens		
2. Risiken		
– allgemeines Marktrisiko		
– Überschuldungsrisiko		
– Risiko der Zahlungsunfähigkeit		
– Betriebsrisiko		
– Risiken aus Rechtsstreitigkeiten		
– Bestandsgefährdung		
3. Vorgänge von besonderer Bedeutung nach dem Geschäftsjahresende		
– Grundlegende Änderung der Marktentwicklung		
– Verträge von besonderer Bedeutung		
– Kapitalerhöhungen/-herabsetzungen		
– Änderung in der Umsatzentwicklung		
– entscheidende rechtliche oder politische Veränderungen		
– Änderung in der Unternehmensstruktur		
– Ausgang wichtiger Rechtsstreitigkeiten		
4. Voraussichtliche Entwicklung		
– voraussichtliche Marktentwicklung		
– Personalentwicklung		
– Absatzprognosen		
– Investitionsplanungen		
– angestrebte Umsatz- und Ertragszahlen		
5. Forschung und Entwicklung		
– Art und Umfang der Arbeit		
– Tätigkeitsschwerpunkte		
– Gesamtaufwendungen		
– Kooperationsprojekte		
– aktueller Stand größere Forschungsprojekte		

6. Zweigniederlassungen	Erledigt	Verweis
– Niederlassungen im In- und Ausland benennen – Entwicklung der Niederlassungen im Einzelnen – Veränderungen gegenüber dem Vorjahr		

Glossar

Abschreibung
Buchhalterisches Erfassen der dauernden Wertminderung eines Vermögensgegenstandes.

Aktiva
Vermögensgegenstände der Bilanz.

Aktivierung
Aufnehmen von Vermögensgegenständen in die Bilanz.

Andere aktivierte Eigenleistungen
Aufwandskorrektur durch Aktivierung von geschaffenen Werten des Anlagevermögens.

Andere Anlagen, Betriebs- und Geschäftsausstattung
Sammelposition aller Vermögensgegenstände des technischen und kaufmännischen Bereichs.

Andere Rücklagen
sind Rücklagen, die nicht unter die sonstigen Rücklagen subsumiert werden können.

Anhang
Teil des Jahresabschlusses von Kapitalgesellschaften und Kapitalgesellschaften & Co. Enthält ergänzende und erläuternde Informationen zum Jahresabschluss; bildet mit der Bilanz und der GuV den Jahresabschluss der Kapitalgesellschaften und Kapital AG.

Anlagenspiegel
Übersicht über die Anlagengüter eines Unternehmens.

Anlagevermögen
Vermögensgegenstände, die dem Unternehmen dauernd dienen.

Ansatz
Bilanzierung dem Grunde nach.

Anschaffungskosten
Handelsrechtlicher Wertmaßstab; sie werden geleistet, um einen Vermögensgegenstand zu erwerben und in einen betriebsbereiten Zustand zu versetzen.

Anschaffungskostenprinzip
Vermögensgegenstände sind höchstens mit ihren Anschaffungskosten abzgl. Abschreibungen zu bewerten.

Anschaffungsnebenkosten
entstehen neben den Anschaffungskosten, z. B. in Form von Transportkosten.

Anschaffungspreisminderungen
sind z. B. Skonti, Boni oder Rabatte.

Antizipative Abgrenzung
Ertrag (Aufwand) vor dem Stichtag, Einnahme (Ausgabe) danach; Rechnungsabgrenzungsposten dürfen nicht gebildet werden; evtl. Ausweis als sonstiger Vermögensgegenstand (sonstige Verbindlichkeit).

Ausleihungen
Finanz- und Kapitalforderungen, die dauerhaft dem Geschäftsbetrieb dienen.

Außerordentliche Aufwendungen
Analog zu den außerordentlichen Erträgen.

Außerordentliche Erträge
fallen außerhalb der normalen Geschäftstätigkeit an, sind untypisch, selten, jedoch von materieller Bedeutung.

Außerordentliches Ergebnis
Eigener Posten der GuV; außerordentliche Erträge ./. außerordentliche Aufwendungen.

Ausweis
Bezeichnet die Stelle der Bilanz oder GuV, an der ein Sachverhalt gezeigt werden muss.

Barwert
Handelsrechtlicher Wertmaßstab für Rentenverpflichtungen; Gesamtwert der Verpflichtung abgezinst auf den Stichtag.

Beizulegender Wert
Handelsrechtlicher Wertmaßstab; rein handelsrechtlicher Natur; Vermögensgegenstand wird so bewertet, dass dem Prinzip der verlustfreien Bewertung genügt wird, stimmt oft mit dem Teilwert überein; kommt am Stichtag unter Beachtung des Niederstwertprinzips zum Tragen.

Bestandserhöhung
Produkte, die hergestellt aber nicht verkauft wurden, führen zu einer Erhöhung im Vorratsvermögen; wirkt ergebniserhöhend.

Bestandsveränderungen
Erhöhung oder Verminderung des Bestands an fertigen und unfertigen Erzeugnissen; Korrekturposten zwischen Umsatzerlös und Materialaufwand.

Bestandsverminderung
Im Geschäftsjahr verkaufte Produkte, die im Vorjahr hergestellt wurden, führen zu einer Verminderung im Vorratsvermögen; wirkt ergebnisvermindernd.

Beteiligung
Anteile an anderen Unternehmen, die dem eigenen Geschäftsbetrieb durch Herstellung einer dauerhaften Verbindung dienen sollen.

Betriebsergebnis
Kein Posten der GuV, sondern Rechengröße: Rohergebnis ./. Personalaufwand ./. Abschreibungen ./. sonstige betriebliche Aufwendungen.

Betriebsstoffe
Materialien, die zur Produktion benötigt werden, aber kein Bestandteil des Erzeugnisses werden.

Bewertung
Bilanzierung der Höhe nach.

Bezogene Leistungen
Inanspruchnahme von Leistungen, die der Herstellung der eigenen Produkte dienen.

Bilanz
Gegenüberstellung von Vermögensgegenständen und Schulden eines Geschäftsjahres.

Bilanzgewinn
Positives Ergebnis des Geschäftsjahres nach Zusammenfassung von Jahresüberschuss oder -fehlbetrag mit Gewinn- oder Verlustvortrag.

Bilanzierungsverbote
Nach HGB zur Bilanzierung untersagte Sachverhalte.

Bilanzkontinuität
Anfangsbestände der Bilanz müssen mit denen der Schlussbilanz übereinstimmen.

Bilanzverlust
Negatives Ergebnis des Geschäftsjahres nach Zusammenfassung von Jahresüberschuss oder -fehlbetrag mit Gewinn- oder Verlustvortrag.

BiRiLiG
Transformierte die drei EG-Richtlinien von 1978, 1983 und 1984 für Geschäftsjahre, die nach dem 31.12.1986 begannen, in nationales Recht; Drittes Buch des HGB; vgl. auch Art. 23 ff. EGHGB.

Börsen- oder Marktpreis
Handelsrechtlicher Wertmaßstab; Börsenpreis ist der an einer Börse amtlich oder im Freiverkehr festgestellte Preis, soweit Umsätze stattgefunden haben; Marktpreis ist der Preis, der an einem Handelsplatz für Waren einer bestimmten Gattung von durchschnittlicher Art und Güte gewährt wurde; kommt nur zum Stichtag zur Anwendung zur Beachtung des Niederstwertprinzips.

Buchwert
Anschaffungskosten ./. Abschreibungen.

Degressive Abschreibung
Abschreibung in fallenden Jahresbeträgen vom Restbuchwert.

Eigenkapital
Passivposten der Bilanz; umfasst gezeichnetes Kapital, Kapitalrücklage, Gewinnrücklagen, Gewinn- oder Verlustvortrag, Jahresüberschuss oder -fehlbetrag.

Einzelbewertung
Vermögensgegenstände und Schulden sind einzeln zu bewerten.

Einzelwertberichtigung
Eine Forderung aus Lieferungen und Leistungen wird abgewertet.

Ergebnis der gewöhnlichen Geschäftstätigkeit
Eigener Posten der GuV; Betriebsergebnis + Finanzergebnis.

Erträge aus Beteiligungen
Beträge aus Gewinnausschüttungen.

Fertige Erzeugnisse
Vorräte, die bearbeitet und verkaufs- oder versandfertig sind.

Festwert
Inventurvereinfachungsverfahren; möglich bei Gegenständen des Sachanlagevermögens oder bei Roh-, Hilfs- und Betriebsstoffen, die im Rahmen des Gesamtwerts von nachrangiger Bedeutung sind und regelmäßig ersetzt werden; alle drei Jahre muss Neuaufnahme erfolgen.

Finanzanlagen
Anteile, Wertpapiere, Ausleihungen, Beteiligungen, sonstige Ausleihungen.

Finanzergebnis
Kein Posten der GuV, sondern Rechengröße; § 275 Abs. 2 HGB Posten 9–13.

Forderungen aus Lieferungen und Leistungen
Ansprüche aus gegenseitigen Verträgen.

Gemildertes Niederstwertprinzip
gilt bei der Bewertung des Anlagevermögens; Zwang zur außerplanmäßigen Abschreibung nur bei voraussichtlich dauernder Wertminderung, sonst Wahlrecht; Ausfluss des Imparitätsprinzips.

Gesamtkostenverfahren
Art des Aufbaus der GuV.

Gesamtleistung
Kein Posten der GuV, sondern Rechengröße: Umsatzerlöse + Bestandsveränderungen + andere aktivierte Eigenleistungen + sonstige betriebliche Erträge.

Geschäfts- oder Firmenwert
Kaufpreis eines Unternehmens ist, soweit er über die Buchwerte der Vermögensgegenstände und Schulden hinausgeht, anteilig auf diese zu verteilen, soweit diesen Vermögensgegenständen stille Reserven innewohnen; ein dann verbleibender Betrag stellt den Geschäfts- oder Firmenwert dar.

Gesetzliche Rücklage
entsteht bei der AG durch Einstellung von 5 % des Jahresüberschusses.

Gewinnrücklagen
unterteilen sich in gesetzliche Rücklagen, Rücklage für eigene Anteile, satzungsmäßige und andere Rücklagen.

Gewinn- und Verlustrechnung
Gegenüberstellung von Aufwendungen und Erträgen eines Geschäftsjahres.

Gewinnvortrag
Nicht verteilter Jahresüberschuss des Vorjahres wird auf neue Rechnung vorgetragen.

Gezeichnetes Kapital
Kapital, das die Gesellschafter nominal übernommen haben und auf welches die Haftung der Gesellschafter beschränkt ist.

Gläubigerschutz
Ziel der Bilanzerstellung.

Going-Concern-Prinzip
Annahme der Unternehmensfortführung bei Erstellung des Jahresabschlusses.

Grundkapital
Gezeichnetes Kapital einer AG.

Grundsätze ordnungsmäßiger Buchführung
Ungeschriebene Regeln für die Bilanzierung.

Gruppenbewertung
Inventurvereinfachungsverfahren; möglich bei gleichartigem und gleichwertigem Vorratsvermögen oder anderen beweglichen Vermögensgegenständen; Bewertung mit gewogenem Durchschnitt.

Haftungsverhältnisse
Verbindlichkeiten aus Begebung von Bürgschaften, Wechseln oder Gewährleistungsverträgen; stehen unter der Bilanz.

Handelsbilanz
Bilanz nach Vorschriften des HGB.

Herstellungskosten
Handelsrechtlicher Wertmaßstab; entstehen durch Verbrauch von Gütern oder Inanspruchnahme von Diensten, um einen Vermögensgegenstand herzustellen (oder zu verbessern).

Hilfsstoffe
Materialien, die als untergeordneter Nebenbestandteil in das Erzeugnis eingehen.

Immaterielle Vermögensgegenstände
Nicht körperlich; nur bei entgeltlichem Erwerb zu aktivieren.

Imparitätsprinzip
Verluste müssen erfasst werden, sobald sie vorhersehbar sind; Verlustantizipation.

Inventar
Einzelaufstellung aller Vermögensgegenstände und Schulden (geordnet und bewertet).

Inventur
Tätigkeit zur Aufstellung des Inventars.

Jahresabschluss
Bilanz, GuV (evtl. zusätzlich Anhang).

Jahresfehlbetrag
Negatives Ergebnis des Geschäftsjahres.

Jahresüberschuss
Positives Ergebnis des Geschäftsjahres.

KapCoRiLiG
Weitet die Rechnungslegungsvorschriften der Kapitalgesellschaften auf die Kapital & Co. aus.

Kapitalrücklagen
entstehen durch Zahlung eines Aufgeldes bei der Ausgabe der Anteile.

KonTraG
Gesetz zur Kontrolle und Transparenz im Unternehmensbereich.

Lagebericht
Ergänzung zum Jahresabschluss bei mittelgroßen und großen Gesellschaften.

Lineare Abschreibung
Abschreibung in gleichbleibenden Jahresbeträgen.

Maßgeblichkeitsgrundsatz
Die Steuerbilanz ist grundsätzlich aus der Handelsbilanz herzuleiten.

Materialaufwand
unterteilt sich in Aufwand für Roh-, Hilfs- und Betriebsstoffe, für bezogene Waren und für bezogene Leistungen.

Niedrigerer Zukunftswert
Handelsrechtlicher Wertmaßstab; außerplanmäßige Abschreibung soll verhindern, dass in nächster Zukunft der Wertansatz von Vermögensgegenständen aufgrund von Wertschwankungen geändert werden muss; kommt zur Anwendung unter Beachtung des Niederstwertprinzips; steuerlich unzulässig.

Offenlegung
des Jahresabschlusses ist eine Pflicht für bestimmte Gesellschaften.

Passiva
Eigenkapital und Schulden der Bilanz.

Passivierung
Aufnehmen von Eigenkapital oder Schulden in die Bilanz.

Pauschalwertberichtigung
Der gesamte Forderungsbestand (aus Lieferungen und Leistungen) wird um einen bestimmten Prozentsatz abgewertet.

Peer Review
Prüfung der Wirtschaftsprüfer durch externen Wirtschaftsprüfer.

Personalaufwand
unterteilt sich in Löhne und Gehälter sowie soziale Abgaben.

Realisationsprinzip
Gewinne dürfen erst ausgewiesen werden, wenn sie realisiert sind.

Rechnungsabgrenzungsposten, aktiver
Ausgaben im Geschäftsjahr, wobei der Aufwand im Folgejahr eintritt.

Rechnungsabgrenzungsposten, passiver
Einnahmen im Geschäftsjahr, wobei der Ertrag im Folgejahr eintritt.

Rohergebnis
Kein Posten der GuV, sondern Rechengröße: Gesamtleistung ./. Materialaufwand.

Rohstoffe
Materialien, die als Hauptbestandteil in das Erzeugnis eingehen.

Rücklage für eigene Anteile
entsteht bei dem Erwerb eigener Anteile durch Bildung eines Gegenpostens zum Aktivposten »eigene Anteile«.

Rückstellungen
Passivierung von Aufwendungen des Geschäftsjahres, die in Folgejahren geleistet werden; unterteilen sich in solche für Pensionen und ähnliche Verpflichtungen, Steuerrückstellungen und sonstige Rückstellungen; Höhe und/der Zeitpunkt der Fälligkeit ist ungewiss.

Rückzahlungsbetrag
Handelsrechtlicher Wertmaßstab; Anschaffungskosten einer Schuld; Wertmaßstab für Verbindlichkeiten.

Satzungsmäßige Rücklagen
entstehen, wenn die Satzung dies vorsieht.

Schulden
Passivposten der Bilanz.

Sonstige Ausleihungen
Kapital- und Darlehensforderung, die dauerhaft dem Unternehmen dient.

Sonstige betriebliche Aufwendungen
Sammelposten für alle Aufwendungen, die nicht unter Material-, Personalaufwand oder Abschreibungen zu erfassen sind.

Sonstige betriebliche Erträge
Alle Erträge des Betriebsergebnisses, die nicht den Umsatzerlösen zuzuordnen sind.

Stichtagsinventur
erfolgt am Bilanzstichtag oder innerhalb von 10-Tagen vor- oder nachher.

Strenges Niederstwertprinzip
gilt bei der Bewertung des Umlaufvermögens; Zwang zur Bewertung mit dem niedrigeren Wert, der am Stichtag beizulegen ist; Ausfluss des Imparitätsprinzips.

Transitorische Abgrenzung
dient der periodengerechten Gewinnermittlung, gibt der Bilanz dadurch dynamischen Charakter; im engen Sinn: Ausgabe (Einnahme) vor dem Stichtag, zeitbestimmter Aufwand (Ertrag) danach: aktiver (passiver) Rechnungsabgrenzungsposten; im weiten Sinn: zeitunbestimmter Aufwand (Ertrag) nach dem Stichtag: geleistete Anzahlungen, Forderungen (erhaltene Anzahlung, sonstige Verbindlichkeit).

True and fair view
Der Jahresabschluss der Kapitalgesellschaft hat gem. § 264 Abs. 2 HGB ein den tatsächlichen Verhältnissen entsprechendes Bild der Vermögens-, Finanz- und Ertragslage zu vermitteln.

Umlaufvermögen
Vermögensgegenstände, die dem Unternehmen nicht dauernd dienen.

Umsatzkostenverfahren
Art des Aufbaus der GuV.

Verbindlichkeiten
sind Schulden, deren Höhe und deren Fälligkeit am Stichtag bekannt sind.

Verlegte Inventur
erfolgt innerhalb von drei Monaten vor dem Stichtag oder innerhalb von zwei Monaten nach dem Stichtag.

Wertaufhellung
Umstände, die bis zum Stichtag um 24 Uhr bereits verwirklicht waren, aber erst im neuen Jahr bis zum Zeitpunkt der Bilanzaufstellung bekannt werden, sind zu berücksichtigen.

Wertbeeinflussung
Umstände treten erst nach dem Stichtag ein und sind deshalb nicht zu berücksichtigen.

Wert nach vernünftiger kaufmännischer Beurteilung
Handelsrechtlicher Wertmaßstab; Abschreibungen können vorgenommen werden, wenn die Beurteilung des Kaufmanns es zulässt; steuerlich unzulässig.

Wertpapiere
In Form einer Urkunde verbrieftes Vermögensrecht, zu dessen Ausübung der Besitz dieser Urkunde vonnöten ist.

Stichwortverzeichnis